大型水利枢纽工程建设智慧监管系统研发与实践

中水珠江规划勘测设计有限公司
朱长富　谢江松　邓勋发　谢济安　陈　良　著

黄河水利出版社
·郑州·

内 容 提 要

本书依托大型水利枢纽工程建设项目，提出水利枢纽工程建设智慧监管系统研发思路，从技术路线，需求分析，系统架构、功能、数据库、安全和运行环境设计等方面进行了详细阐述，建成集空、天、地、水一体化的监控系统，对各项感知信息进行融合集成和综合利用，对不同时期的数据进行比较分析，建立大数据平台，为大型水利枢纽工程设计、工程移民、水土保持、施工进度安全与质量管理、工程形象展示、水下建筑物安全监测、智慧建管、智慧调度和智慧运维等方面提供技术支持，实现大型水利枢纽工程建设过程的智能巡检、智慧监控和科学监管。

本书主要针对大型水利枢纽工程智慧化监管系统的建设内容撰写，具有较强的参考实用性，可作为国内水利工程智慧建设管理技术人员的参考用书。

图书在版编目(CIP)数据

大型水利枢纽工程建设智慧监管系统研发与实践/朱长富等著. —郑州：黄河水利出版社，2022. 12

ISBN 978-7-5509-3475-7

Ⅰ. ①大… Ⅱ. ①朱… Ⅲ. ①智能技术-应用-水利枢纽-水利工程-工程管理 Ⅳ. ①TV61-39

中国版本图书馆 CIP 数据核字(2022)第 243644 号

出 版 社：黄河水利出版社 网址：www. yrcp. com

地址：河南省郑州市顺河路黄委会综合楼 14 层 邮政编码：450003

发行单位：黄河水利出版社

发行部电话：0371-66026940、66020550、66028024、66022620(传真)

E-mail：hhslcbs@ 126. com

承印单位：广东虎彩云印刷有限公司

开本：787 mm×1 092 mm 1/16

印张：16. 25

字数：375 千字

版次：2022 年 12 月第 1 版 印次：2022 年 12 月第 1 次印刷

定价：96. 00 元

前　言

国家“十四五”规划纲要明确提出“构建智慧水利体系，以流域为单元提升水情测报和智能调度能力”。水利部党组对表对标习近平总书记“节水优先、空间均衡、系统治理、两手发力”的治水思路和关于网络强国的重要思想，研判水利行业发展规律、历史方位和客观要求，综合深入判断，做出了推动新阶段水利高质量发展的重大决策部署，提出重点要抓好六条实施路径。推进智慧水利建设是推动新阶段水利高质量发展的六条实施路径之一，水利部党组高度重视，明确指出智慧水利是新阶段水利高质量发展最显著的标志。

随着无人机、水下机器人、BIM、GIS、5G、物联网、云计算、大数据等技术的兴起、发展、创新和演进，结合工程建设进度、质量、安全、文明施工等管理需求，通过采用水下机器人、无人机、机器学习、GNSS 和通信与物联网等先进技术，建设集空、天、地、水一体化的智慧监管系统已成为可能。主要的技术路线是通过获取 360°全景图、航摄视频、正射影像、三维实景模型、水下高清视频和影像、数字地形图等多种感知监测信息数据，对各项感知信息进行融合集成和综合利用，对不同时期的数据进行比较分析，建立大数据平台，为大型水利枢纽工程设计、工程移民、水土保持、施工进度安全与质量管理、工程形象展示、水下建筑物安全监测、智慧建管、智慧调度和智慧运维等方面提供技术支持，从而实现大型水利枢纽工程建设过程的智能巡检、智慧监控和科学监管。根据我国水利工程智慧建设的需求，作者总结了系统开发和工作实际操作的经验和方法，撰写了本书，与各位同行进行交流，给国内水利枢纽工程智慧化监管系统的建设提供了一定的参考意义。

本书能顺利出版，得到中水珠江规划勘测设计有限公司科研项目“中水珠江勘测信息系统开发”（项目编号：2022KY06）的专项资助，也得到广西大藤峡水利枢纽开发有限责任公司的大力支持，特别是邓勋发、谢济安、陈良三位参与了本书大量的撰写工作，特此表示感谢！

本书在撰写过程中参考了部分文献，在此谨向这些文献的编著者致以诚挚的谢意！由于编者水平有限，书中难免存在不足之处，恳请读者批评指正。

作　者

2022 年 9 月

目　录

1 引 言

1.1 政策背景

党的十九大报告提出建设“数字中国”以来,2017 年 12 月 8 日中共中央政治局就实施国家大数据战略进行第二次集体学习,习近平总书记在主持学习时强调:加快建设数字中国、构建以数据为关键要素的数字经济;2018 年 4 月,习近平总书记在致首届数字中国建设峰会的贺信中再次强调“加快数字中国建设”。

数字经济正成为驱动全球经济发展的重要力量,未来国与国之间、城市与城市之间的经济竞争将聚焦为数字经济之争,某种意义上讲,谁能抢占数字经济“高地”,谁就能赢得未来。

在这个背景下,全球主要国家纷纷出台政策,发力数字经济。据权威机构发布的报告,G20 国家数字经济都取得高速增长,尤其是新兴经济体国家更是一骑绝尘。在数字经济的驱动下,支撑城市发展的基础设施和发展要素正在发生深刻变化,数字基础设施成为重点投资和建设的主要阵地。

在国家层面,国家对发展数字经济越来越重视,明确提出加快建设数字中国的战略,很多重要会议都会强调发展数字经济、发挥信息化对经济社会发展的引领作用。在地方层面,很多省市都已经或者正在制定数字经济发展规划,像广东、浙江、福建等地的数字经济已经很发达,不少中西部地区也在迎头赶上、发力数字经济。不管是国家层面,还是地方层面,利用新技术加快数字基础设施建设都是发展数字经济的重要内容。

1.1.1 国家层面

(1)《决胜全面建成小康社会 夺取新时代中国特色社会主义伟大胜利》(习近平总书记代表第十八届中央委员会于 2017 年 10 月 18 日在中国共产党第十九次全国代表大会上向大会做的报告)。

(2)《中共中央关于坚持和完善中国特色社会主义制度 推进国家治理体系和治理能力现代化若干重大问题的决定》(2019 年 10 月 31 日中国共产党第十九届中央委员会第四次全体会议通过)。

(3)习近平总书记在深入推动长江经济带发展座谈会上的讲话(2018 年 4 月 26 日)。

(4)习近平总书记在黄河流域生态保护和高质量发展座谈会上的讲话(2019 年 9 月 18 日)。

(5)《国务院关于实行最严格水资源管理制度的意见》(国发〔2012〕3 号)。

(6)中共中央办公厅、国务院办公厅印发《关于全面推行河长制的意见》(厅字〔2016〕42 号)。

(7)《粤港澳大湾区发展规划纲要》(2019 年)。

(8)《数字乡村发展战略纲要》(2019 年)。

(9)中共中央办公厅、国务院办公厅印发《关于建立资源环境承载能力监测预警长效机制的若干意见》(厅字〔2017〕25 号)。

(10)《国务院办公厅关于印发国家政务信息化项目建设管理办法的通知》(国办发〔2019〕57 号)。

1.1.2 行业层面

(1)《水利部关于深化水利改革的指导意见》(2014 年 1 月)。

(2)《水利部关于加强河湖管理工作的指导意见》(2014 年 2 月)。

(3)《水利部办公厅关于加强全面推行河长制工作制度建设的通知》(办建管函〔2017〕544 号)。

(4)《国家防办关于印发防汛抗旱减灾无人机应用技术指导意见的通知》(办技〔2017〕34 号)。

(5)《水利部办公厅关于做好建立全国水资源承载能力监测预警机制工作的通知》(办资源〔2016〕57 号)。

(6)水利部办公厅关于印发《全国水资源承载能力监测预警技术大纲(修订稿)》的通知(办水总函〔2016〕1429 号)。

(7)《水利部关于印发珠江—西江经济带岸线保护与利用规划的通知》(水河湖〔2019〕296 号)。

(8)《水利部关于印发加快推进智慧水利的指导意见和智慧水利总体方案的通知》(水信息〔2019〕220 号)。

(9)《水利部关于印发水利网信水平提升三年行动方案(2019—2021 年)的通知》(水信息〔2019〕171 号)。

(10)《水利部关于印发水利业务需求分析报告的通知》(水信息〔2019〕219 号)。

(11)《水利部 生态环境部关于加强长江经济带小水电站生态流量监管的通知》。

(12)《水利部关于印发汛限水位监督管理规定(试行)的通知》(水防〔2019〕152 号)。

(13)《水利部关于印发水资源管理监督检查办法(试行)的通知》(水资管〔2019〕402 号)。

1.1.3 流域层面

(1)《珠江流域综合规划(2012—2030 年)》。

(2)《绿色珠江建设战略规划》。

(3)《粤港澳大湾区水安全保障规划》。

(4)《珠江委网络安全和信息化顶层设计》(珠水技审〔2019〕217 号)。

(5)《珠江委网信水平提升三年行动方案(2019—2021 年)》(珠水技审〔2019〕217 号)。

1.2 技术背景

随着无人机、水下机器人、BIM、GIS、5G、物联网、云计算、大数据等技术的兴起、发展、创新和演进，结合工程建设进度、质量、安全、文明施工等管理需求，通过采用水下机器人、无人机、机器学习、GNSS 和通信与物联网等先进技术，建设集空、天、地、水一体化的智慧监管系统已成为可能。充分运用卫星遥感、无人机、水下机器人、传感器等监管手段，提高工程建设管理信息化水平，逐步实现建设管理的数字化、智慧化、精细化和科学化。

当前，大型水利工程建设工地的监管以人工巡查为主，受人为和地理区域因素的影响，如复杂地理环境下的工程建设场地以及人力无法到达区域的场所巡检困难。同时，由于工程建设范围大，人工巡检投入人力大，巡检时效性和效率成为企业进一步提升管理水平的瓶颈。

大型水利枢纽工程及工程建设场地由于受环境险要、交通不便，当出现自然地质灾害及其他事故时，人员无法及时赶赴现场等诸多不利因素影响，制约了抢险时机，给河道定期巡检带来困难，导致许多隐患不能及时发现。无人机具备高空、远距离、快速、自主作业的作业能力，可以穿越高山、河流对河道进行快速巡检，对大型水利枢纽周边环境进行调查，查看工程是否遭到破坏，对工程等进行快速摄像和破损监测，基于无人机巡查采集数据的专业分析，为大型水利枢纽管理和维护提供数据支持，实现以无人机进行覆盖，对人工进行精确指导的巡线方式，通过对获取的影像进行处理，能快速定位，以及通过视频、图像等数据为远程决策提供支持。

随着我国现代通信的发展和技术的不断提升，特别是在 5G 网络的飞速发展过程中，移动通信网络的发展更是不断取得了新的进步和发展。网络速度能够达到无人机运行要求，无人机凭借其强大的机动性、监控范围广、效率高、经济实用高效等独特的优势，在面对上述问题时，有其独特的解决办法，帮助高速公路管理人员快速准确地了解现场的事故情况，配合保障车进入现场处理事故，提高事故的处理效率，减少因事故造成的生命与财产的损失。

随着 5G 新基建的到来，智能化飞行是未来无人机与 5G 技术的融合趋势。5G 到来后能够满足无人机传输速率高、时延低的网络需求，从而实现智能飞行、定制化服务。此外，能够建立空中管理网络，不仅能够大大提高执行任务速度，还能够保证低空飞行安全。5G 使得无人机的功能更加多样，无人机在 5G 的帮助下将打破传统无人机人工操控的限制，其应用使空间更广泛，功能更加多样。比如，能够远程进行大范围的河道及设施巡检，降低成本；能够利用无人机提供智能化的点对点物流服务等。

高精度新型传感器、低成本 RFID 技术、智能仪器仪表技术等新型感知技术，三网融合、下一代网络技术、宽带无线通信技术、短距离无线通信技术、应急通信技术等现代通信技术，数据中心、云计算技术、数据挖掘技术、海量数据存储与处理技术等数据运算与智能处理技术，安全信任体系、可信计算技术、新型密码技术及加密机制等信息安全技术，3S 技术、信息采集与集成处理技术、BIM、GIS、VR 技术、卫星影像应用系统等空间信息技术等新兴的现代信息技术在数字孪生上的融合集成应用需求随着水利枢纽工程更新改造一体化进程的推进日趋深入。

通过智慧监管系统进行信息的感知、传递、沟通和连接,集成大型水利枢纽工程现状数据及建设过程中的数据,为未来建成的水利枢纽工程运营管理提供智能化保障,高效便捷与其他系统对接、具备可扩展性。

1.3 现状与存在的问题

大型水利枢纽工程建设过程结合项目进度、质量、安全、文明施工等管理需求,建设过程的信息化建设现状与存在的问题主要有以下几点:

(1)以往的水下建筑物检测工作多依靠潜水员探摸进行,探摸往往只能凭借潜水员的个人经验判断,同时水下探摸时有可能会由于水流、视线等各种复杂因素影响其判断力。因为没有最直观的数据体现,潜水员探摸报告的权威性大打折扣。近年来,随着计算机、光电子技术及数据处理技术的发展,水下机器人系统在动力推进、整体控制、导航通信等多项关键技术上取得了重大突破,产品已经开始工业化定型生产。其中,水下机器人(remote operated vehicle,ROV)作为新兴的辅助观测工具在水利工程检测中得到了广泛的应用。水下建筑物运行情况(包括缺陷检查、渗漏检测、淤积堵塞、结构检测、金属结构隐患检测等)可以采用水下机器人搭载相关设备进行监测。

(2)大型水利枢纽工程一般有几十个施工单位同时在施工,而且分为左岸主体工程、右岸主体工程和库区防护工程三个施工区域,各个施工区域覆盖的面积很大,而且坝址离库区也很远,给工程建设管理带来了一定的难度。近年来,低空遥感技术已成为获取地理信息数据和进行巡检监控的重要手段,无人机低空遥感技术具有灵活性、直观性、现势性、精度高等特点,在工程建设过程中得到了广泛的应用。为了提高工程建设管理的工作效率,及时对施工进程进行监控和监管,需要使用无人机对施工区域定期进行巡检和监控。

(3)水土保持项目目前尚未实现信息化管理,导致了项目管理效率较为低下,大大增加了项目管理的时间、人力成本,不利于后续项目管理工作的开展;缺乏项目的全流程管理监管执行力度,由于缺乏相应的项目信息管理系统对项目进行全流程管理,项目建设的各项审核工作分散,难以对项目进行统一管理;各单位间沟通效率低,沟通周期较长,部分意见反馈不及时。需要充分利用信息化手段,结合“3S”技术、物联网和计算机技术,立足水土保持项目管理的实际情况,整合生产建设项目水土保持全流程业务和各个生产建设环节的管理数据,建设生产建设项目水土保持管理系统,实现对水土保持业务从施工、监理、监督、监测、验收等重要流程的全方位的管理模式。

(4)结合项目进度、质量、安全、文明施工等管理需求,三维展示施工区域,通过三维模型将工程实时现场搬回办公室,辅助建设管理人员在三维模型上进行规划、设计和开挖方量计算以及工程量复核等工作,提升工程建设管理智能化和人性化水平。

(5)建设建管数据中心的需求:把每期所有的无人机低空遥感三维模型、正射影像、影像、视频及全景集中管理;把每期所有的水下机器人检测数据、影像、视频集中管理;把施工控制网复测和第三方土石方量复核检测数据、影像、视频集中管理;建成大藤峡建设过程数据中心。为水利枢纽工程建设管理提供了智慧监控和辅助决策的科学依据以及数据支撑,也为后期大藤峡博物馆建设提供珍贵的施工过程变化的历史存档资料和建设过程的重要档案资料。

(6)对公众宣传的需求:开发无人机 VR 全景展示系统,在公司微信公众号和官网上形象展示不同时期的施工全貌和进度情况,提高建管部门的工作效率,对公众宣传发挥良好作用。

1.4 国内外同类技术先进性比较

智能无人系统是推动经济发展、社会进步、军事变革的新引擎,而无人机、水下机器人是发展最快的智能无人系统之一。近年来无人系统快速发展,各种类型的智能无人系统大量涌现并得到了广泛应用。智能无人系统将自动化、信息化、智能化集成融合为一体,将人类认识世界、改造世界、利用世界的能力提高到一个新的历史水平,将推动生产方式、生活方式、作战模式、社会文化和社会治理等方面发生深刻的、颠覆性的改变。基于人工智能、云计算和大数据等新一代信息技术,构建"水下机器人+无人机+自动化机巢+云端管控平台"的空地水一体、"云-端"协同的无人机集群组网监测体系,在核心关键技术和应用模式上具备前沿性、引领性和颠覆性。

与国内外研究成果相比,大型水利枢纽工程建设智慧监管系统的技术创新为:

(1)"云-端"协同的无人机集群管控与应用技术创新。构建"网联无人机+自动化机巢+云端管控平台"的空地一体、"云-端"协同的无人机集群管控与应用技术体系,实现无人机应用的无人化、集群化、网络化和智能化。

(2)复杂环境下的高精度导航定位与全自主无人化巡检技术创新。基于卫星、激光雷达和机器视觉定位的融合定位算法,解决在水电站、水库等复杂网络环境下的高精度实时动态导航定位技术难题,为全自主无人化巡检模式提供支撑。

(3)基于边缘计算的动态感知、智能识别与实时分析技术创新。研发基于边缘计算的图像智能识别算法,解决无人机前端动态感知与智能识别技术难题,实现"云-端"协同的数据实时分析与应用。

(4)水陆定位一体化。国内外没有实现,本研究已经实现。

(5)智能巡检技术。国内外只出现研究地面上的无人机巡检,本研究已经解决水下机器人和无人机无缝结合的难题,实现空、天、地、水一体化的智能巡检和全面感知。

(6)图像自动识别成功率。国内外在 40%的水平,本研究通过机器学习技术的应用,让图像自动识别成功率由 40%提高到 90%,识别率翻倍。

与国内外技术水平对标情况为:

(1)无人机高精度实时动态导航定位技术处于领先地位。

无人机高精度定位与导航是无人机进行安全自主飞行的基本保障,提出基于卫星定位、激光雷达和机器视觉定位技术的多模融合定位算法,突破干扰环境下厘米级的超高精度动态导航定位技术,解决在强干扰和复杂网络环境下的高精度实时动态定位技术难题,打造全自主无人化巡检模式,该技术处于国际领先水平。

(2)无人机三维航线规划与自动驾驶技术具有明显优势。

利用高精度的三维激光点云数据，在综合考虑续航能力、作业特点、飞行安全、作业效率、起降条件、相机焦距、安全距离、云台角度等的基础上研发三维航线规划与自动驾驶系统，实现基于点云的三维场景快速重建与激光雷达自主避障，突破复杂环境下无人机三维航线动态规划与自动驾驶技术难题，提高了巡检的效率和精度，以及数据采集的规范性和智能化水平，与国内外同类产品相比较，具有明显优势。

(3)影像目标智能识别效率和精度优于国内外同类产品。

基于已有的水利行业海量缺陷样本库及智能识别算法库，提出支持边缘计算的无人机、水下机器人前端图像智能识别算法，解决前端动态感知与智能识别技术难题，实现“云-端”协同的数据实时分析与应用，目标智能识别准确率能够达90%以上，优于国内外同类产品。

(4)首次构建空地水一体、“云-端”协同的立体组网监测体系。

突破无人机和机巢一体化远程控制、无人值守自主巡检技术和水下机器人自动巡检技术，研发支持4G/5G通信的空地水一体智能监测系统，在国内首次构建空地水一体、“云-端”协同的无人机、水下机器人组网监测体系。

研究的关键技术与国内外同类技术对比见表1-1。

表1-1　国内外同类技术对比

内容		国内外同类技术特点和水平	本项研究
大型水利枢纽工程建设智慧监管系统研发与实践	无人机智能巡检技术	无人机视频传输效率低仅支持单路；水利工程巡检大多依靠手动，效率低下	全自动化智能巡检，支持最多12路的无人机视频同时无损回传
	集天、地、水一体化全面感知	只实现空、天、地一体化或者天、地一体化	实现天、地、水一体化
	水下机器人智能巡检关键技术	只实现水下相对定位	①高精度的水下定位技术； ②高精度的水陆一体化绝对定位； ③实现水下高精度的3D导航
	基于无人机高分辨率影像三维模型基础上进行土石方量核算关键技术	低精度； 不直观； 不可复核	①方量计算可达到厘米级的精度； ②方量计算成果直观明了； ③计算有依据，可以多次进行复核
	海量数据存储管理关键技术	高冗余； 低效率	关系数据存储、切片缓存数据存储、时空大数据存储三个关键技术； 低冗余、高效率

续表 1-1

内容		国内外同类技术特点和水平	本项研究
大型水利枢纽工程建设智慧监管系统研发与实践	工程建设过程智慧监管关键技术	无	①已建立河道采砂、违章建筑、水土流失、新建绿化、设施整洁度、工地弃渣、滑坡、塌方和设施整洁度、工地弃渣等状况的边界条件和分析模型; ②通过计算机自主学习(机器学习)技术,自动识别河道采砂、违章建筑、水土流失、新建绿化、设施整洁度、工地弃渣、滑坡、塌方和设施整洁度、工地弃渣等状况; ③自动进行海量数据分析和数据挖掘,自动找出异常点并且定位和标注提醒,从而实现了施工现场的智慧监控

1.5 研发的意义

大型水利枢纽工程建设智慧监管系统采用无人机、水下机器人、GNSS 和通信与物联网等先进技术,组成空、天、地、水一体化监控系统,获取 360°全景图、航摄视频、正射影像、三维实景模型、水下高清视频和影像、数字地形图等多种感知监测信息数据,对各项感知信息进行融合集成和综合利用,对不同时期的数据进行比较分析,建立大数据平台,为大藤峡水利枢纽工程设计、工程移民、施工进度安全与质量管理、工程形象展示、水下建筑物安全监测、智慧工地等方面提供技术支持,实现大型水利枢纽工程建设智慧监管的目标,达到智慧监控的先进水平。

基于超高精度和高可靠性导航定位、动态航线规划与自动驾驶、前端实时智能识别、集群管控与自主作业、多源信息融合分析与可视化等技术方法,构建了立体多层次、超高分辨率、全方位和全天候的无人机低空组网智慧监控体系,研发了集成无人机远程控制智能监测设备、“云-端”协同无人机集群管控技术、多源监测数据智能识别与深度分析技术的无人机自动巡检智慧监控系统,实现了无人值守自动巡检、海量多源信息的融合处理及巡检异常智能识别,降低了人工作业风险和管理成本。大型水利枢纽工程建设智慧监管系统成功应用于大藤峡水利枢纽工程,对大藤峡主要施工区域、库区防护工程施工区域等进行周期性航摄航拍监控和自动巡检航拍监控,研究了一套工程建设管理的智慧监控系统,快速获取 360°全景图、航摄视频、正射影像、三维实景模型、影像数据等,数据实时传送回控制中心,对各项成果进行融合集成和综合利用以及对不同时期的成果比较分析,为大型水利枢纽工程设计、工程移民、施工进度安全与质量管理、工程形象展示、档案素材、建设管理等方面提供了先进的技术支持,满足大藤峡水利枢纽工程施工周期建设管理需求,达到智慧监控的先进水平。不仅为大型水利枢纽工程的建设提供了丰富的基础地理信息,也为后期工程建设提供珍贵的施工过程变化的历史存档资料和建设过程的重要档案资料,社会效益显著;大大提高了生产效率,节省了生产成本,潜在的经济效益也显著。

1.6 名词定义

通信系统:在以下内容中所称的通信系统包括程控交换系统、通信传输系统、时钟同步系统、网管系统、通信电源系统、通信光缆线路、通信管道等。

计算机网络系统:在本设计中是各种信息的数据承载网,包括计算机广域网和计算机局域网,分为控制专网、业务内网和业务外网。

GIS:地理信息系统,geographic information system。

GPS:全球定位系统,global position system。

ETL:(数据的)抽取、转换、加载,extract-transform-load。

QC:质量控制,quality control。

BIM:建筑信息模型,building information modeling。

TBM:全断面掘进机,tunnel boring machine。

WBS:工作分解结构,work breakdown structure。

CBS:费用分解结构,cost breakdown structure。

2 系统概述

2.1 目标与任务

2.1.1 总体思路

结合工程建设进度、质量、安全、文明施工等管理需求，通过采用水下机器人、无人机、机器学习、GNSS和通信与物联网等先进技术，建成集空、天、地、水一体化的监控系统，通过获取360°全景图、航摄视频、正射影像、三维实景模型、水下高清视频和影像、数字地形图等多种感知监测信息数据，对各项感知信息进行融合集成和综合利用，对不同时期的数据进行比较分析，建立大数据平台，为大型水利枢纽工程设计、工程移民、水土保持、施工进度安全与质量管理、工程形象展示、水下建筑物安全监测、智慧大藤峡等方面提供技术支持，以实现大型水利枢纽工程建设过程的智慧监管为目标。

主要的研究技术路线是：

(1)研发大型水利枢纽工程建设智慧监管系统，建立大型水利工程建设过程集空、天、地、水一体化全面感知体系，实现智能巡检、智慧监控和科学监管。

(2)建设集空、天、地、水一体化多方位感知的大型水利枢纽工程建管数据中心，为工程建设提供施工过程的包括陆地和水下监控的三维实景模型、影像数据和视频资料，为智慧大藤峡建设提供底图(正射影像图)和高分辨率的施工区域三维模型及影像数据；也为后期建设大型水利枢纽工程展览场所提供珍贵的施工过程变化的历史存档资料，所有资料作为工程建设过程的重要档案资料，用于工程博物管建设的第一手基础资料。

(3)研究在建管数据中心的基础上进行海量数据分析和数据挖掘，通过对比分析自动找出异常点并且定位和标注提醒，从而实现施工现场的智慧监控。

2.1.2 研发目标

研发目标是：通过研究水下定位关键技术和水陆一体化定位关键技术，建立水下机器人与无人机智能巡检的统一定位体系，研究海量影像数据存储管理关键技术，建成集空、天、地、水一体化多方位感知的工程建管数据中心，在此基础上自动进行海量数据分析和数据挖掘，通过图像识别和机器学习技术自动找出异常点(施工场地非法弃渣、场地积水、场地整洁度、场地布局变化，以及滑坡、塌方、河道采砂、河道漂浮物、违章占用河道建筑物、水土流失、绿化再造等)，并且在图像上定位和标注提醒，从而实现施工现场的智慧监控；研究和建立一套基于水下机器人和无人机采集的高分辨率影像以及三维点云模型基础上进行土石方量核算的技术流程和体系；建立基于图像识别技术的生产建设项目水土保持管理的技术流程和体系,实现对水土保持业务从施工、监理、监督、监测、验收等重要流程的全方位的科学管理模式。为在建大型水利工程提供“一服务、一中心和 N 系统”的技术服务模式,实现大型水利工程建设过程的“智能巡检、智慧监控和科学监管”。

2.1.3 建设任务

建设任务主要包括现场网络建设、通信建设、基础设施建设、视频接入建设、应用支撑平台以及业务应用系统建设等。系统建设范围:整个大型水利枢纽工程范围以及相应的各级管理机构。系统建设纵向覆盖从业主公司到管理处、场站等所有层级,横向覆盖从建设期到运维期所有业务需求。

2.1.3.1 基础设施建设

(1)现场的监控、采集设备及系统由各单元工程负责建设,向系统提供数据接口,对现场控制系统、采集系统、视频系统进行集成。

(2)平台建设将承担工地现场视频、安防、工程、机械、人员等支撑智慧工地建设的设备采购、安装、调试、接入等工作。

(3)平台建设将承担环境监控视频的设备采购、安装、调试、接入等工作。

2.1.3.2 网络与通信系统建设

网络与通信:平台建设将构建包括现地场站、管理处、调度中心和灾备中心的网络节点建设,并在调度中心与灾备中心、现地场站构建控制专网,在所有节点上构建业务内网,在调度中心构建业务外网。

建设大型水利枢纽工程通信线路和光缆,建设覆盖泵站、闸站、水库、管道及至各级管理机构的光传输系统;建设覆盖各级管理机构及泵站的行政电话和语音电话调度系统;建设通信综合网管系统、通信时钟同步系统、通信电源系统及监控系统、通信光缆自动监测系统。

计算机网络系统按广域网络以及相应的局域网进行建设;建立计算机网络系统的管理体系。

2.1.3.3 应用支撑平台建设

(1)基本功能支持组件:支撑系统的基本功能组件、应用中间件、数据库管理系统等,包括统一权限认证系统、流程引擎、报表引擎等。

(2)二三维 GIS 平台:支撑系统二三维 GIS 平台底层应用组件,包括 GIS 数据管理、二三维 GIS 服务等。

(3)BIM 轻量化平台:包括三维数据管理、模型三维转换、调用、处理、检索、轻量化发布等。

(4)物联网采集平台:包括物联感知数据汇聚、管理、标准化处理、预警,感知设备设置、控制、预警等。

(5)视频集中管理平台:包括对视频摄像头集成管理、调用、控制等。

(6)数据库管理平台:现地场站、管理处部署的采集系统、控制系统使用相应厂家提供的数据管理系统。

(7)调度中心业务平台:使用MY SQL作为结构化数据库、MINIO作为非结构化数据库管理工具实现对各子系统的数据存储和服务。

(8)决策会商平台:构建覆盖各层级的决策会商系统,包括语音系统、远程会议、视频系统等,覆盖调度中心和管理处、管理所三级单位。

(9)虚拟化计算平台:虚拟化计算是大型水利枢纽工程信息系统的核心框架,通过虚拟化计算平台的构架,可以将业务应用系统、应用支撑平台以及基础设施有机地结合起来,各种硬件资源按需动态分配,并且通过不同层面的服务接口来提供各种对系统内以及系统外用户的服务,在实现整体信息系统功能的基础上,为信息系统获取更高的附加值。

在调度中心和数据备份中心构建的虚拟化计算平台,通过统一的虚拟化平台,将这些资源抽象化为计算资源、存储资源和网络资源,分别存放在计算资源池、存储资源池和网络资源池。

(10)大数据管理平台:在调度中心构建大数据管理平台实现对数据的汇集、清洗、治理和分析,最终形成数据产品,为业务应用提供数据支撑服务。

2.1.3.4 业务应用系统建设

1.水利工程智慧建造系统

水利工程智慧建造系统包括投资成本、计划进度、安全管理、招标管理、信息管理、材料管理、质量管理、合同管理、资料管理、设计管理、现场管理、工程编码、指挥中心、项目群、单元工程管理及会商决策支持等功能模块。同时,通过BIM技术应用,在建造中将原材料信息、试验数据、施工过程中的质量检验和评定资料、计量支付和变更管理数据、责任人和相关人信息等与BIM模型永久关联,形成工程模型大数据,实现工程的全过程、全要素、全参与方的数字化、在线化和智能化,从而构建项目各参建单位沟通协调的新体系。

2 水利安全文明智能工地

水利安全文明智能工地包括视频监控、地质灾害自动化监测、地震监测、水土保持及环境监测、工程隧洞地质超前预报展示等子系统。围绕水利工程建设“人、机、料、法、环”五大环节的关键因素及其他信息,充分利用BIM、大数据、人工智能、APP(应用程序)等新一代信息技术,对施工人员实行实名制考勤、关键人员定位等,对气象、有毒有害气体、水污染等施工环境进行在线监测,对高边坡、深基坑、危化品等施工作业进行安全监控,对特种设备操作、作业人员身份等进行监管,辅助水行政主管部门和项目业主远程监管工程施工现场管理,提升施工现场精细化管理水平。

3.无人智能巡检系统

1)水下机器人智能巡检系统研发

水下机器人智能检测系统是自主研发的具有自主知识产权的,对险工险段水下监测、流量、泥沙、咸情、水质、水生态、水下建筑物运行情况,包括缺陷检查、渗漏检测、淤积堵塞、结构检测、金属结构隐患检测等提供水下机器人监测服务。

2)无人机智能巡检系统研发

开发具有自主知识产权的,发布在自有独立服务器上的无人机巡检管理系统,包括无人机自动巡查;导入系统自动识别时间、位置、轨迹,照片、视频管理;对分界点、违章施工点、违法点进行标注;追溯历史巡查影像多期对比;自动生成巡检报告等功能。

4. 输水自动化监控系统

采集大型水利枢纽工程全线各类泵站、闸阀、变电站、管道的运行信息,对其进行远程集中监视与控制;接收水量调度自动化系统实时水量调度指令,通过远程控制把调度指令下发到现地站,并将调度指令执行过程与结果上传到各级管理部门,实现水量调度控制一体化,完成公司调度中心和灾备中心输水自动化监控系统建设。

5. 水量调度自动化系统

完成水量调度日常业务处理、供水计划编制、正常运行实时调度、事故应急调度、调度方案模拟、水量计量及计费、调度评价等子系统建设;完成调度中心和灾备中心水量调度自动化系统建设。

6. 视频监控系统

建设大型水利枢纽工程视频监控系统,建设期配合"水利安全文明智能工地"建设,运行期对输水工程重要控制性建筑物的生产和管理区内的安全状况进行视频监视和安全报警。现地闸阀泵站视频信息通过工程专用通信网进行数字远程传输,在调度中心、数据备份中心和管理处完成视频集中监视和管理。

7. 水文信息与工程防洪管理系统

完成调度中心水文信息与工程防洪管理系统建设。水文信息与工程防洪管理系统主要包括:水文信息测报和工程防洪信息管理两部分内容。

(1)水文信息测报:利用现代遥测技术全天候的实时监测并发送雨情、水情信息,实现对雨量、水位的全面监测,通过对水雨情实时数据信息进行采集、监测、传输分析,为工程的供水、水资源合理配置提供实时准确的水雨情信息和发布有效的洪水预报。

(2)工程防洪信息管理系统:实现工程防洪信息接收处理、信息服务及监视、洪水预警、防洪应急响应、防洪组织管理等功能。

8. 工程安全监测信息管理系统

完成调度中心工程安全监测信息管理系统建设。工程安全监测信息管理系统包括工程安全监测数据采集、信息管理、成果展示、分析评价、预警管理、信息发布等多个方面的内容。系统以安全监测信息管理与综合分析评价子系统为核心,集成安全监测信息自动化采集子系统、安全监测信息三维可视化子系统和安全监测信息发布子系统三方面的内容。

9. 水质监测应用系统

研究水质监测应用系统建设。水质监测应用系统主要功能包括水质监测数据采集、水质分析评价及示警、水质会商决策支持、水质信息发布与查询、水质资料整理汇编等。

10. 工程运行维护管理系统

完成工程运行维护管理系统建设。该系统基于计算机网络和地理信息系统,根据工程情况,利用 KKS 编码体系,实现设备资产数字化,具有工程扫码巡查维护、APP 专家运维、突发事件响应、工程维修养护方案编制及记录、工程管理考核等功能。

11. 决策会商支持系统

建设决策会商支持系统主要为决策管理者和引水运行工作提供及时、准确、科学的辅助决策依据，由用户会话、会议管理、会商信息规范化处理、模型方法知识管理、专家分析和会商结果管理六大模块组成。

12. 应急响应系统

建设应急响应系统主要针对工程险情，采用相应的应急预案，发布应急调度指令，满足不同应急险情的要求。

应急响应系统的总体功能分为：应急信息汇集与评价、应急方案制订、应急方案执行指挥、应急档案管理、应急回顾与知识更新五大模块。

13. 三维 GIS+BIM 可视化仿真系统

在建设期建立的 GIS+BIM 基础支撑平台的基础上进行扩展和延伸，建设覆盖工程全线的工程运行管理三维 GIS+BIM 仿真系统，再现水量调度方案及过程，集成显示泵站监控、闸阀监控、工程安全监测、水情测报、水质监测、视频监控等运维信息，建立基于三维可视化系统的会商决策环境，提升工程调度运行管理水平。

14. 综合管理办公系统

建成支持公司、维护抢修站、现地生产值班室三级组织机构的公文流转以及日常办公的通用办公系统；进行人力资源信息管理系统的建设；进行大型水利枢纽工程互联网站—社会公众信息门户建设，建成政务公开平台。

2.1.3.5 BIM 设计服务

BIM 设计范围包括新建水源泵站 7 座、加压泵站 5 座、水库提水泵站 8 座，复杂地质条件的输水建筑物及其附属建筑物。BIM 设计内容包括地质三维、枢纽三维和工厂三维。

1. 地质三维设计

地质勘察是水利工程勘察设计工作的前奏，也是工程全生命周期中的重要组成部分。本次地质三维设计将利用地质三维勘察设计系统 GeoStation 开展，利用重要泵站工程、水库工程和复杂地质条件的地下建筑物，包括隧洞工程及引水工程进水口、调压室(井)、的地质资料，结合地质超前预报，进行工程地质勘察数据整理，并建立地质三维模型，为水利工程全生命周期管理提供基础的三维地质全信息模型。

2. 枢纽三维设计

枢纽三维设计是解决供建筑物总体布置验证与优化的有效手段。本次枢纽三维设计将根据水库、泵站等重要工程设计需要，开展枢纽总体布置建模，必要时通过三维设计方式进行布置方案比选、优化等工作，并为工程全生命周期管理提供基础的枢纽建筑物信息模型。

3. 工厂三维设计

工厂三维设计是提升泵站内部多专业交叉协同设计效率和成果质量的利器。工厂三维设计主要针对泵站等重要单体建筑物，应用 PlantDesigner 开展工作，利用三维设计软件对泵站的土建、机电、金属结构、建筑等各专业进行协同建模。

提交的主要成果有地质三维模型、枢纽三维模型、泵站土建三维模型、泵站机电设备三维模型、泵站金属结构三维模型、相关应用图片及图册和 BIM 设计总结报告。

2.1.3.6 数据资源管理中心建设

建设调度中心数据中心和公司总部数据备份中心；建设各数据中心数据存储平台的本地备份系统和异地远程容灾系统；建设应用系统专业数据库，以及空间地理信息和 BIM 数据库、沿线地区社会经济和生态数据库等数据库系统。

2.1.3.7 信息安全体系建设

建立访问控制、网段隔离、认证授权、入侵检测、漏洞扫描和安全评估、病毒防范、安全管理平台等安全防护体系。

2.2 建设原则

大型水利枢纽工程建设智慧监管系统在整体工程建设中遵循以下原则：

(1)统筹规划、分期建设、过程优化、急用先行。

大型水利枢纽工程建设周期较长，而计算机和信息技术的发展速度极为迅速，大型水利枢纽工程建设智慧监管系统在建设实施过程中应采用“统筹规划、分期建设、过程优化、急用先行”的建设原则。根据建设期和运行期的不同建设目标，以地理信息数据和建筑模型为工程全生命周期管理服务，合理组织平台方案、划分软件模块，制订设备采购和系统开发计划、系统方案应对系统平台架构、软件结构和数据库结构等方面统筹规划，保障系统从建设期到运行期的延续性。信息系统按建设期和运行期分析建设，按照工程总体进度和安排各业务系统建设实施节点，并对实施过程进行优化。

(2)标准化。

大型水利枢纽工程建设智慧监管系统建设范围较广，涉及地方部门较多，因此系统建设要严格执行国家、地方和行业的有关规范与标准，并考虑与国际规范与标准接轨，尽可能地选择标准化产品，按照公司要求统一数据接口，建设标准化系统。自主研究开发的软硬件产品，也要参照规范和标准，制定相应开发规则，制定有效的工程规范，特别是软件开发要保证代码的易读性、可操作性和可移植性。

(3)遵从行业习惯。

系统应能适应目标的多重性、环境的多变性、方法的多样性；遵从行业应用需求和习惯，开发具有水利行业特色、标准化操作模式、友好的人机界面、可视化功能展示的应用系统，做到功能强大、界面友好、贴近实际、操作简单、使用方便。

(4)实用性和先进性。

依据实用性和先进性并重的原则，充分注重实用性。对信息、系统技术方案设计应充分考虑管理运行因素，即通过采用先进的技术、优化的方案、完善的监控来达到降低管理成本，提高管理效益的目的。设计拟采用成熟稳定、技术先进的产品和设备，并充分考虑到业务需求和业务发展趋势。

(5)开放性和兼容性。

设计所采用的技术和协议必须符合国际标准化组织及有关专业组织制定的标准和规

范,数据采集传输及数据库的各种编码必须符合水利行业的规范和标准,从而应用软件系统应具有良好的开放性,采用模块化结构设计,以便功能扩展。

(6)灵活性和扩展性。

通信与计算机网络建设必须满足今后发展的需求。随着网络技术的发展,系统应能够平滑升级,网络的规模能够及时方便地扩充,以适应未来发展,最大限度地降低投资风险。同时满足各个子系统硬件系统的接入、软件系统的资源共享。

(7)安全性和可靠性。

网络拓扑结构应采用稳定可靠的结构进行设计,以保证整个网络的可靠性和网络运行的稳定性。要充分考虑各子系统及各遥测站抗干扰、抗破坏、防雷击等可靠性保障措施,保障整体系统安全、可靠地运行。

(8)经济适用性。

在满足整体系统应用需求且留有一定的发展余地的前提下,尽量选择性能价格比高的技术产品,做到技术先进、节约投资、利于生产、方便维护管理。

根据上述原则,按照相应的国际标准、国家标准及各部颁发的标准进行设计,在满足技术条件和运行要求下,设计力求技术先进、节省投资、利于生产、方便维护管理。

2.3 系统规划

大型水利枢纽工程建设智慧监管系统利用现代遥测、遥控技术、地理信息系统、通信系统、计算机网络、大数据技术、云计算技术、增强现实技术等科技手段,在高速宽带计算机网络基础上,实现全线调水监控自动化,建成先进实用、高效可靠、覆盖整个工程区域的工程全生命周期信息管理系统,实现对工程的三维可视数字化建设管理、运维管理和水资源优化调度决策支持。

工程建设期,以“水利工程智慧建造系统”和“水利安全文明智能工地”建设试点为主线,以实现“全生命周期、全建设范围、全参与单位、全建设人员、全业务管理、全功能管理”和“新技术、新模式、新试点”的“六全三新”为建设原则,构建工程项目建设业务管理基础平台,实现工程概算、合同履约、设计变更、投资管理、质量安全、施工进度、劳务用工、物资采购等施工期建设管理工作。通过集成工程监测、地质监测、现场视频、工程资料等工程建设相关数据,为参与大型水利枢纽工程建设的各级单位和人员提供统一、标准的建设管理和业务处理平台,保障施工安全、科学控制建设进度、确保工程建设质量过硬、提高工程建设管理的水平与效率。

水利工程智慧建造系统的建设目标是通过 BIM 技术应用,在建设中将原材料信息、试验数据、施工过程中的质量检验和评定资料、计量支付和变更管理数据,责任人和相关人信息等与 BIM 模型永久关联,形成工程模型大数据,实现工程全过程、全要素、全参与方的数字化、在线化和智能化,从而构建项目中各参建单位沟通协调的新体系,见表 2-1。

表 2-1　水利工程智慧建造系统建设规划

系统	核心子系统	功能介绍
智慧建造（规划）	工程指挥中心	工程建设大数据关键指标；工程概况与施工现场可视化展示（施工现场安全监控、文明施工监控、施工安全防护等信息及项目质量、安全、进度等信息）
	投资成本	工程总体投资管理，可支持概算管理、概算调整、资金计划、部门预算、合同支付、费用摊销、投资分析等
	质量管理	质量管理体系及过程质量回溯，涵盖缺陷记录及备案、质量监督申请、质量检查及资料闭合等；质量抽检 APP
	计划进度	工程多级进度计划管理，可支持计划基线设置、滚动更新。支持工程各标段日报、周报、月报的自动生成与汇总，集成甘特图、SP 曲线、2D/3D 形象及 4D 应用等
	合同管理	工程建设阶段各类合同全生命周期的业务管理，可支持从合同计划、合同会签、合同签订、合同执行、变更索赔、计量签证、合同支付、合同收尾的全过程管理
	安全管理	工程全方位安全管理，覆盖制度规范、检查计划、检查执行、隐患上报、隐患处理跟踪等；安全巡检 APP
	资料管理	工程建设阶段各类资料、文档的体系化管理，可支持电子签章以实现资料、文档的电子化归档（商档案部门）
	招标管理	可支持工程分标规划、招标计划、招标过程、承包商管理、供应商管理等
	设计管理	工程建设阶段设计工作、科研工作管理，可支持设计计划、设计评审、设计成果、设计变更、设计工程量、竣工图、竣工模型等
	现场管理	远程可视化监控施工现场安全管理（教育培训、地质灾害、有毒有害气体、人员定位等）、劳务管理（实名制、考勤、农民工工资支付监督等）、视频监控（采集、查看及相关智能化应用等）、重型设备（对水平、垂直运输设备，缆机、挖掘机械、混凝土拌和站的安全监控）、绿色健康（扬尘噪声、水质监测、健康档案、疫情监控等）；对工程参建单位年度信用评价
	材料管理（可选）	甲供材料的采购、验收入库、库存消耗、物资核销等过程管理及永久设备的采购批次、物流、到货过程管理
	工程编码	支持 PBS/QBS/CBS 等设备、施工模型导入、模型信息挂接等功能；对工程建筑物、结构属性提供持续、动态的跟踪管理，为下游应用提供数据基础
	项目群（可选）	支持项目群（多项目并行）管理，满足各子工程项目在可研、报批、招标、建设、竣工各阶段并行管理的需要
	信息管理	实现信息的集中管理，支持公文流转、流程审批等；支持基于权限的数据共享、分发及分层级统计与分析

水利安全文明智能工地的建设目标是围绕水利工程建设“人、机、料、法、环”五大环节的关键因素及其他信息，充分利用 BIM、物联网、大数据、人工智能等技术手段，对施工人员实行实名制监管、从业人员定位，对高边坡、深基坑、隧洞开挖等施工作业进行安全监控，对气象、有毒有害气体、水污染等施工环境进行在线监测，对特种设备操作、作业人员身份等进行监管，辅助水行政主管部门和项目业主远程监管工程施工现场管理情况，提升施工现场精细化管理水平。水利安全文明智能工地建设规划如表 2-2 所示，引导各工程项目建设单位、施工单位积极推动水利安全文明智能工地建设。

表 2-2 水利安全文明智能工地建设规划

系统	核心子系统	功能介绍
水利安全文明智能工地（规划）	现场指挥中心	工程概况与施工现场可视化展示（施工现场安全监控、文明施工监控、施工安全防护等信息及项目质量、安全、进度等信息）
	安全管理	教育培训（安全生产管理人员、作业人员）、（在深基坑、高大模板支架、高边坡、隧道开挖等危险性较大工程施工前）安全交底、安全检查、施工现场管理人员跟踪定位、施工作业面作业人员进出场人脸识别及作业定位、安全监理工程师定位、作业人员在工作面上安全行为智能监控、高边坡地质灾害监测、深基坑监测、有毒有害气体监测、易燃易爆物品监控等
	劳务管理	依据根治拖欠农民工工资工作领导小组 2020 年工作要点要求，落实劳务实名制、人员考勤、农民工工资保障、维权信息告示牌等
	视频监控	参考《重点水源工程视频调度技术方案》，在重点水源工程项目视频调度技术方案规划点位（参考大型水库工程视频采集点典型配置表及中型水库工程视频采集点典型配置表）基础上扩充（如泵站、管隧、高位水池等），以支持水利建设工地视频采集、查看及相关智能化应用（如安全帽识别、入侵检测、人员聚集、火灾信号等及联动预警）；兼顾永久性部署需求
	重型设备	水平运输设备的智能监控及定位、垂直运输设备的智能监控、缆机运输安全智能监控、挖掘机械的安全智能监控、混凝土拌和站安全监控、特种作业监控
	绿色健康	扬尘噪声、水质监测等；配备的职业健康保护设施、工具和用品等信息，危险作业场所监控及进出记录，职业健康档案，疫情监控等

工程运行期，应实现两大功能：一是为工程运行管理提供安全、可靠、经济、科学、先进的运行管理技术手段，实现资产数字化，设备维护规范化、标准化和量化考核，运维档案资料按需调用推送等；二是为科学的输水、配水、供电、防洪、工程安全运行等提供实时数据分析和专家决策支持功能。在语音通信、数据交换、视频传输三网合一的高速宽带计算机网络的基础上，通过整合输水自动化监控、视频监控、工程安全监测以及水情和水质监测等各种信息资源，充分发挥现代大数据处理、通信网络、视频监控、自动控制、遥感、地理信

息系统和三维模拟等高科技手段的作用，建成先进实用、高效可靠、经济节约的三维可视数字化运维管理和调度决策支持系统，实现动态监控、预报预警、决策调度等全方位的科学管理，达到防御自然灾害、合理配置水资源、提高水资源的利用效率，避免工程事故、确保水利工程的安全运行，提高工程运行的经济效益，促进地区经济社会的持续稳定发展。

2.4　系统指标

2.4.1　质量指标

(1)可靠性：系统运行安全可靠，故障率不能影响调度控制，系统应有足够的备用措施，全部设备和软件系统 7×24 h 不间断运行。

(2)可维护性：能够方便地进行用户管理，方便地定义任意用户的功能模块访问控制，能够方便地进行各类资源的统一管理，主要包括服务器、计算机终端、各类数据、各类软件资源等，能够方便地进行各类升级。

(3)可用性：按照需求实现全部调度控制作业及相关作业功能，并计算无误。

(4)扩展性：能够适应未来需求的变化，方便灵活地增加新功能模块，最大限度地保护现有投资，最大限度地延长系统生命周期，最大限度地保护系统投资，充分发挥投资效益。

(5)灵活性：现有功能可重组生成新业务功能，当某些业务需求变化时，能够方便地进行业务流程定义和重组。

(6)易用性：适应各类用户和各业务特性，界面友好，尽可能地提供可视化操作界面，对于某些用户信息界面能够自组织定义。

2.4.2　性能指标

2.4.2.1　应用系统一般性需求

(1)要求系统功能齐全、响应速度快、人机界面友好、易操作、易维护、具有较强的容错能力，与相关系统、平台、数据等的接口设计全面清晰，系统运行稳定、安全可靠。

(2)系统建设应具有良好的可扩展性。

(3)软件开发技术应满足需求变化，及时增加新功能或者及时方便地改变原功能，最大限度地满足需求变化。

(4)大型水利枢纽工程距离长、人员多、系统庞大，为了提高系统的性能，系统能够进行灵活的资源管理、功能访问权限管理、身份统一认证等。

(5)调度信息需要获取外部各种数据，同时需要向外部提供各种信息，系统应具有高度的信息共享能力，能够转换使用各种异构数据资源。

2.4.2.2　输水自动化监控性能需求

(1)泵站监控指令和信息传输不受其他业务信息传输影响，优先保证泵站信息畅通。

(2)系统响应速度快。泵站数据采集和控制时间要求：状态点采集周期≤1 s；模拟点采集周期：电量采集周期≤1 s，温度量采集周期≤10 s；接受控制命令到开始执行控制的时间<1 s。

(3)远程系统时间要求。泵站采集数据到远程数据库的时间≤2 s;调用新界面的响应时间≤1 s;界面上数据刷新时间≤1 s;操作员发出命令到显示回答时间≤1 s;报警或事件产生到画面显示或发出声音的时间≤1 s。

(4)系统稳定可靠。要求系统中的关键设备采用冗余配置;要求计算机的 MTBF(平均无故障时间)>10 000 h;要求 PLC 的 MTBF>16 000 h,可利用率≥99.9%。

(5)系统易于维护。要求主要设备的 MTTR(平均维修时间)<12 h(不包括管理辅助时间和运送时间)。

2.4.2.3 泵站视频性能需求

(1)系统主要设备为标准的嵌入式系统设计。系统主要设备体积小、处理速度快、稳定性高,适合在无人值守的环境中使用,前端发生掉电后,可自动启动,无须人工维护。

(2)高清晰度图像,图像清晰度高,在低带宽或者多次路由的条件下,传输每秒 25 幅画面的高质量图像,不能出现“马赛克”的现象。

(3)设备简单,便于施工。

2.4.2.4 工程安全监测性能需求

(1)监测信息采集内容全面,能够收集各种监测仪器的监测数据并具有人工巡测巡查数据录入,具备监测仪器数量种类的扩充接口。

(2)数据收集汇总速度快,要求自动采集数据的全线采集一次的周期不超过 2 h。

(3)人工巡测巡查数据能够利用移动输入设备随时输入系统。

2.4.2.5 视频会议性能需求

系统要求具有高清晰画质、高稳定性、使用方便灵活、会议功能完善等特性。

2.4.2.6 综合办公性能需求

(1)运行时间。7×24 h 不间断运行。

(2)并发性能。综合办公最多应可以支持 500 个用户并发访问系统;计划合同管理最多应可支持 50 个用户并发访问系统;网站交互应用支持同时在线数 800 人,后台管理支持同时在线数 500 人次。

(3)可靠性需求。为提高系统运行的可靠性应采用双机备份、一用一备的方式。

2.4.2.7 GIS+BIM 应用性能需求

1. 基于 GIS+BIM 的建设期管理及监测需求

提供三维 GIS 与 BIM 模型的集成、数据交换、场景管理、三维展示、空间分析和空间查询等基础功能服务,具体包括:

(1)模型处理。如支持多种格式三维模型集成、跨软件格式模型合并、轻量化模型转换时间和模型打开时间等。

(2)外观和显示。如外观选项(比如精度选择、抗锯齿开关、阴影开关等)、渲染表现、细部几何形状完整性等。

(3)效率和便捷。如按需加载及局部加载、快速定位、模型树、三维导航等。

(4)实用功能。如三维测量、漫游、刨切等。

(5)平台提供良好的二次开发支持。

2. 运行期三维 GIS+BIM 可视化仿真系统

在建设期建立的 GIS+BIM 基础支撑平台的基础上进行扩展和延伸，建设覆盖工程全线的工程运行管理三维 GIS+BIM 仿真系统，再现水量调度方案及过程，集成显示泵站监控、闸阀监控、工程安全监测、水情测报、水质监测、视频监控等运维信息，建立基于三维可视化系统的会商决策环境，提升工程调度运行管理水平。

3. 可视化运维

利用 GIS+BIM 仿真系统，可实现：

(1) 基于 BIM 的智慧运维。基于专家知识库和人工智能技术，智能诊断设备/建筑物等的健康状态，预测状态趋势，为智慧运维检修提供决策依据，实现智能故障预警与诊断；智慧巡检管理系统：巡检任务自动派发、人员分布随时检查、巡检路线清晰可查、远程指导精细操作；智慧两票等应用。

(2) 基于 BIM 的图纸档案管理。图纸自动关联，外形及安装布置图、内部原理图、对外接线图、过程文件等。

(3) 基于 BIM 的电气通道管理。电气通道全生命周期状态监测、智慧巡检、故障精准排查、设备智能联动。

(4) 虚拟巡检、全局漫游、仿真培训、电子围栏基于 VR 技术的虚拟现实场景应用。

(5) 可视化档案管理等不同场合应用场景。

(6) 预留 AI 接口，实现调度管理运维的智能化。

3 关键技术及解决方案

3.1 无人机在水利行业的应用

3.1.1 无人机在水利行业的应用概述

无人机具有起降迅速、机动灵活、能够深入高危地区等特点,能够有效地弥补遥感监测受云雾条件影响较大的不足,满足适时适情开展应急监测的需求,是大型水利枢纽工程"空、天、地、水"一体化监测的重要组成部分。无人机能够提供多光谱采样、摄影测量、手控/自动巡查巡飞、高精度正射影像测量、激光雷达等监测功能,为水旱灾害防御、岸线管理与保护、水土保持管理、水政执法、水资源保护、采砂管理、重大水利工程管理等7个业务领域提供无人机监测服务。

巡查巡飞无人机系统主要采集数据为航摄视频与影像,为监控执法提供保障。水质监测无人机系统主要包括高光谱无人机系统、水质采样无人机系统和水质在线监测无人机系统。高光谱无人机系统通过对流量、水质、水生物多样性、河流形态等信息的动态监测,实现水质安全监测;水质采样无人机系统能够深入人迹罕至的地区或高危地区等进行水质采样监测;水质在线监测无人机系统可以进行流域面上突发性、临时性的水质监测。长时定点监测无人机系统提供应急响应时的不间断监测能力,为流域险工险段应急抢险、水土保持应急等综合性应用提供及时信息保障。三维测图无人机系统生产真实可量测的实景三维数据,可以服务于流域监管区域的建设项目取证、水土保持风险发现、蓄滞洪区洪水容量分析、重点水利工程监管等多项业务需求。激光雷达无人机系统可以大幅提高三维实景数据的空间位置精度,可以有效地支撑执法取证。水文监测无人机系统提供流域面上巡测、突发性、临时性的水文监测。

3.1.2 无人机智能巡检关键技术

为实现大藤峡水利工程的常态化、周期性或不定期的自动化巡检巡查,智能化地管理、分析海量巡检数据,基于无人机、计算机、物联网、4G/5G、目标识别检测算法和图像识别算法、GIS等先进技术和方法,开展超高精度和高可靠性导航定位、动态航线规划与自动驾驶、前端实时智能识别、集群管控与自主作业、多源信息融合分析与可视化等关键技术攻关,建设水利、应急等行业示范应用系统和规模化应用场景,构建立体多层次、超高分辨率、全方位和全天候的无人机低空组网监测体系,为河道湖泊、水利工程等水利行业智能化巡检和智慧水利建设提供有力的技术支撑,形成了集无人机远程控制智能监测设备、"云-端"协同无人机集群管控技术、多源监测数据智能识别与深度分析技术为一体的无人机自动巡检智慧监控系统,实现了无人值守下的无人机自动巡检、海量巡检照片、视频和影像等多源数据的融合处理、分析和管理，如图 3-1。

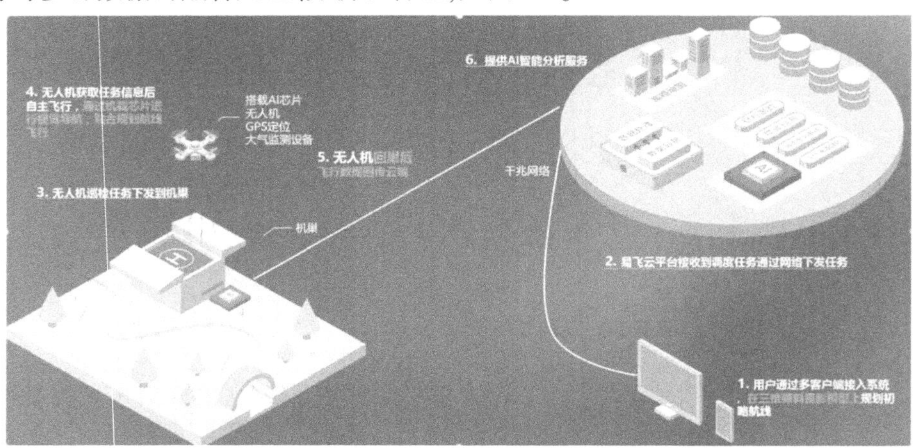

图 3-1 无人机智能巡检关键技术流程示意

3.1.2.1 无人机远程控制智能监测技术

无人机远程控制智能监测技术主要依托集成 4G/5G/WiFi 通信技术、融合定位技术等构建的无人机远程控制系统实现智能化监测。无人机远程控制系统主要包括智能机巢（有微型、小型和移动型 3 种型号）、支持 3 种以上目前市场上主流的无人机机型和 5 种以上的机载传感器。该系统具备自动充电和更换电池、空地连网、信号增强、远程控制、恒温防水、视频监控和微型气象站等功能；以及基于融合定位技术实现无人机精准降落和入巢的功能，如图 3-2 所示。

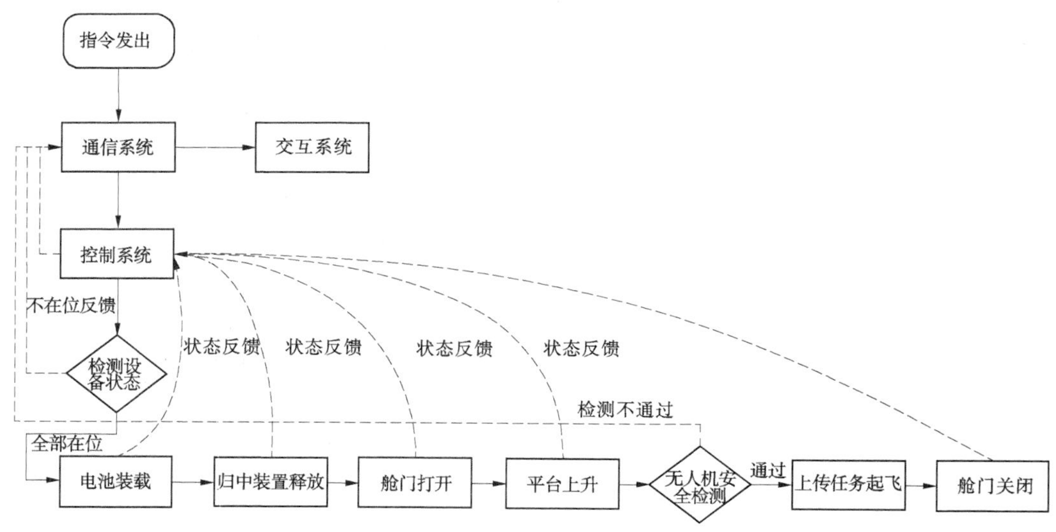

图 3-2 无人机远程控制智能监测技术流程

3.1.2.2 “云-端”协同无人机集群管控技术

“云-端”协同无人机集群管控技术是基于自动化、物联网和计算机等技术构建的一种支持桌面和手机端的多地、多终端远程控制技术和无人值守自动巡检技术，并进一步研发而形成的"云-端"协同无人机集群管控平台。该技术可实现对机巢和无人机远程化、移动化和智能化的控制,巡检任务和巡检线路的定制,预设任务自动执行、数据自动传输和对组网机巢和无人机的统一管理,对监测数据的集中建库和分析处理,对设备运行状态的远程监控,对危险状况下的接管处理等,如图3-3所示。

图3-3　"云-端"协同无人机集群管控平台

3.1.2.3　多路无人机远程视频回传技术

目前,主流无人机自带的操控APP虽然具有将视频自定义分享于第三方直播平台实现无人机远程视频回传的功能,但受制于直播平台及其分享功能的局限性、封闭性,远程视频回传存在不同程度的延迟且仅支持单路无人机视频回传,效果不佳,不便于在行业推广应用。多路无人机远程视频回传技术是在基于移动操作系统和自主研发的无人机操控APP平台基础上,定制开发的支持巡检视频一键分享至流媒体服务器,利用nginx+nginx-rtmp-module+ffmpeg搭建流媒体服务器,通过4G/5G通信技术将多路巡检视频直接展示在Web页面中以便于领导、建设方等实时了解把握现场状况的技术。其主要技术原理是:nginx本身是一种HTTP服务器, ffmpeg是非常好的音视频解决方案,利用nginx通过rtmp模块提供rtmp服务, ffmpeg推送一个无人机操控APP分享的rtmp流到nginx, 然后客户端通过访问nginx来收看实时视频流,进而实现多路无人机巡检视频的回传。

3.1.2.4　多源巡检数据智能识别与深度分析技术

针对无人机自动巡检中不同类型传感器采集的数据,利用AI技术、深度学习算法等前沿技术,构建多源信息的实时感知与智能识别、多源数据的融合与分析、多模式三维场景重建等关键技术,实现了照片、视频、正射影像等多种巡检数据的分析处理,并根据行业应用需求建立相应的分析处理技术流程及根据多期巡检数据自动对比分析生成巡检报告。

3.1.2.5　基于云计算的无人机自动巡检管理系统

利用云计算、大数据技术构建智能化的无人机自动巡检管理系统,系统的总体架构如图3-4所示。

该系统使得无人机能迅速到达巡检作业现场,通过高空视角可全方位监控现场区域信息,并在巡检过程中记录违法违章行为,根据现场拍摄情况,及时锁定证据,数据实时传

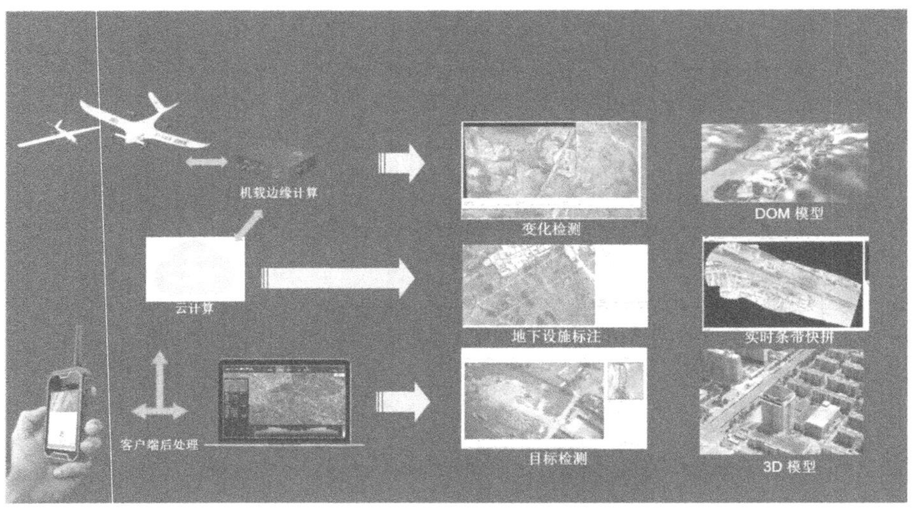

图 3-4　无人机自动巡检管理系统框架

送回控制中心。可以设置路线对巡检区域进行日常自动化巡检,沿设定路线两边固定航线航拍、查寻区域异常情况;并对巡检区域敏感点的定时定点拍摄。

3.1.2.6　VR 全景展示关键技术

(1)自主开发。

(2)上传全景图片后自主生成全景。

(3)客户端包括电脑端和手机端。

(4)实现内外网分发控制。

(5)具有热点跳转、背景音乐、文字介绍、VR 浏览等功能。

3.1.3　无人机监测总体架构

针对水利业务部门对水资源、水环境、水政、水工程、水土保持、应急监测等管理职能中对重点区域或局部区域的正射影像、数字高程模型、多光谱影像、热红外影像、720°全景、实景三维模型、激光雷达点云等数据的快速获取需求,开展相对应的无人机监测能力建设,与卫星遥感互为补充,提升全面监测能力。主要包括高空间位置精度、高空间分辨率数据的获取能力、多种负载类型的挂载能力、快速响应机动能力、高效覆盖能力以及与之匹配的快速成图和海量数据高效处理能力。

无人机监测能力建设总体架构包括数据采集、数据处理、数据管理、海量数据存储、数据成果发布、应用支撑等部分,如图 3-5 所示。

3.1.4　无人机监测技术方案

3.1.4.1　巡查巡飞无人机系统

巡查巡飞无人机系统,主要采集数据为航摄视频与影像,为监控执法提供保障,是整个监测体系最常用数据采集平台之一,也是覆盖最广的采集平台,配备正射相机、热成像相机和现场快速数据处理系统,适合灵活机动的快速数据采集。

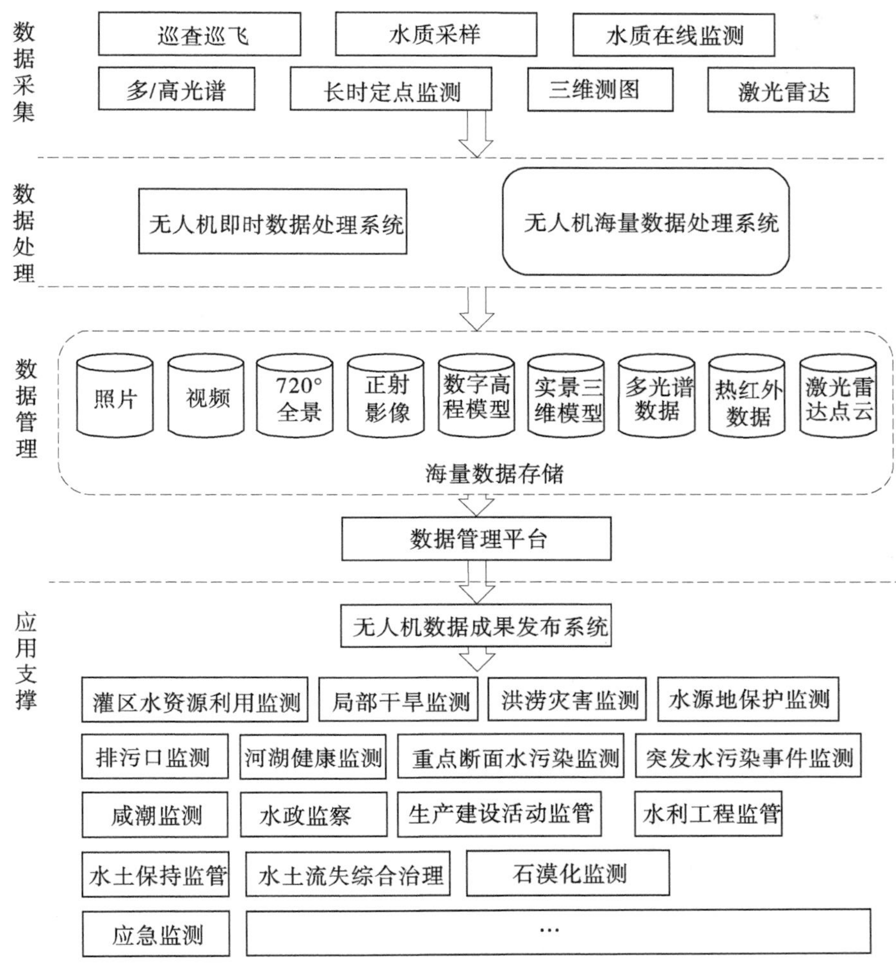

图 3-5 无人机监测总体架构

3.1.4.2 水质监测无人机系统

水质监测无人机系统主要包括高光谱无人机系统、水质采样无人机系统和水质在线监测无人机系统。

水质安全为水安全的一个重要安全监测方向，尤其是针对重点水源地的水质监控。光谱成像技术可应用于监测水环境水污染及生态环境状况，通过提取出水体环境参数的各种特征的光谱，应用相应的高光谱反演算法可实现水体中蓝藻水华、藻类叶绿素、悬浮物、总氮和总磷、水表温度等指标的定量反演。

为满足流域面上突发性、临时性的水质监测，部署水质监测高光谱无人机系统，基于无人机机载高光谱通过对流量、水质、水生物多样性、河流形态等信息的动态监测，水源地湖库水质及富营养化动态监测，河口咸潮监测等，可以实现水质安全监测。

3.1.4.3 长时定点监测无人机系统

为满足险工险段应急抢险、水土保持应急等综合性应用提供及时信息保障，部署长时定点监测无人机系统。长时定点监测无人机系统由三防级无人机、高倍变焦相机、高空系留系统组成，提供应急响应时不间断监测能力，为应急灾害长时间监测和特殊天气条件、更高质量的可见光成像和热成像提供保障。

3.1.4.4　三维测图无人机系统

基于当前测绘技术的发展，测绘正由二维测图向三维测图过渡，传统航空摄影测量已成为常态化数据获取技术，生成正射影像、DEM 及数字线划图，将来的测图主要测绘成果形式将是三维实景模型、三维点云，三维实景数据一般基于高分倾斜影像数据进行生产。

三维测图无人机系统主要由无人机载具和多拼相机组成，一次拍摄不同角度的照片，利用倾斜摄影测量技术，生成真实可量测的实景三维数据，可以服务于大湾区流域监管区域的建设项目取证、水土保持风险发现、蓄滞洪区洪水容量分析、重点水利工程监管等多项业务需求。

3.1.4.5　激光雷达无人机系统

激光雷达无人机系统可以获取高精度的点云数据，从而获取现场高精度的测量数据，与倾斜摄影测量数据融合，可以大幅提高三维实景数据的空间位置精度，可以有效地支撑执法取证。由于机载激光扫描仪重量较大，需由油电混合垂直起降固定翼无人机作为载具。

3.2　水下机器人在水利行业的应用

3.2.1　水下机器人国内外发展情况

21 世纪经济主导权之争，很大程度上是海洋经济开发权和海洋装备之争，作为海洋经济发展的重器，水下智能装备为核心的海工智能装备是 21 世纪智能制造产业的技术制高点、产业集聚中心和主要的经济发展方向。美国休斯顿、英国阿伯丁、挪威特伦赫姆和巴西圣保罗依托于墨西哥湾、北海和巴西深海油田等国际主要的海洋油气开发区域，已成为世界上主要的水下智能装备技术的开发中心和产业化中心，引领着国际相关技术的发展和创新。

海工智能装备包括各类水面水下智能航行器、水面水下智能工程机械、智能感知设备和海洋大数据装置。其中，水下机器人（UUV）技术和相关产业链为核心的水下智能装备技术市场包含了无人遥控潜航器（ROV）、无人自治潜航器（AUV）和相关的水下智能感知技术和装备（如水下高清声呐、水下声学通信设备），是一个复合型的新兴市场，从原来的海上防务、海洋油气工程、深海矿产勘探领域扩展到海上风电、海洋牧场、离岛建设、水利水电、城市地下管网、水环境、应急救援等诸多方面。水下智能装备技术综合了海洋与船舶工程、机械、电子、材料、能源、空间感知、信息和人工智能等技术，是海工智能装备国际竞争和技术封锁的主要领域，集中了国际上一流的技术和管理人才，最先进的水下工程技术和巨额的资本投资，无论是民用领域还是军用领域都有广泛的应用前景，其产业链覆盖了国民经济主要领域，需求旺盛，增长强劲。海工智能装备产业链示意如图 3-6 所示。

随着各国对水下机器人研发的重视，水下机器人技术不断发展，其结构设计趋向于功

图 3-6 海工智能装备产业链示意图

能模块化和接口标准化,水下机器人及其作业工具的技术成熟度提高,水下机器人的应用范围逐渐扩展到各个涉水行业,应用需求进一步显现。水下机器人已经进入商业化阶段,未来这一市场必将进一步成熟。

由于西方国家在海上军事装备和海上能源开发起步早,因此成为相关的水下潜航器技术和工程应用技术的领导者,尤其是作业级水下机器人(W-ROV)、无人自治水下机器人(AUV)、工程级水下图形声呐技术和相关应用领先,而且近几年来为了阻止中国在海洋领域技术的迅速发展,开始强化对中国的深海技术的技术封锁,水下智能装备尤其是工程级水下机器人核心技术和相关的感知装备成为"卡脖子"技术,开始影响到我国海洋经济的快速发展。

另外,由于中国经济发展强劲,已成为世界经济发展的火车头,海洋经济发展较快,将成为世界海工装备尤其是以水下机器人应用产业为核心的水下智能装备应用的最大需求源和主要市场,因此自主发展我国的海洋智能装备尤其是水下智能装备刻不容缓。

根据 Global Industry Analysts 在 2021 年 7 月发布的调查报告显示,尽管受到新型冠状病毒肺炎的影响,全球海上水下机器人市场预计到 2026 年将以 14.3% 的复合年增长率增长,水下机器人预计将以 13.6% 的复合年增长率增长,如图 3-7 所示。

2020 年 11 月发布的《中共中央关于制定国民经济和社会发展第十四个五年规划和二〇三五年远景目标的建议》提出:加快壮大新一代信息技术、生物技术、新能源、新材料、高端装备、新能源汽车、绿色环保以及航空航天、海洋装备等战略性新兴产业,其中信息技术(导航)、高端装备、新能源(海上风电)、绿色环保、海洋装备等五大产业都和中水珠江规划勘测设计有限公司的业务领域息息相关,给中水珠江规划勘测设计有限公司的业务发展带来了更多机遇。国家开发银行"十三五"期间已安排不低于 1.5 万亿元融资总量支持战略性新兴产业,"十四五"期间将以更大力度支持产业发展。

相比发达国家,我国的海工装备产业起步比较晚,但已成为世界上主要的海工装备制造大国,正在向海工装备智造强国进军,并已形成了环渤海湾、长三角和港珠澳三大海工装备基地。

我国的海工智能装备包括水下机器人技术虽然起步较晚,但是近几年加快了发展步

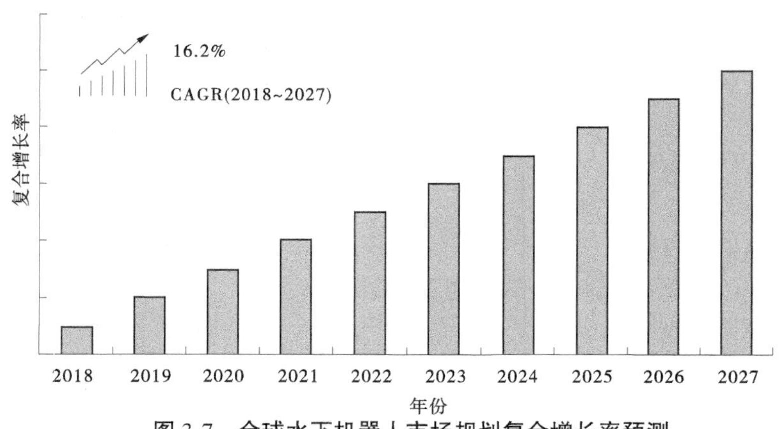

图 3-7　全球水下机器人市场规划复合增长率预测

伐，在国家开发海洋资源、利用海洋资源的大背景下，中国不断加大水下机器人研发投入，已经形成了系列水下机器人应用和产业配套。未来，随着水下工程作业技术、自动控制和导航、智能化传感器、水下通信等关键技术的进一步成熟，在发展智慧海洋的战略助推下，我国水下机器人市场潜力将不断扩大，目前海洋油气、海上风电、救援打捞、市政排水等领域对水下机器人的需求增长快速，而且应用领域呈现不断增多的态势，前景广阔。2020年中国水下机器人市场规模分析如图 3-8 所示。

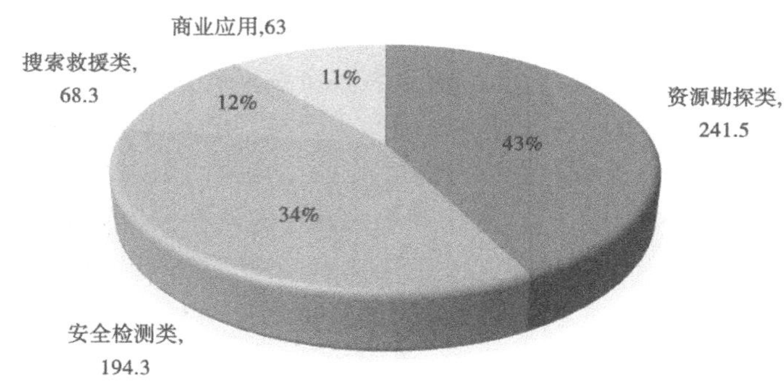

图 3-8　2020 年中国水下机器人市场规模分析

水下机器人制造业上游产业主要包括浮体材料、高强度耐压结构件、水密接插件、高效水下推进器、传感器、微处理器、光电复合缆、水下通信设备和精密机械加工等制造产业，软件技术、数字孪生技术、自动控制技术、机电一体化技术、大数据技术、人工智能等新一代复合型信息技术，覆盖了国民经济的主要领域。

水下机器人的下游产业主要有海洋油气工程、海洋风电、海洋牧场、水利水电工程、交通工程和水环境治理等，是国家重点和长期发展的战略经济领域，具有广阔的市场空间和巨额的经济利益。

3.2.1.1 海洋油气工程市场

水下机器人是海上油气田安装运维的关键设备和技术,也是水下机器人最早的应用市场之一。水下机器人可用于水下工程实时监测观测、海床平面调查等作业、油气平台钻采设施的水下安装、海底管道、海缆的挖沟埋设作业等。

我国拥有400条以上海洋油气管道,总长超过8 000 km,近300座海洋油气平台,相关的运维检测已经迫在眉睫,加上海底基础设施检测需求的增加,整个海上油气运维检测市场正在不断增大。海底管线检测多波束声呐扫描工作示意如图3-9所示。

图3-9 海底管线检测多波束声呐扫描工作示意

3.2.1.2 海上风电市场

我国风电从零起步,到目前已形成具有一定国际竞争力的完善产业体系,2021年爆发海上风电抢装潮,国内海上风电市场的迅速扩容,强劲推动了本土产业链的扩展和升级。2021年我国海上风电新增装机量达1 690万kW,同比增长452.3%。

无论是装机量还是发电量,中国风电已跃居世界第一。相对应的海上风电水下设施的运维需求已经显现,但由于风电场海上作业条件相对恶劣,目前的水下智能装备的开发相对滞后,无法应对海上作业窗口期短、运维任务重、设备必须抗恶劣气候的难题,亟须加紧开发新装备、新技术。中国海上风电新增装机量增长示意如图3-10所示。

3.2.1.3 水利水电市场

自2010年以来,在水利水电行业,水下机器人的应用已经走向成熟,利用定制化开发的水下机器人,搭载摄像、声呐、惯导进行水库水电站水下工程检测,用于引水隧洞、尾水及泄洪隧洞工程检测,进出水口前淤积情况探测,洞室、管道内脱空及衬砌表观完整情况检测等。我国现有水库9.8万余座,总装机3.6亿kW,年发电量1.3万亿kW·h,全国中型以上水电站共有6 053座,我国已建和在建的调水工程137项。相关的水下结构物的运维需求巨大,水下智能装备技术的市场前景非常看好。

3.2.1.4 城市地下管网市场

水下机器人应用于城市地下管线,小到城市老旧管道、大到水厂水库管道都能适用。水下机器人工作灵活、精准、高效,搭载管道图像声呐,可用于大多数管道破损、淤积检测问题,特别是排水管网的带水检测难题。

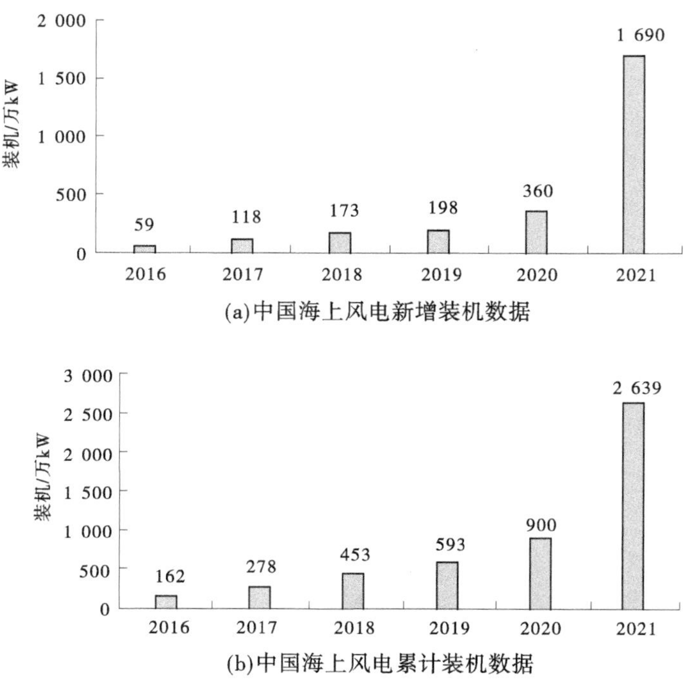

图 3-10　中国海上风电新增装机量增长示意

3.2.1.5　污水处理市场

根据住建部公布的《2020 年城乡建设统计年鉴》，截至 2020 年，全国城市污水处理厂 2 618 座，处理能力为 19 267 万 m^3/d，污水年排放量 5 713 633 万 m^3，污水年处理量为 5 572 782 万 m^3，污水日处理量为 19 267 万 m^3。绝大多数的污水处理设施的自动化程度低，检测监测主要靠人工完成，污水处理效果效率较低。水下机器人在污水处理领域应用刚刚起步，可搭载水质传感器，用于污水处理厂污水池水质检测和取样，大大地降低人工作业风险、提高检测效率，极大地扩大了检测覆盖面，可普遍应用于污水处理厂。中国污水处理厂分布如图 3-11 所示。

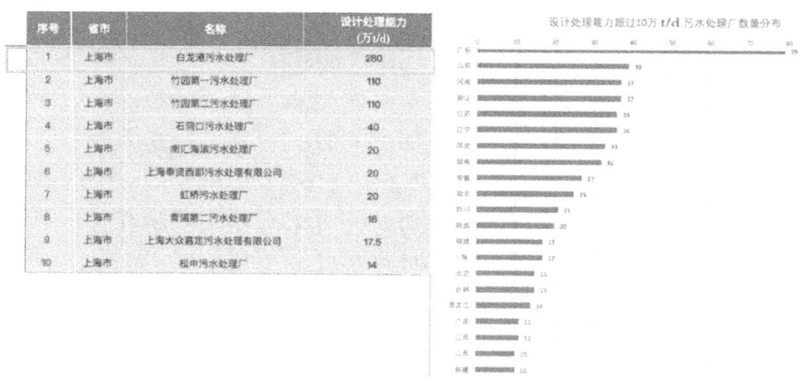

序号	省市	名称	设计处理能力(万t/d)
1	上海市	白龙港污水处理厂	280
2	上海市	竹园第一污水处理厂	110
3	上海市	竹园第二污水处理厂	110
4	上海市	石洞口污水处理厂	40
5	上海市	南汇海滨污水处理厂	20
6	上海市	上海奉贤西部污水处理有限公司	20
7	上海市	虹桥污水处理厂	20
8	上海市	青浦第二污水处理厂	18
9	上海市	上海大众嘉定污水处理有限公司	17.5
10	上海市	松申污水处理厂	14

图 3-11　中国污水处理厂分布

3.2.1.6 水环境治理市场

水环境治理方面，水下机器人具有水下低能见度检测能力强、时效性强、机动性好、巡查方位广等优点，能迅速前往需要监察的区域，并快速获得企业污染的水下图像和水样证据，使污染黑点无处可藏，大大提高了执法效率，还可以对重点水域进行大面积的移动采样和检测，取得全面的水环境数据，为青山绿水建设提供可靠的保障。市场前景良好。

3.2.2 水下机器人概述

3.2.2.1 水下机器人诞生背景

在过去很长一段时间里，水电站大坝及水下结构物的检测主要是依靠潜水员探摸、观察及光学摄像等方式进行。但由于水库大坝的水下环境存在各种不利因素，如低能见度、杂物、湍流、结构复杂等，这些不利因素对潜水员的人身安全构成很大威胁。随着现代水下遥控机器人以及水下探测声呐、定位技术的发展，利用水下机器人（ROV）搭载有关声呐设备来对水电站大坝及水下结构物进行检测已成为可能。

3.2.2.2 水下机器人基本概念

水下机器人也称无人遥控潜水器，无人遥控潜水器主要有有缆遥控潜水器（ROV）和无缆遥控潜水器（AUV）两种，在实际应用中大多使用 ROV 进行观察与检测作业。

ROV 水下机器人系统是一种由水面控制，可以在水下三维空间自由航行的高科技水下工作系统。其基本工作方式是由水面上的工作人员，通过连接潜水器的“脐带”提供动力，操纵或控制潜水器，通过搭载水下摄像机、成像声呐、多波束、三维扫描声呐等专用设备进行水下观察，或者通过机械手、高压水枪等工具进行水下作业。

ROV 应用领域非常广泛，如水利水电、大坝、桥梁、水闸等水工建筑物水下检测，其他领域如水下搜救、水下考古、管道检查、水下安装施工、海油海工、海上风电运维等。

3.2.2.3 水下机器人典型分类

观察型 ROV：小型便携式可提供水下观察检测等能力的 ROV，可携带摄像头、图像声呐、单功能机械手、CP 探针等小型工具。观察型 ROV 的缆长：500～1 000 m，最大工作水深：300 m。

观测型 ROV：体积较小，但具备一定携带能力，如摄像头、图像声呐、三维声呐、水下导航定位系统以及机械手等观察检测与作业工具，主要工作为观测任务的 ROV。观测型 ROV 的缆长：300～2 500 m，最大工作水深：500 m。

工作级 ROV：可搭载外界多种检测与作业工具，携带能力更强，主要从事海上油气田建设服务等作业级别的 ROV，分为轻工作级（<100 HP），中型工作级（100～150 HP）、重工作级（>150 HP）三种，且多为液压驱动。工作级 ROV 的缆长：1 000～5 000 m，最大工作水深：1 000～4 500 m。

拖曳型 ROV：体型较大，部分型号配有推进器，可进行海底挖沟埋缆等海工作业，工作时由船舶拖曳。拖曳型 ROV 的缆长：1 000～6 000 m，最大工作水深：1 000～6 000 m。

3.2.2.4 水下机器人可搭载的检测设备

水下机器人可以搭载水下摄像机、侧扫声呐、图像声呐、隧洞扫描声呐、三维扫描声呐、三维实时声呐和多波束系统等设备进行水利工程的安全检测工作。搭载各种设备用于完成的检测工作见表 3-1 和图 3-12。

表 3-1 水下机器人可搭载的检测设备一览

序号	设备名称	检测内容
1	水下摄像机	观察水下结构表观
2	侧扫声呐	水下目标调查
3	图像声呐	水下结构检测、避障
4	隧洞扫描声呐	隧洞三维点云建模、结构性检查
5	三维扫描声呐	水下结构三维扫描、缺陷检查
6	三维实时声呐	水下作业监测、检测
7	多波束系统	水下地形测绘、水下目标调查

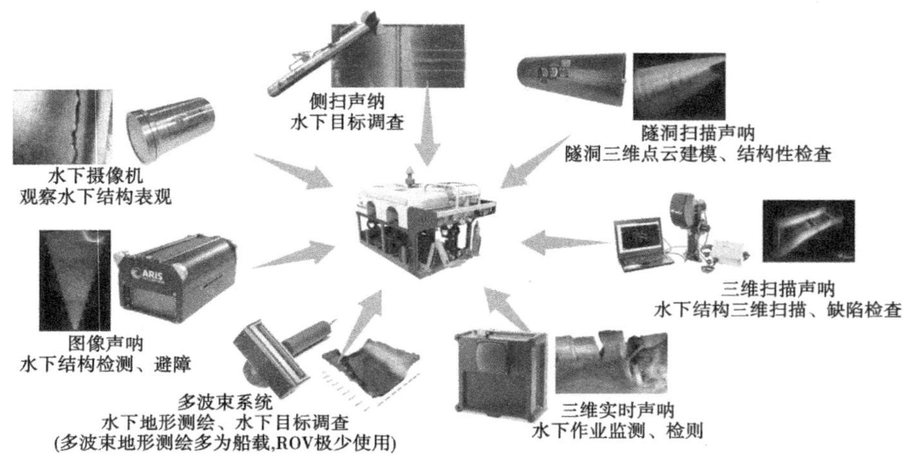

图 3-12 水下机器人可搭载的检测设备示意图

3.2.2.5 水下机器人可搭载的作业设备

水下机器人可以搭载多功能机械手、高压水枪系统、L 型卡尺和 CP 探针等设备潜入水底下完成指定的作业任务。搭载各种设备用于完成的特定作业内容详见表 3-2 和图 3-12。

表 3-2 水下机器人可搭载的作业设备一览

序号	设备名称	检测内容
1	多功能机械手	水下目标物、水下工具抓取作业 如液压钳、扭力计、高压水枪、挂钩以及探测工具等
2	高压水枪系统	水下清洗、冲淤
3	L 型卡尺	水下附着物测厚、弯曲度测量
4	CP 探针	阳极块电位检测

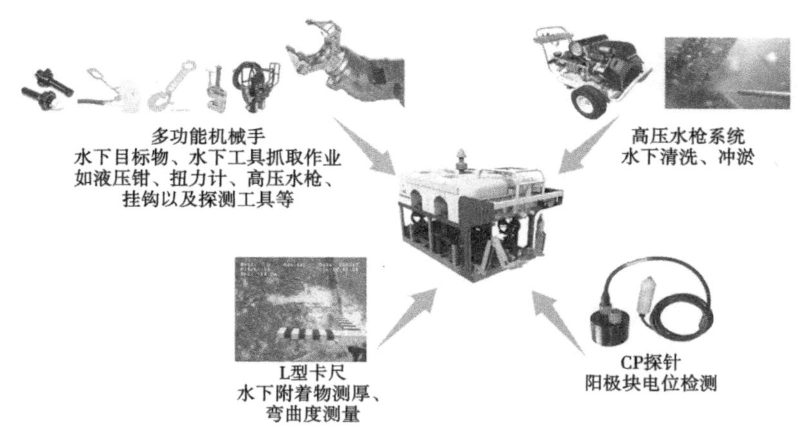

图 3-13 水下机器人可搭载的作业设备示意图

3.2.2.6 水下机器人可搭载的定位设备

由于在水中,光波及电磁波无法有效的传播,目前只有依靠声波进行测速定位来为水下运动载体提供导航定位。

在封闭水域环境中,如隧洞、闸室,水下组合导航定位系统是以 GPS、ROVINS 惯导系统、DVL、CTD 等设备组成。

对于开阔水域,如水库、海洋,则使用超短基线对潜水器进行水下定位。

3.2.3 水下机器人智能巡检关键技术

3.2.3.1 水下定位关键技术

由于水下机器人(ROV)无法获得 GPS 卫星的定位信息,水下目标的跟踪定位就需要依靠超短基线声学定位系统(USBL)来实现。

USBL 系统的基本原理是收发换能器向水下目标发送询问信号,水下目标上安装有声学应答器,应答器收到 USBL 收发换能器的信号后发送应答信号。收发换能器通过测量声学信号的来回时间来测定目标离收发换能器的距离。由于收发机上安装有多个(3 个以上)水听器,通过交汇测量,可以确定水下目标相对于收发换能器的位置。由于收发换能器的位置可以通过 GPS 定位来获得,因此可以通过罗经、姿态传感器的数据将水下目标相对于换能器的坐标换算成大地绝对坐标。

对于传统的 USBL 系统,测量收发换能器的传感器如罗经、运动传感器、GPS 等均是来自独立的外部传感器,在系统工作之前,各传感器之间的相对偏移量需要精确的测量,各传感器之间的安装、测量误差会传导给定位计算,从而影响系统的总精度。超短基线声学定位系统(USBL)工作原理示意如图 3-14 所示。

3.2.3.2 水陆定位一体化关键技术

水陆一体化定位系统由母船(或岸站)水下平台和有缆水下机器人(ROV)组成,母船(或岸站)水下平台携带超短基线定位系统的收发器、罗经和运动传感器和 GPS 信标机;ROV 上搭载超短基线定位系统的水下信标、BV5000、前视声呐、高清摄像头、深度计等。

超短基线声学定位系统(USBL)采用先进的宽带处理技术通过高精度的时延估计算

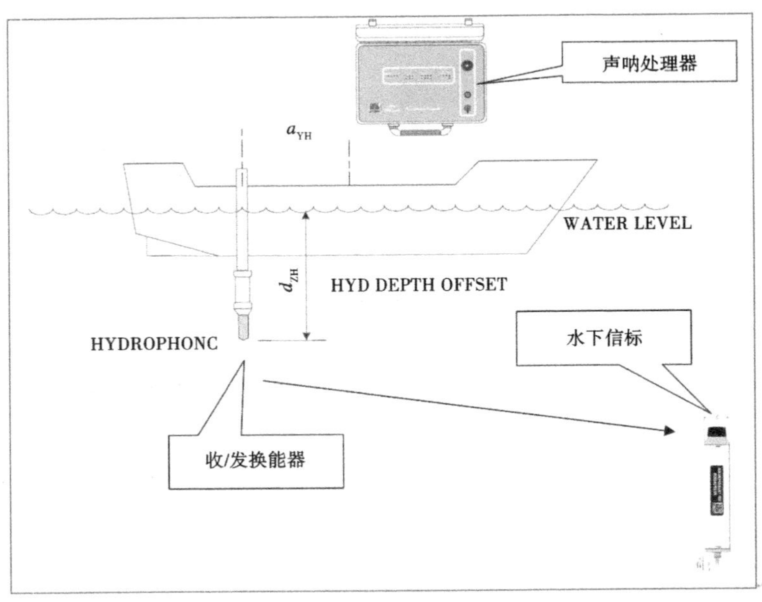

图 3-14　超短基线声学定位系统(USBL)工作原理示意图

法,融合水下信标的距离与方位得到水下信标的相对坐标,再通过罗经与姿态传感器、GPS 等外接辅助设备转换得到大地绝对坐标。基本工作原理如下:

(1)母船(或岸站)水下平台的超短基线声学换能器基阵(伸出艇底 1 m),通过水面单元控制声学换能器基阵发射问询信号到水中。

(2)水下信标检测到问询信号后,根据设置的转发时延回复应答信号。

(3)水面单元接收处理水下信标的应答信号,确定声学换能器基阵声学中心与水下信标声学中心间的距离和角度关系,从而可以根据母船(或岸站)水下平台的位置信息和无人艇姿态数据(由无人艇端的 GPS、罗经和姿态传感器提供),最终确定由水下信标所在 ROV 的绝对位置信息。水陆一体化定位工作原理示意如图 3-15 所示。

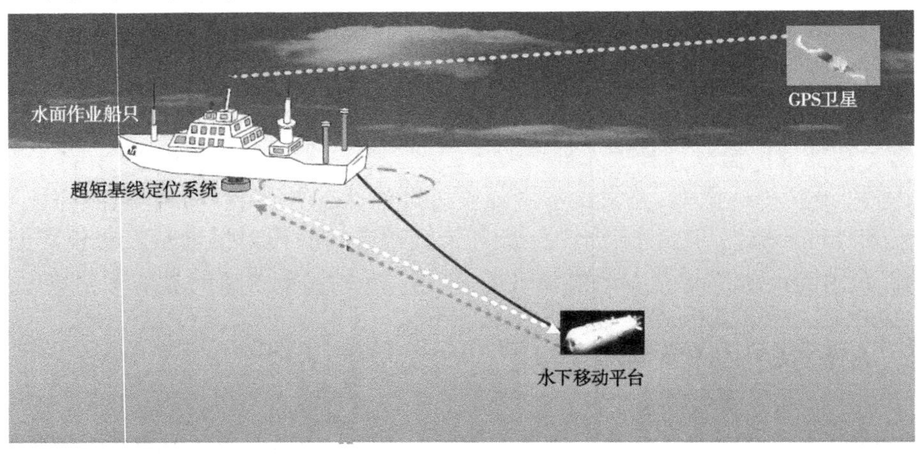

图 3-15　水陆一体化定位工作原理示意图

3.2.3.3 水下3D导航关键技术

水下3D导航功能模块是水下机器人(ROV)智能巡检系统必不可少的功能模块,利用库区大坝现有的3D模型或利用多波束测深系统获得的库区大坝3D地形图均可以作为ROV导航的3D背景图,它可以直观地显示ROV所处的位置、航向、姿态等信息,同时可显示、记录ROV的航迹。当ROV在检测过程中发现可疑状况后,可以在导航图上定标标示隐患部位,使ROV在今后自动再次回到隐患部位。

3.2.4 水下机器人在水利水电检测应用概述

3.2.4.1 应用概述

水下机器人ROV在水利水电行业应用主要有水库大坝检测、水下结构物检测、输水隧洞检测、水下障碍物扫测与清理、水下地形测绘等。

1. 水库大坝检测

水库大坝检测包括坝面表观完整性检测、坝体渗漏检测、闸门及金属结构检测、边坡稳定性检测、坝后流道检测、高压管道检测、涵管检测、闸门检测,以及坝前、坝体、坝后、边坡、消力池、闸墩检测等。

2. 水下结构物检测

水下结构物是指挡水、泄水、引水或其他专门建筑物等,主要有消力池、船闸、溢洪道、输水管、渠道、输水建筑物和渔道等。

3. 输水隧洞检测

输水隧洞检测包括引水隧洞、尾水隧洞、进水口检测等。

4. 水下障碍物扫测与清理

水下障碍物包括扫测与清理坝前、库区、渠道等水下淤积、障碍物清理等。

5. 水下地形测绘

水下地形测绘包括坝前地形测绘、库容检测、库区水下地形测绘等。

3.2.4.2 检测意义

在水利水电工程安全运行检测和维护过程中,需要探明水下混凝土缺陷、大坝渗漏、面板裂缝与淘蚀、金属结构腐蚀和水库淤积等安全运行隐患。利用ROV作为检测平台,可以搭载光学和声学仪器对大坝、涵洞、闸门等水下结构进行水下全方位扫描检测,并可对重点部位近距离“驻足”观测测量。

检测数据通过数字化的形式储存,形成水库、大坝、水闸等结构物的“体检”档案,对于水利工程除险加固和大坝日常安全管理等均具备十分重要的意义。

3.2.4.3 水库大坝检测

1. 大坝常见病害问题

(1)防洪标准偏低。

(2)大坝稳定性差。

(3)坝体、坝肩、坝基渗漏。

(4)输、放水及泄洪建筑老化、失修、破坏。

(5)溢洪面和泄洪槽质量差、冲蚀、漏水。

(6)止水结构破坏。

(7)金结锈蚀和机电设备不能正常运转。

(8)管理设施、观测设备不完善。

2. 检测对象与成果

水库大坝检测对象与检测成果见表 3-3。

表 3-3　水库大坝检测对象与检测成果一览

序号	检测对象	检测说明
1	检测部位	挡水建筑物运行状态探查——坝面、闸 门、水下金属结构
2	检测项目	坝面混凝土完整性探测、坝面渗漏检测、水下金属结构表观情况
3	检测方法	高精度水下三维声呐扫描、观察型 ROV+水下高清摄像、图像声呐
4	检测成果	坝面混凝土缺陷情况报告及位置分布图、基于坝面点云的三维模型、坝面渗漏情况分析报告

3. 检测方法与流程

在进行水库坝面检测时，根据现场情况设计设备布放方案，划分检测区域，制定 ROV 检测路线，测线间距由水下可视距离决定，能见度高测线间距大，能见度低测线间距相应减小，以保证对坝面全覆盖检测。对发现的缺陷进行详细记录，并根据脐带缆收放长度与测线进行缺陷定位。水库大坝水下检测流程见图 3-16。

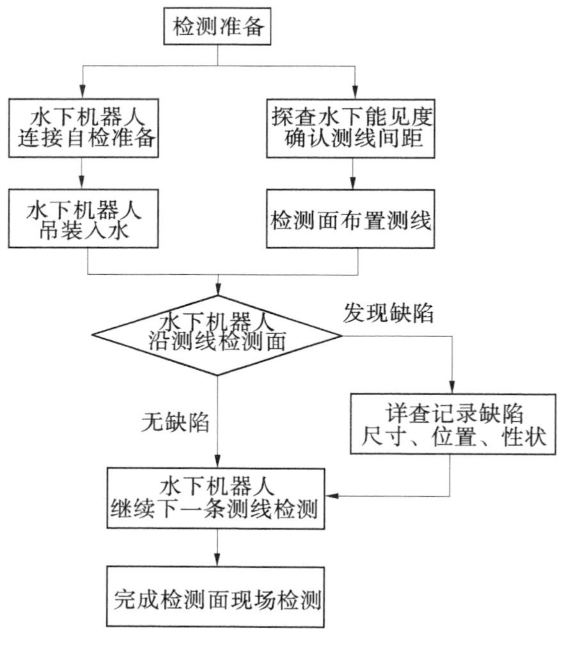

图 3-16　水库大坝水下检测流程

3.2.4.4　水下结构物检测

1. 水下结构物常见病害问题及成因

水下结构物表观缺陷主要有表面不平整、蜂窝、麻面、孔洞、露筋、空蚀、磨损等。

主要的成因为：

(1)混凝土配合比选配不当、混凝土配料计量不准，造成砂浆少、石子多。

(2)混凝土搅拌时间不够，拌和不均匀，和易性差，振捣不密实。

(3)运输不当或下料过高、过长，造成石子砂浆离析。

(4)混凝土振捣不实，或漏振，或振捣时间不够。

(5)模板安装不规范，缝隙过大导致水泥浆流失，造成骨料多浆少。

溢洪道和消能设备常见病害问题：

(1)溢洪道没有完建，没有泄槽和消能结构；

(2)泄槽不满足要求，如没有衬砌，最终形成冲刷坑；

(3)混凝土、浆砌石质量差；

(4)溢洪道与土坝连接面不满足相关规范要求，没有消能防冲设施；

(5)消力池结构破损、底板淘蚀。

2. 检测对象与成果

水下结构物检测对象与检测成果见表3-4。

表3-4　水下结构物检测对象与检测成果一览

序号	检测对象	检测说明
1	检测部位	泄洪消能建筑物运行状态探查——水垫塘、消力塘护坦及边坡导墙，水闸底板、闸墩、护坦、消力池、消力坎、海幔等
2	检测项目	混凝土表观完整性探测、表面淤积情况
3	检测方法	多波束全面覆盖探测、水下机器人携带水下三维声呐、高清摄像头水下探测
4	检测成果	混凝土缺陷情况分析报告、水下淤积情况分析报告

3. 水下结构物检测存在的难点

(1)部分检测区域能见度差，部分区域检测能见度不足10 cm，使用视频无法清楚地观察到结构缺陷。

(2)尝试使用清水箱进行检测，但因结构较为复杂，且检测时速度慢、效率低，不规则区域难以使用，该方法仅适合在小范围使用。

(3)使用图像声呐检测，但图像声呐分辨率较低(≥0.3 cm)，无法看清楚尺寸较小的缺陷和水下裂缝。

3.2.4.5　输水隧洞检测

1. 输水隧洞常见病害问题

(1)无衬砌隧洞局部围岩不稳定。

(2)无衬砌隧洞围岩稳定满足要求，但存在局部渗漏，隧洞内水外渗对洞外边坡、邻近建筑物或环境造成不利影响。

(3)隧洞衬砌能满足围岩稳定要求，但混凝土衬砌不满足抗裂要求，衬砌出现纵向裂缝并产生渗漏。

(4)隧洞衬砌能满足围岩稳定要求,但混凝土衬砌质量较差,出现环向裂缝或温度裂缝并产生渗漏。

(5)隧洞衬砌能满足围岩稳定要求,但施工质量较差,结构缝存在渗漏。

2. 检测对象与成果

输水隧洞检测对象与检测成果见表 3-5。

表 3-5 输水隧洞检测对象与检测成果一览

序号	检测对象	检测说明
1	检测部位	引水隧洞结构和尾水隧洞结构——隧洞内壁结构
2	检测项目	混凝土表观完整性探测、隧洞内壁结构变形、洞内淤积、冲蚀情况
3	检测方法	水下机器人携带水下三维声呐、水下机器人携带侧扫声呐、高清摄像头水下探测
4	检测成果	混凝土缺陷情况分析报告、隧洞结构变形情况分析报告、水下淤积情况分析报告

3. 检测方法与流程

引水隧洞水下检查采用环隧洞内壁截面布置检查测线。布置原则为:沿隧洞内壁圆环截面摄像检查一圈,每条航线只摄像一次,并覆盖两侧一定范围,测线密度根据检测作业时水下能见度决定,若现场检测时水下能见度约为 2 m,则测线密度设置为 2.5 m,具体视隧洞内缺陷情况决定。引水隧洞检测流程与水库大坝水下检测流程相同,如图 3-16 所示。

4. 输水隧洞检测存在的难点

(1)部分水下缺陷多集中在水体流速较大的位置,过高的流速导致水下机器人无法进行稳定检测。

(2)尝试使用功率较大的设备,抗流能力强的设备进行结构检测,但大功率设备需要的作业场地,吊装需求较高,并非所有区域都适合用。

(3)尝试使用多种结构的水下机器人进行检测。

3.2.4.6 水下障碍物扫测与清理

使用水下机器人,通过视频和高分辨率图像查明消力池底板、坝前、库区、渠道等水下淤积情况和指导障碍物清理。

3.2.4.7 水利水电检测常用观察级水下机器人

观察级 ROV 水下机器人系统,是一款结构紧凑、易维护、可靠稳定的便携式观察型水下机器人,和同级别水下机器人相比具有小巧灵活(6 自由度)、布放简单、推力大、功能更加齐全的优点。该型 ROV 采用岸基供电、模块化设计,可以方便快捷地对各种部件进行维修和更换,可携带 4K 摄像头、图像声呐、机械手等设备;可进行水下高清摄像、喷墨示踪,它的推进及控制系统采用网络通信结构,使用简单、方便,并拥有多个微处理器,可有效提高系统性能。

观察型 ROV 水下机器人系统,在水利水电中可对坝面、消力池、海漫、闸门、满水隧洞等水下结构裂缝、破损、冲蚀、渗漏等缺陷进行视频检查,其搭载的图像声呐可对水下结构完整性进行检测。使用机械手对水下目标抓取作业,加装测量工具可对水下结构物进行测量作业。

观察级 ROV 水下机器人系统的性能指标见表 3-6。

表 3-6 观察级 ROV 水下机器人系统性能指标

参数	技术指标
耐压深度	300 m
尺寸	457 mm×338 mm×254 mm(长×宽×高)
脐带缆长度	500 m(可升级至 1 000 m)
空气中净重	30 kg
内置传感器	航向(罗经)、姿态、深度等传感器
推进器结构组成	8 个水平矢量推进器,4 个垂直推进器
动力与载荷能力	前进推力:14 kgf;垂直推力:9 kgf;侧向推力:14 kgf
摄像头云台	180°俯仰
摄像头	1 080 p
照明灯	4 个高亮度 LED 照明灯(每个照明灯为 1 500 lx)

3.2.4.8 水利水电检测常用观测级水下机器人

观测级 ROV 是一款专为长隧洞检测设计的观察型水下机器人系统,脐带缆长度 2.6 km,ROV 主机标准配置深度计、姿态传感器、高清水下摄像头、水下照明、推进器等部件,采用框架结构,结实可靠,动力强劲,具备极强的搭载能力,如图像声呐、三维扫描声呐、隧洞三维扫描声呐等检测设备。

L5 ROV 水下机器人系统,在水利水电中可对满水隧洞(引水隧洞、尾水隧洞、泄洪洞等)进行视频检测与三维扫描,获取水下结构视频、声呐图像以及隧洞三维点云图,判别隧洞结构有无变形、裂缝、破损等缺陷。同时可使用水下摄像头和图像声呐对缺陷进行复查、详查,定位缺陷位置,为水下结构安全评估与修复提供可靠依据。

观测级 ROV 水下机器人系统的性能指标见表 3-7。

表 3-7 观测级 ROV 水下机器人系统的性能指标

参数	技术指标
耐压深度	500 m
推进器安装及数量	4 个水平矢量推进器,2 个水平前后推进器,1 个垂直推进器
推进力	前进推力大于或等于 114 kgf;垂直推力大于或等于 49 kgf;侧向推力大于或等于 39 kgf
水下负载能力	大于等于 30 kg
脐带缆长度	2 600 m
脐带缆电压	3 000 VAC、400 Hz

续表 3-7

参数	技术指标
内置传感器	航向(罗经)、姿态、深度等传感器
前摄像头分辨率	大于 1 280 i×720 p
外置传感器	360°扫描避碰声呐,定位精度优于 0.5 m、XBLUE 惯性导航、DVL、BLUEVIEW T2250 、BLUEVIEW5000-1350
360°扫描避碰声呐技术指标	测程范围:15～200 cm;分辨率:1～4 m 范围内为 2 mm,5 m 及以上时分辨率不低于 10 mm 扫描角度;360°连续扫描;耐压深度:不低于 1 000 m

3.3　全面感知与动态监测关键技术

3.3.1　大尺度—卫星遥感动态监测技术

为动态监测流域范围内土地利用的动态变化以及库区水面动态变化,在地理信息系统、遥感技术支持下,根据土地利用分类系统,利用监督分类与非监督分类方法对不同时期遥感影像分类解译,得到流域土地利用类型图。通过对土地利用类型空间叠加运算,求出不同时期土地利用类型的转移矩阵进而分析土地利用类型变化情况。

3.3.2　中尺度—无人机智能巡查技术

3.3.2.1　巡查视频

无人机航拍得到的巡查高清视频分辨率不低于 1 080 p,数据格式为 mov/mp4 视频文件,对其进行整理和分类,分为高空巡查视频和低空巡查视频,并与卫星相结合,实现卫星地图与巡查视频的链接、巡查视频的定点放大和缩小、视频的添加等功能。

3.3.2.2　空中全景

对无人机巡查航拍得到的高分辨率航空影像进行相应的数据处理,可以得到流域的 360°全景影像,将其与卫星地图结合起来,实现全景影像的相互链接、卫星地图与全景影像的链接、全景影像与视频的链接、全景的添加等功能。

3.3.2.3　三维模型

通过无人机对重点河流、重点河段拍摄,建立三维模型,全方位对河流监测和巡查。通过地理坐标实现三维模型与底图的叠加融合。

3.3.2.4　巡查报告

通过无人机巡查获取的高清视频数据、全景影像,地面采集水样检测获取的水质参数反演分析,最终形成一套专业、全面的河流水系环境巡查报告,巡查报告包括以下四个部分。

1. 巡查概况

巡查概况主要介绍巡查长度、巡查时间等信息。

2. 水系巡查

对巡查过程中发现的污染源(工厂排污口、生活垃圾、违法建筑)进行标识取证,便于工作单位进一步采取措施整治。

3. 水质分析

对河流干流及支流污染严重区域,通过地面采样、实验室水质分析方法,结合卫星影像对水质参数总氮、总磷、BOD、COD、悬浮物等重要指标进行水质参数反演。

4. 水系总贡献度计算

利用一定的算法模型计算各支流对干流的污染贡献度值,用不同颜色深浅表示污染贡献度,可直观地展示各支流的污染状况。

3.3.2.5　实时直播

可视化汇报展示终端为河长提供视频直播功能,河长足不出户即可实现全方位对河流监查、管理辅助,便于河长开展日常巡查、及时发现、劝阻并上报各类污染、违法建设行为以及河道污染和排水设施问题。

3.3.3　小尺度—物联监测技术

河道水雨情环境(温湿度)及水质监控系统是一种集水文数据采集、存储、传输和管理于一体的无人值守的水文采集设备。由水文传感器[水雨情及环境(温湿度)监测站、水质监测站]、数据采集仪和计算机软件三部分组成。可实时监测雨量、水位、水质温度、水质 pH、水质盐分电导率、水质溶氧量等要素监测参数。

网络传输合并终端的传输线路至后端系统平台。

3.3.4　小尺度—高清视频监控技术

河流重点断面及污染易发地段经常发生偷排、漏排现象,面对夜间难以监控的现象,通过在重点断面建立实时定点视频直播监测,通过在河流定点安装 24 h 高清视频监测及无人机巡查视频,后端通过安装大屏输出,实时监控河道水质参数信息、河流水雨情信息,将视频数据实时接入系统平台,可在线展示当地的水质信息与水雨情数据。通过水温及水质参数的突变来监测河流是否有偷排、漏排现象,并通过短信、微信等机制将疑似偷排问题及时发给管理人员。河长足不出户即可实现全方位对河流监查、管理辅助,便于河长开展日常巡查、及时发现、劝阻并上报各类污染、违法建设行为以及河道污染和排水设施问题。

3.4　库区卫星遥感动态监测关键技术

3.4.1　技术路线

基于高分卫星影像数据,利用遥感信息提取技术,辅助实现库区内违法人工设施提取。主要任务目标包括:

(1)实施过程能够提取库区水面上的违法人工设施,并指明设施类型。

(2)保证实现按月常规监测,争取非常时期增至 2 次/月。

(3)10 m^2 及以上的违法人工设施发现率优于 95%。

基于目标任务分析,主要包含高分影像采集、高分 DOM 制作、疑似违法图斑提取和违法行为认定与核查等。

(1)高分影像采集:常规编程采集库区卫星影像数据。每月至少保证 1 次全覆盖,特殊时期保证每月 2 次全覆盖,且空间分辨率优于 0.5,云量小于 15%。

(2)高分 DOM 制作:基于编程采集获取的高分辨率卫星影像数据进行增值产品生产,获得目标区域镶嵌后的高分 DOM。

(3)疑似违法图斑提取:基于高分 DOM 发现并提取库区水面上 10 m^2 以上的筏钓平台、抬网和养殖网箱。

(4)违法行为认定与核查:根据发现的违法行为,工作人员需现场对违法信息进行认定与核查,此部分工作因需要涉及用户单位的行政审批数据,通常由用户自行完成。

库区水面设施提取的工作内容主要包括高分影像采集、高分 DOM 影像制作、水面人工设施提取等,其技术路线见图 3-17 和图 3-18。

3.4.2　高分卫星影像采集方案

中国资源卫星应用中心目前拥有 4 颗 0.5 米级高分辨率卫星,分别是高景一号 01/02/03/04 星,此系列卫星为我国自主研发的高分辨率商业卫星,目前已实现在轨组网运行。高景卫星轨道高度为 530 km,幅宽 12 km,全国区域平均重返周期为 2 d,是国内首个具备高敏捷、多模式成像能力的商业卫星星座,不仅可以获取多点、多条带拼接等影像数据,还可以进行立体采集。单景最大可拍摄 60 km×70 km 影像。

中国资源卫星应用中心计划使用高景卫星作为数据源,启用高景卫星的编程侧摆采集功能,对目标区域在规定时间内完成卫星影像数据采集。编程采集的基本要求包括:

(1)影像常规采集每月 1 次,每次采集时间为 8~10 d,两次采集间隔 10 d 以上;特殊时期保证每月 2 次,当月两次采集间隔需根据天气情况设定。

(2)每期影像需确保当月内实现全覆盖。

(3)常规采集影像云雪覆盖量确保<15%,且云雪不覆盖主城区的重点区域。

(4)采集影像确保层次丰富,颜色正常,纹理细节清晰,无明显噪声、斑点、坏线和接痕。

3.4.3　高分 DOM 影像制作方案

3.4.3.1　空间参考影像数据准备

空间参考数据包括目标区域的参考影像数据和 DEM 数据,或者目标区域的实测点数据(包括平面坐标和高程坐标)。可以采用三种空间参考数据的收集方案:第一种方式是由用户提供已有空间参考数据,这种方式具有简单直接的优势,且最终生成的监测成果可与用户基于此套空间参考数据衍生的系列成果实现无偏差匹配;第二种方式是使用中国资源卫星应用中心已有的空间参考数据,中国资源卫星应用中心拥有的空间参考数据是全国主要参考数据之一,精度经过专业人员系列检验,已为众多用户所采用,但仍有可能

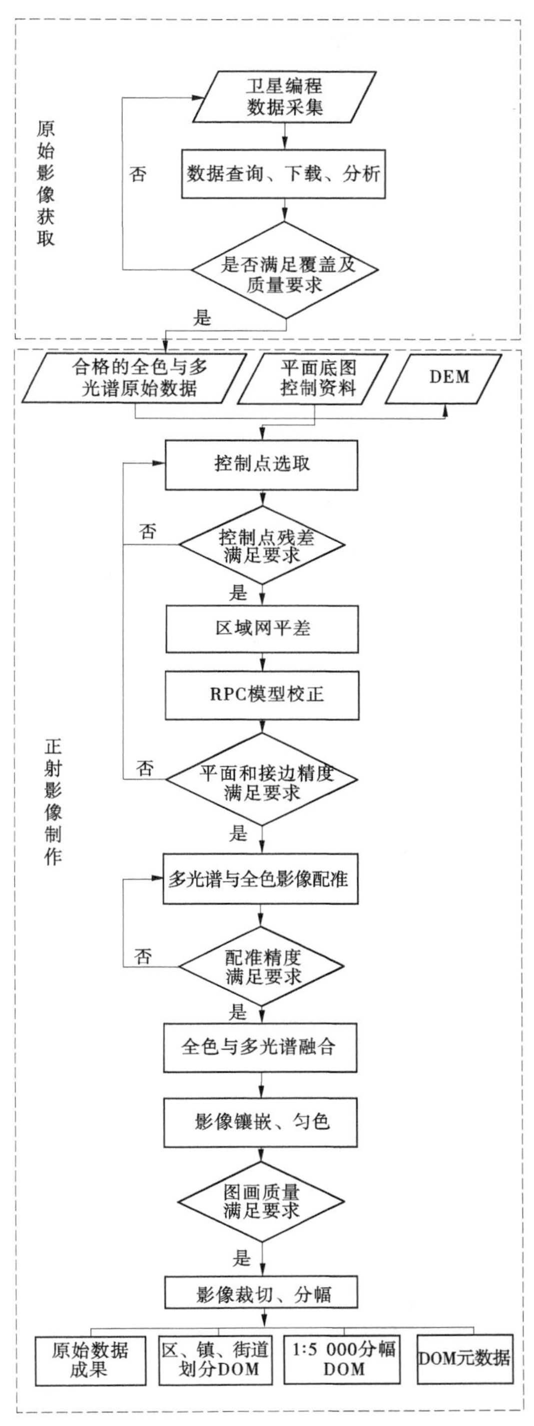

图 3-17 高分影像编程采集及 DOM 生产技术路线

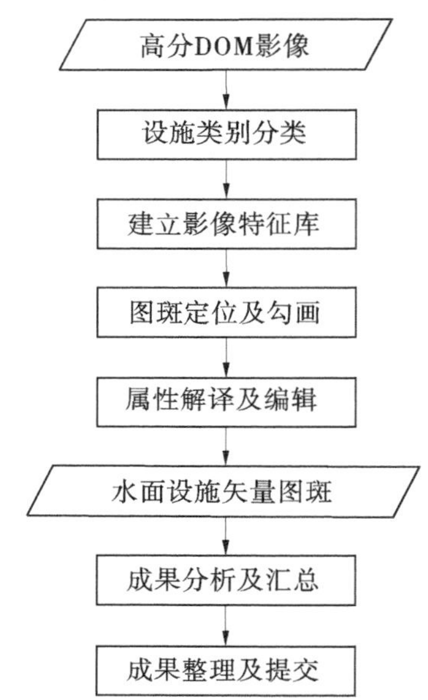

图 3-18 库区水上人工设施提取技术路线

与空间参考数据在局部存在精度偏差;第三种方式是由中国资源卫星应用中心现场采集实测点数据,这种方式耗时耗力,成本极大,且同样存在与空间参考数据有偏差的问题,不建议采用。

3.4.3.2 高分 DOM 生产

高分 DOM 影像制作包括卫星数据准备、正射校正、影像融合以及匀色镶嵌等步骤。首先针对多光谱数据进行绝对辐射定标和大气校正,得到多光谱地表反射率产品。检查地表反射率产品是否满足辐射精度要求,如不满足,则进行大气校正算法的优化再处理。同时对全色数据进行正射校正所需的地面控制点选取,如残差满足要求则进行正射校正处理。检查正射校正产品是否满足几何精度要求,如不满足,则对空间参考数据或地面控制点数据、几何精校正算法进行检查和调整,如满足,则进行图像的融合、镶嵌、裁切得到目标区域镶嵌 DOM。同时以行政区为单位建立 DOM 影像数据涉及景的矢量管理元文件。

3.4.4 水面设施特征库构建

3.4.4.1 水面设施类别分类

库区水面上的设施种类主要包括普通船只、采砂船、货运船、抬网、筏钓平台、迷魂阵和养殖网箱等。

3.4.4.2 水面设施特征库构建

基于高分 DOM 影像和野外调研,分别归纳总结目标设施的影像特征,见表 3-8,并构建目标设施解译标志库,见表 3-9。

表 3-8 目标设施特征描述

设施名称	主要特征					
	形状	材质	分布	面积/m^2	其他	说明
船只	条形	以钢制船为主,有棚(蓝色、红色)或敞篷简易渔船,部分抬网渔船,船头有喇叭口形状的抬网	库区主要沟岔内,零星或集中无序摆放	10~20	—	—
大型抬网	"口"字形或"田"字形	钢管、每侧有数量较多的浮筒或块状泡沫塑料	一般在河道两边	20~100	—	—
小型抬网	"口"字形为主,或数个穿在一起	竹竿、木棍、四角有浮筒或泡沫塑料	分布在河道岸边和沟岔内	10~20	1. 挂网则为养鱼网箱; 2. 由部分养鱼网箱伪装成小型抬网	关注重点
筏钓平台	"口"字形为主,部分大型为"田"字形	铁皮(蓝顶或红顶)房屋;周围分布有框架,一般为钢管框架	一般在沟岔内	10~100	框架有时会挂围网养鱼	关注重点
迷魂阵	呈伞状或蘑菇形状	粗绳、小型浮漂串联	一般在岸边	100	—	关注重点
养殖网箱	"口"字形为主,或数个穿在一起	竹竿、木棍、四角或有浮筒、泡沫塑料	一般在岸边	10~20	与小型抬网类似	关注重点

续表 3-8

设施名称	主要特征					
	形状	材质	分布	面积/m²	其他	说明
采砂船	条块形状	钢制船,船上有采砂设施	一般在岸边	100	—	关注重点
货运船	条块形状	钢制船,船上或空船或有货物(一般为矿石和砂石)	停泊一般在码头附近,航行时在主河道	100	—	—

表 3-9　库区目标设施解译标志库

设施类型	卫星影像	现场照片
船只		
采砂船		
抬网		

续表 3-9

设施类型	卫星影像	现场照片
养殖网箱	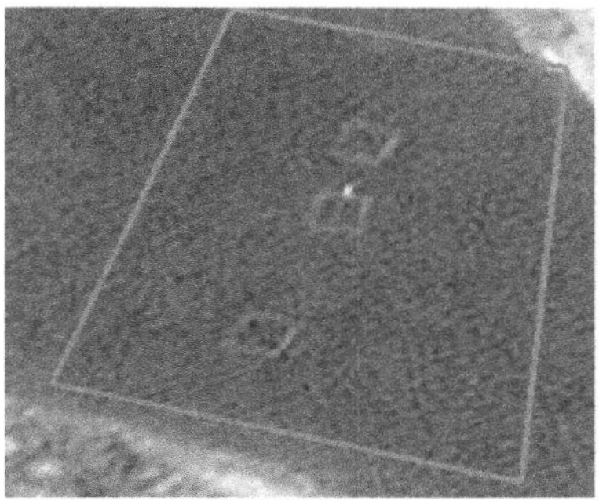	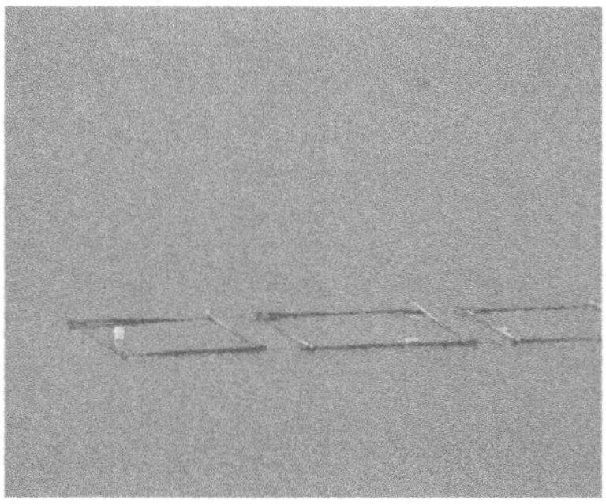
筏钓平台	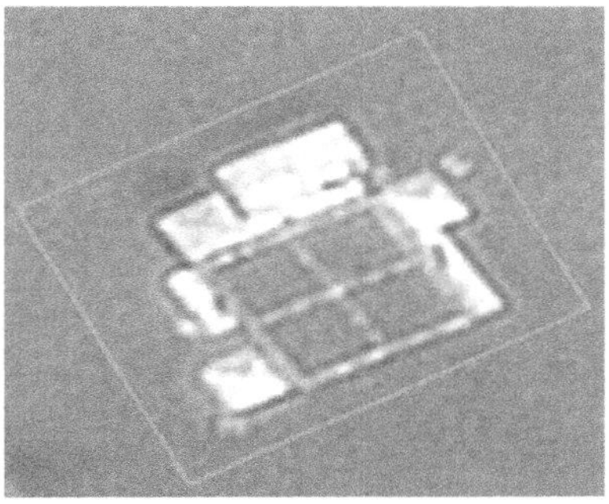	
迷魂阵		

3.4.5　水面设施定位及提取

在任务区范围内的影像上建立图斑提取网格，并以网格为单位搜索变化区域，统一矢量文件图层、本期影像图层以及辅助资料图层的基准信息和投影，从左至右，从上至下，依网格逐个进行目视判读，定位水面设施，然后通过图斑勾画工具，在影像上将水面设施沿外边界勾画为矢量图斑。

3.4.6 水面设施属性解译及编辑

3.4.6.1 图斑属性表结构

根据任务需要,为各矢量图斑设计以下属性信息,见表 3-10。

表 3-10 库区水面设施图斑属性表结构

序号	字段描述	字段代码	字段类型	字段格式	说明
1	图斑编号	TBBH	字符型	11C	
2	图斑坐落行政区名称	TBZLXZQMC	字符型	20C	填写至行政乡镇
3	图斑坐落行政区代码	TBZLXZQDM	字符型	12C	填写至行政乡镇
4	图斑中心点坐标 X	TBZXDZBX	双精度	12. 2F	
5	图斑中心点坐标 Y	TBZXDZBY	双精度	12. 2F	
6	图斑面积	XZJSYDTBMJ	双精度	12. 2F	
7	水面设施名称	SSMC	字符型	20C	
8	影像时相	SX	字符型	10C	
9	提取日期	ZYRQ	字符型	6C	
10	提取人员	ZYRY	字符型	6C	

3.4.6.2 图斑属性解译及编辑

基于高分 DOM 影像,利用目标物影像特征及解译标志库,通过"自动化+人工目视判读"的方式,定义水面人工设施类型名称,最后根据目视解译的结果按照设置的属性表结构对图斑进行属性赋值,获得库区水面设施矢量图斑成果。

3.4.7 图斑成果分析及汇总

基于库区水面设施矢量图斑成果,分别以库区和行政单元为单位对提取的设施类型进行统计分析,生成库区水面设施图斑汇总表和库区水面设施图斑明细表,并最终以图斑为单位生成图斑点之记。

3.4.8 监测频次

根据当前的数据采集经验,每次采集任务区域高分影像的时间周期为 8~10 d。数据获取是后续工作的前提,直接决定了后续工作开展的时间节点,根据当前已有项目经验估算,后续工作所需时间为 7~10 d。因此,完成一次任务区域的监测服务总共需 15~20 d。我们可保证每月至少提供 1 次监测服务,特殊时期可应急保证提供每月 2 次监测服务。

3.5 建管数据中心建设关键技术

3.5.1 海量数据管理关键技术

(1)把每期巡检监控的无人机低空遥感三维模型、正射影像、影像、视频及全景集中管理;

(2)把每期巡检监测的水下机器人检测数据、影像、视频集中管理;

(3)把每期施工控制网复测和第三方土石方量复核检测数据、影像、视频集中管理;

(4)把水土保持全过程管理、记录、控制、查询、交流的信息集中管理。

以上每期数据都包含1万多张影像图片、80 GB的影像数据和120 GB的视频数据,通过研究时空数据存储管理关键技术进行科学管理。

3.5.2 海量数据存储关键技术

海量数据存储包括:关系数据存储、切片缓存数据存储、时空大数据存储三个关键技术。

(1)关系数据存储,用于存储门户的托管要素图层数据,包括从空间分析工具的输出结果中创建托管要素图层、从本地上传shapefile等文件并发布托管的要素服务等,发布成功后,关系数据可通过网址直接调用查看也可直接在当前界面进行查看。

(2)切片缓存数据存储,用于存储三维图层缓存,打造ArcGIS平台的三维GIS应用。切片缓存数据的类型包括三维点云、实景三维模型等,用户通过添加本地数据进行发布,发布完成后即可生成共享链接,通过链接均可访问该三维数据,也支持在场景查看器中直接打开。

(3)时空大数据存储,包括工情、水情采集信息,视频数据、管理数据等,其中工程视频图像、三维地理信息、遥感影像、档案资料、电子邮件以及各种多媒体数据存储量很大,且随系统投入运行后,将会积累越来越多的历史数据,应该说是海量数据。因此,为保证整个系统的稳定运行,确保信息共享的高效和信息安全,需要建立整个系统的时空数据存储与管理体系。

3.6 实景三维可视化淹没分析及土石方量核算关键技术

3.6.1 基本要求

(1)自主开发。

(2)数据库管理提取历期三维实景模型、正射影像、三维点云及航摄视频等遥感数据。

(3)以三维实景模型为数据底图。

(4)坝址枢纽区、库区及其他兴趣点、兴趣范围三维可视化标注。

(5)全景图、视频跳转浏览。

(6)实现基于实景三维模型上进行土石方量计算和复核、洪水及蓄水淹没演示。

3.6.2 实景三维建模技术

采用正射影像和三维点云进行实景三维建模,首先对采集的影像和像控进行预处理,将处理好的影像及外业像控点成果导入全数字摄影测量处理软件 PIX4D 软件中进行像控刺点、空三测量,求得加密点的大地坐标和影像的外方位元素,之后可生成三维点云模型、正射影像及数字地表模型,生产三维实景模型。

三维实景模型生产:首先对采集的影像和像控进行预处理,像控密度对模型精度影响较大,高精度模型需要较密的像控密度,将处理好的影像及外业像控点成果导入三维建模 ContextCapture 软件中进行空中三角测量,求得加密点的大地坐标和影像的外方位元素,之后可生成三维实景模型、正射影像及三维点云。

大型水利枢纽工程涉水较多,水域范围因连接点少,在三维建模和正射生产过程中存在大量漏洞和变形,需将生产后的 OBJ 模型导入到修模软件中进行修整,如水域压平浮块删剪等,再将修整好的 OBJ 模型导入到 ContextCapture 软件中进行重建可得到修饰好的实景模型和正射影像。

重点施工区高精度建模需基于较高密度的像控点,但是施工区施工地表变化较快,周期性飞行像控经常被破坏,在每次航摄前需确认更新像控点、保证像控数量、提高精度。

3.6.3 基于实景三维模型的淹没分析技术

基于三维点云模型及 DSM 模型,可直接在模型中进行断面提取,整个库区范围基于模型进行库容估算和洪水淹没分析。

3.6.4 基于实景三维模型的土石方量核算技术

在土石方量管理中,对于施工区的土石方数据外业采集,传统方式需要业主方、监理方跟施工方在现场时才能进行,由于参与人员多,对于测量任务多且范围不集中的情况,干活效率难以提高,业主对所有的外业数据也难以监管到位。但引进三维实景模型后,可以通过把施工方测出来的数据放到三维实景模型中,再通过三维视角的旋转,可以直观地看出外业数据是否准确,大型水利枢纽工程重点施工区域和坝址区域的三维实景模型高程精度达到 3~5 cm,用于土石方量核算完全没问题,这方便建设单位更好地进行方量管理。

由于施工方是由外业人员采集完数据后再交给内业人员成图的,内业人员在不了解现场环境下,成图时难免会有部分与现场情况不符。比如,提交上来的关于边坡绿化面积的计算结果,由于现场有很多排水沟跟马道,非常不利于计算及审核。但把外业成图数据跟三维实景模型导入 EPS 软件中的话。就可以清楚地看到外业采集的数据有没有问题,也可以看出黑框中有三处的三角网有问题,那么就可以重新构建正确的三角网,从而得到更准确的绿化面积。也可以通过 EPS 软件直接在三维实景模式上面提取高程点,直接得出绿化面积,使得结果更直观。

对于一些大型项目,由于施工期长,期间往往会有人员调动,对于一些有争执的历史数据,或者外业漏测的范围,人员变动后难以证明以往数据的准确性,至于漏测的范围更是难以处理,毕竟现在的地形已经变了。但引进三维实景模型进行管理后,对于这些有争执的数据或者漏测的范围都可以打开当时所建好的三维实景模型进行验证和提取数据，提高审核效率。

3.6.5 成果精度分析

通过量测正射影像或模型上检查点的三维坐标与外业实测值进行比对，检查正射影像和实景模型精度。经实际检测，某期坝址区正射影像平面中误差为±0.14 m，模型高程误差为±0.08 m。某期主要施工区倾斜摄影三维建模检查点中误差：平面中误差±0.09 m，满足使用要求；高程中误差 0.05 m，满足使用要求。可以看出，主要施工区三维建模精度可满足枢纽建设土石方量核算的需求。重点施工区和坝址区检查点误差统计见表 3-11 和表 3-12。

表 3-11 重点施工区检查点误差统计

Check Point Name	Accuracy *XY*/*Z*/m	Error *X*/m	Error *Y*/m	Error *Z*/m	Projection Error/pixel	Vented/Marked
DL06	0.020 0/0.020 0	−0.086 3	0.025 5	0.052 0	0.294 3	4/4
DL26	0.020 0/0.020 0	−0.012 9	0.001 8	−0.007 7	0.361 5	4/4
DS06	0.020 0/0.020 0	−0.109 4	0.124 5	0.060 2	0.321 0	4/4
DL34	0.020 0/0.020 0	−0.071 5	−0.063 1	0.042 8	0.341 5	4/4
DL51	0.020 0/0.020 0	−0.021 0	0.005 3	−0.074 4	0.478 0	4/4
DY03A	0.020 0/0.020 0	−0.046 2	−0.017 0	0.012 8	0.406 7	5/5
Mean/m		−0.057 878	0.012 832	0.014 297		
Signa/m		0.034 563	0.056 942	0.046 006		
RMS Error/m		0.067 412	0.058 370	0.048 176		

表 3-12 坝址区检查点误差统计

Check Point Name	Accuracy*XY*/*Z*/m	Error *X*/m	Error *Y*/m	Error *Z*/m	Projectiox Error/pixel	Vented/Marked
DY11	0.020 0/0.020 6	0.029 9	0.005 2	−0.083 1	0.178 8	5/5
DY34	0.020 0/0.020 0	−0.002 0	−0.159 8	0.100 8	0.434 7	4/4
DY55	0.020 0/0.020 0	0.022 6	0.011 1	−0.164 8	0.047 1	3/3
DY112	0.020 0/0.020 0	0.014 3	−0.018 9	0.074 8	0.366 0	3/3
DY151	0.020 0/0.020 0	−0.007 3	−0.011 4	−0.081 5	0.059 3	2/2
DY176	0.020 0/0.020 0	0.169 5	−0.025 5	−0.067 4	0.423 3	5/5
DY178	0.020 0/0.020 0	0.173 9	−0.144 4	0.023 2	0.777 9	6/6
DY182	0.020 0/0.020 0	−0.206 7	0.069 0	−0.105 9	0.178 5	4/4
Mean/m		0.024 289	−0.034 344	−0.037 980		
Signa/m		0.111 052	0.073 315	0.087 473		
RMS Error/m		0.113 677	0.080 960	0.095 363		

3.7 水土保持一体化管理关键技术

面向水土保持管理业务,建立全过程管理、记录、控制、查询、交流的信息化管理系统,生产建设项目水土保持智慧监管系统集项目一张图、项目现场管理、后台管理等功能模块。

涵盖施工、监理、监督、监测、验收等重要流程的全方位的管理模式,实现动态、高效生产建设项目水土保持工作信息化和智慧监控。

3.8 工程建设过程智慧监控关键技术

3.8.1 建立边界条件和分析模型

(1)通过多期海量影像自动识别工地现场滑坡、塌方状况,建立边界条件和分析模型。

(2)通过多期海量影像自动识别场地积水和非法弃渣等状况,建立边界条件和分析模型。

(3)通过多期海量影像自动识别设施整洁度、工地弃渣等状况,建立边界条件和分析模型。

(4)通过多期海量影像自动识别水土流失、绿化再造等状况,建立边界条件和分析模型。

(5)通过多期海量影像自动识别河道采砂、违章建筑等状况,建立边界条件和分析模型。

3.8.2 机器学习关键技术

当前,随着技术革新变革,目标检测算法在替代重复的劳动识别方面已取得了重大突破,其主流的识别方法主要有双阶段目标检测识别法和单阶段目标检测识别法两种。前者是基于备选框的判断法,后者是将分类与输出框作为一个回归问题实行的。双阶段目标检测识别的算法采用两次目标框预测法,精度高、速度慢,对于具有海量信息的无人机自动化巡检图像成果快速识别不适用;而单阶段目标检测识别的算法对图像仅需处理一次就可获得异常目标的位置及分类信息,速度运行较快,在实时性要求较高的场景中得到广泛应用,其代表有 YOLO 算法和 SSD 算法。

YOLO 算法由 Redmon J 等于 2015 年提出,其基本原理是基于一个单独的神经网络,实现从图片输入到目标位置和类别信息的输出,其实现原理如图 3-19 所示。YOLO V3 算法是 YOLO 算法的一个代表,其在 COCO 数据集上 AP 值可以达到 33,每张影像的检测速度可达到 51 m/s。SSD 算法由 Liu W 等于 2016 年提出,其基本原理是基于多尺度特征提取的单目标检测算法,利用特征图的大小不同实现大小不一的特征物提取,对小目标检测精度较差,其实现原理如图 3-20 所示。

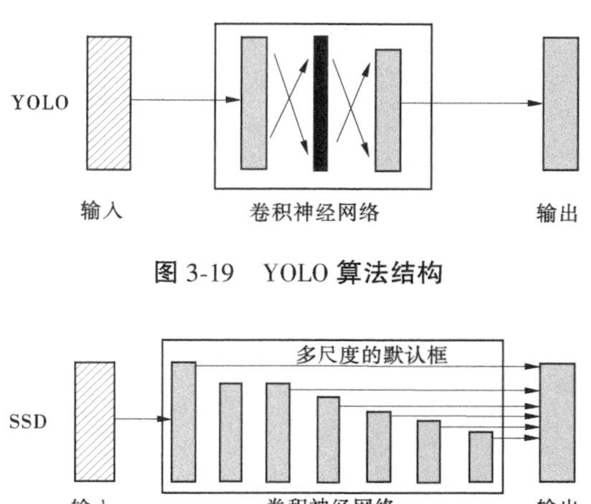

图 3-19 YOLO 算法结构

图 3-20 SSD 算法结构

由于无人机拍摄的照片、视频等特征物大小不同，单纯采用 SSD 算法或 YOLO 算法，其识别精度和速度都不是很高，难以满足工程应用的需求。为提高特征目标物的高精度提取，基于 Labeling 特定物标定法开展样本训练，添加注意力模块，同时兼顾速度与精度；并针对标注数据集样本不均衡的情况，根据图片数据和目标物分布的实际情景做相应的数据增强，用以提高无人机特征物识别的成功率。其关键技术流程分为以下三个步骤：首先，根据要求将视频流进行解析，转换为图片；其次，对图片中特征物体进行标定训练，制作训练模型数据集；最后，根据检测的精度和速度的要求，采用现行精度和速度适宜的 YOLO 和 SSD 框架并优化相关算法、开展网络的训练工作以及图片的预测与测试。具体实现技术流程见图 3-21。

训练样本对于影像异常特征识别的成功率尤为重要，下面详细阐述样本训练的内容。训练样本是指经过预处理（人工标注）后，有相对稳妥、精确的能够描述相关特征的数据集。一般的样本集按照下列要求：首先要尽量准确，需要优秀的原始数据进行噪声处理及人工标注；其次样本要足够大，样本越大，得到准确结果的可能性就越大，少量样本容易出现过拟合的现象，样本集同时需要能代表相关需求领域，样本数据应该是应用领域的抽样；最后样本数据需要有一定的特征信息。因此，为实现如水域目标物（非法闯入、游泳、违法工地等）、施工等高精度识别和准确判读，需要搜集大量的、准确的、具备相关特征的样本进行训练，通过对样本的不断深入挖掘和分析，从而构建较为完善的样本库，来达到无人机视频智能分析的目的。

本次研究的机器学习是采用单阶段目标识别算法，根据建立的边界条件和分析模型，通过计算机自主学习（机器学习）技术，自动识别河道采砂、违章建筑、水土流失、绿化再造、工地布局变化、工地弃渣、滑坡、塌方、场地积水和非法弃渣等状况。机器学习工作流程见图 3-22。

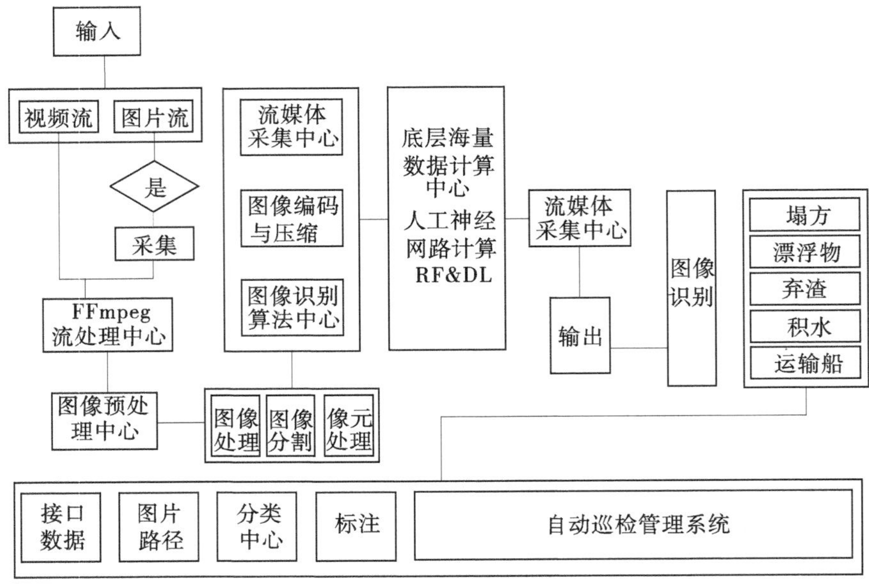

图 3-21　异常特征物自动识别技术流程

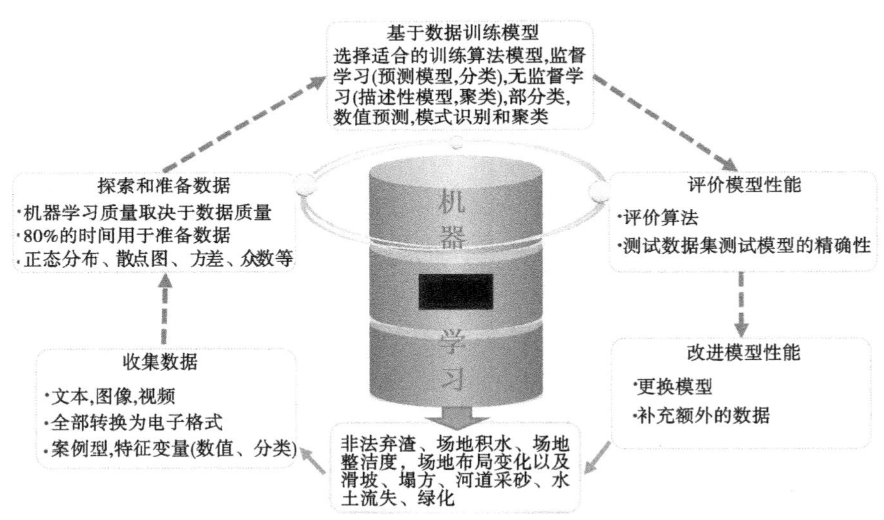

图 3-22　机器学习工作流程

3.8.3　智慧监控关键技术

针对海量的照片、视频进行对比分析,通过图像识别技术、自动识别到施工场地的弃渣、整洁度以及滑坡、塌方、河道采砂船、水土流失、绿化等变化状况自动识别功能,经过机器学习后,识别成功率达到 90%以上,图上可定位和标注异常点,及时提醒,从而实现工程建设过程的智慧监控。

3.8.4 工程安全生产监控

通过图像识别可自动识别工地现场边坡状况、积水情况、施工设施工地布设整洁度等，辅助工程安全生产监控。工程安全生产监控示意如图 3-23 所示。

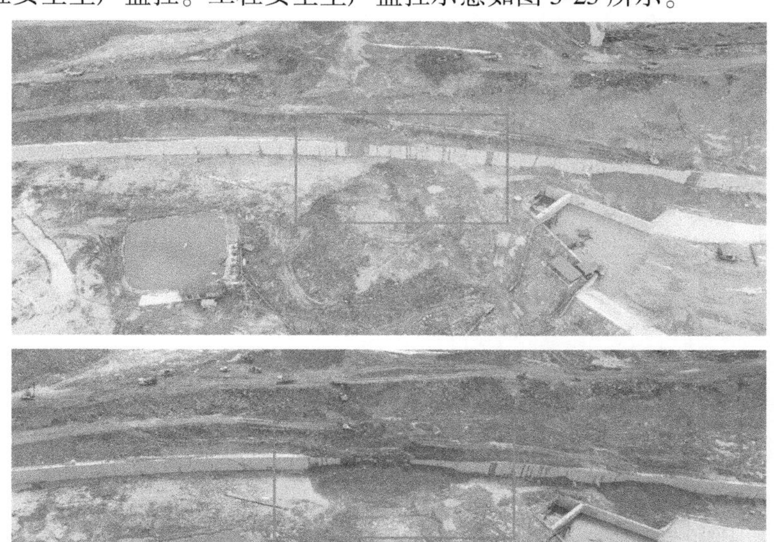

图 3-23 工程安全生产监控示意图

4　系统需求分析

4.1　建设期需求分析

大型水利枢纽工程建设期较长、工程线路长、范围广、地质条件复杂、建设难度大、参建方多、管理难度大，建设期需利用信息化手段加强监管，总体需求为：规范管理程序、有效控制投资、降低沟通成本及风险、减少管理漏洞、完善知识沉淀、保障工程正常运行和综合效益发挥。

4.1.1　用户分析

建设期系统（智慧建造系统与智慧工地系统）主要包括以下用户：

（1）水行政主管部门质监站等相关监管部门，负责监督工程的质量、安全等日常管理工作。

（2）工程投资方的相关部门，负责监督工程的进度、质量、安全、投资等日常管理工作，实现本工程的智慧监管。

（3）工程业主单位各管理部门，利用智慧建造系统与智慧工地系统对工程进度、质量、安全、投资等进行全面管理。

（4）监理单位各管理部门，包括设计监理与施工监理，利用智慧建造系统与智慧工地系统对工程进度、质量、安全、投资等进行全面管理。

（5）总承包部各管理部门及施工分部，利用智慧建造系统与智慧工地系统对工程进度、质量、安全、投资等进行全面管理。

（6）其他单位，包括第三方检测单位等，主要用于相关文件的报审与查阅。

4.1.2　业务需求

大型水利枢纽工程建设期以保证工程规范管理为主，兼顾提高管理效率。围绕着建设管理全面化、规范化、清晰化，分析建设期管理特点及业务内容，系统总体业务需求为：规范招标、移民、技术、进度、质量、安全、投资、物资及现场管理，减少质量缺陷，降低工程风险，规范技术文件，掌握进度发展，有效控制投资，合理利用物资，保障工程正常运行和综合效益发挥。

4.1.2.1　招标管理

招标管理一般开展分标规划、招标计划、招标过程、承包商管理、供应商管理等业务管理工作。

4.1.2.2　移民管理

施工期移民管理主要业务包括移民信息管理、移民档案管理等。移民信息管理主要工作内容为移民信息的统计分析、移民工作开展情况的动态跟踪等。移民档案管理主要工作内容为各类移民档案文件的规范化、标准化管理，实现档案文件的统一管理与数据共享。

4.1.2.3 技术管理

水利工程建设期技术管理主要是对参建各方涉及的相关技术资料进行全过程管理，包括但不限于设计图纸、设计变更资料、设计交底记录、施工图审查文件、施工技术方案、安全专项施工方案、技术审查文件、监理专题报告等。

4.1.2.4 进度管理

为保障工程建设进度，水利工程建设期进度管理需要根据项目总体建设目标，确定关键路线，控制关键节点，倒排工期，分解任务，制订周密可行的进度计划，明确各个时段的建设目标和任务。严格按照计划控制工程进度，加强检查和监督，及时发现问题，解决问题。

4.1.2.5 质量管理

为保证施工质量，大型水利枢纽工程建设期质量管理主要包括：完善工程质量管理规范及规则，保证质量管理合乎章程、合理有序；在工程施工过程中，对已完工的单元工程进行质量验评，继而对分部、单位等工程进行质量验收，并加强对隐蔽工程的质量管理；开展固定抽查与巡查，发现质量缺陷问题，通过上报、整改、审核流程完成质量消缺的闭环处理；加强对人、材料、机械等的管理，通过人员专业技能培训、对原材料及中间产品等的严格检测、对机械的合理使用与保养，保障施工质量。

4.1.2.6 安全管理

为保障施工安全，大型水利枢纽工程建设期安全管理主要包括：需要制定安全管理制度，强化安全意识，引导人员按照规章、规则执行操作；通过完善的隐患排查整改闭环管理机制，落实隐患排查治理职责，及时发现和消除事故隐患；根据《水利水电工程施工危险源辨识与风险评价导则（试行）》，科学辨识与评价施工危险源及其风险等级；对辨识出的危险源进行风险的动态管控，通过四个体系、四维管控等手段，动态掌握其风险值的变化情况；扎实做好员工的安全知识教育培训工作，尽可能落实和提高施工人员的安全意识。

4.1.2.7 投资管理

为控制工程投资，建设期投资管理一般开展合同计价、结算管理、变更管理、索赔管理、“赶工”费用计算、价差计算、完工结算、合同档案管理、结算管理等业务管理工作。

4.1.2.8 物资管理

水利工程建设期物资管理一般开展原材料检验试验、材料出入库管理、材料使用报审、材料盘点、材料调拨、物资核销等业务管理工作。

4.1.2.9 现场管理

施工期现场管理主要包括“人、机、料、法、环”等五大要素的综合管理，确保对于施工现场的动态实时管控与有效监管。

现场管理业务的主要工作内容包括：

“人”：对人员进行实名制考勤、工资发放、教育培训等的管理。

“机”：对各类生产设备如塔吊、升降机等的管理。

“料”:对投入的物料如钢筋、水泥、砂石等的管理。

“法”:对生产工艺、安全生产等的管理。

“环”:对自然环境和现场环境如扬尘、噪声等的管理。

4.1.2.10　资料管理

资料管理模块考虑使用电子签名、电子签章等方式,实现电子文件的集中管控和标准化分类管理。

4.1.3　功能需求分析

4.1.3.1　工程“项目群”管理

项目群的定义可归纳为:能够通过集中协调管理从而实现整体利益目标的若干个相关联的项目组成的整体。而项目群管理则是在管理一组具有相同目标的项目过程中,把这组项目当作整体进行统一组织、协调,使组织获得比单个项目之后更大收益的一种管理方式。

在建的大型水利枢纽工程可作为一个项目群进行统一管理,其水利工程智慧建造系统建设目标,既要满足建设方及总包项目部的宏观监控、各水利工程智能化建造、信息化管理的需求,又要在应用过程中收集汇聚各水利工程建设过程的工程资料与数据,满足工程项目全生命周期的管理需求。

大型水利枢纽工程建设项目是一个具有大型化、综合化、复杂化和多样化的工程项目群。然而,传统的项目群管理手段无法解决组织内部的潜在冲突,主要侧重在单个项目的管理,解决单个项目在进度、质量、投资和安全等方面的管理、优化问题。因此,针对规模大、周期长、投资大、参建单位多的大型水利枢纽工程,要进行全局性、系统性的协同管理,要处理海量的工程信息,就必须在项目群的综合管理及总包层面打通各个项目的施工管理信息,消除这其中的信息孤岛。所以,从本质上讲大型水利枢纽工程项目群是项目群统筹管理、项目级工程科学管理的两级架构体系。项目群中的各个项目实施过程中需要共享组织的资源、需要进行项目之间的资源调配和信息共享,以此对一组项目(项目群)进行统一协调管理,实现“集团级”“项目群”的合理、科学及联动管理。

4.1.3.2　紧扣工程管理核心业务的动态管理

建管系统从安全保障、投资节约、进度可控、质量可靠、智慧建管五个方面紧扣工程管理核心业务的动态管理,满足项目群宏观监控、单项目智能建造与信息管理需求。

1. 安全保障

在建大型水利枢纽工程中的任一工程都具有工程量大、施工工艺复杂、参建方多等特点,涉及人的不安全行为、物的不安全状态及环境的不安全因素众多,建设期工程管理系统平台提供安全隐患排查治理系统、安全培训系统,并能实现安全法律法规、往来文函、工作报告、会议纪要、周报月报归集统计,基于上述数据,实现各标段安全隐患、风险管控成果在线查询与展示,确保工程建设期间不发生较大及以上安全生产责任事故。从整体上看,建设期工程管理系统可实现安全管理信息的动态获取、信息分析与过程管控,实现安全管理的动态把控。

2. 投资节约

在建大型水利枢纽工程项目群涉及的工程项目多,是一项工程规模巨大、受水区域广的水利工程项目群。同时,该项目群建设周期长,多项目并行投入建设及管理。这一系列的工程特点,给投资控制带来一系列不确定性。因此,通过数字化、智能化手段对工程投资进行科学、合理的管理极为必要。

通过对投资管理业务、合同管理业务的分析与提炼,对工程建设中变更索赔、投资结算等投资管理进行全过程管控,实现建设期变更索赔、投资结算等投资管理流程的信息化,最终实现"科学优化、投资节约"的投资管理的具体目标。

3. 进度可控

在建大型水利枢纽工程项目群,各工程项目所处地域地质条件复杂、施工难度大、施工周期长,为保证这一社会效益和经济效益显著的水利工程尽早发挥作用,需对工程施工进度进行科学化的管控。

针对本次水利工程建设的特点,引入标准化进度管理与偏差管理手段,通过"进度计划科学审批""执行过程全程管控""进度偏差科学管控"等具体管控手段,实现"按期完成、力争提前"的具体目标。

进度管理整体上以项目总进度计划为控制核心,达到计划层级的逐层分解及自下而上的进度范围,从而达到进度计划的精益化管理。

4. 质量可靠

在建大型水利枢纽工程项目群是事关社会经济建设和社会稳定的重要民生工程,舆论关注度高,施工建设质量直接关系后期的运维稳定性与安全性,质量可靠是"项目群"建设与运维的生命线。

5. 智慧建管

采用无人机、水下机器人、GNSS 和通信与物联网等先进技术,组成空、天、地、水一体化监控系统,获取 360 度全景图、航摄视频、正射影像、三维实景模型、水下高清视频和影像、数字地形图等多种感知监测信息数据,对各项感知信息进行融合集成和综合利用,对不同时期的数据进行比较分析,建立大数据平台,为大型水利枢纽工程设计、工程移民、水土保持、施工进度安全与质量管理、工程形象展示、水下建筑物安全监测等,实现大型水利枢纽工程建设过程的智慧建管。

4.1.3.3 项目移动化管理

在建大型水利枢纽工程项目群具有规模大、参建方多且同时施工的工作面众多等特点,与之对应的参建人员、参建人员角色与权限、工作面交叉情况就会相当复杂,且工作面会不断随工程建设而移动,因此从项目管理工作面推进与参建人员移动两个维度都决定了项目管理平台必须具有移动化、移动异地办公的属性。平台通过丰富的数据采集手段、强大的数据流程引擎、高效的移动端 APP,解决异地属性化办公、消息接收不及时、工程管理数据采集难等复杂问题,进而实现项目移动化管理。

4.1.3.4 "信息+业务"集成

在工程的建设管理过程中,产生了海量的工程管理信息与数据,这些信息如何更好地服务工程管理、为工程管理提质增效,就需要业务进行串联。以信息数据驱动业务的发展,以业务逻辑串联工程管理信息(数据信息消费),实现从数据生产、数据业务加载到数据消费的全过程联动,因此通过数据信息加载、业务逻辑驱动实现工程管理的提质增效是本次建设期系统平台建设的具体目标。

4.1.3.5　工地智慧化管控

在建大型水利枢纽工程项目群施工难度大、工艺复杂、参建各方众多,施工现场作业工作效率、工程项目的精益化管理水平及整体工作面的行业监管和服务能力是项目管理的重要命题,通过先进的感知手段(物联网、云计算、网络通信技术),结合 BIM 技术、可视化技术等先进手段,实现工地的实时管控极为必要。

智慧工地感知系统是工地建设、管理的重要数据信息来源,是实现智慧工地建设的基础,也是工程建设管理系统的重要组成部分。智慧工地感知系统是围绕"人、机、料、法、环"五大关键要素,根据现场的区域施工环境及施工对象定制建设内容,利用物联网技术,实现工程现场的实时化监管。

大型水利枢纽工程施工范围大,施工安全管理难度大。因此,需要以问题为导向、因地制宜,有针对性地进行地质灾害、水土流失、隧洞变形等情况的监测与预警。需要借助安全监测自动化技术与 GIS 专题图表达技术,围绕施工期的地质灾害、水土流失、隧道变形等情况进行监测与预警,为工程施工安全提供信息保障;同时,当发生地质灾害时,可快速定位灾害发生位置,为应急响应提供决策依据,减少突发地质灾害对工程造成的损害。

4.2　运行期需求分析

4.2.1　用户分析

运行期管理体制实行三级管理模式:大型水利枢纽工程调度中心(简称"调度中心")、工程维护抢修值班站(简称"管理处")、管理所。根据运行期管理体制,工程信息系统采用三级控制模式,分为工程全线调度中心、分中心和现地集控级。

4.2.2　业务分析

大型水利枢纽工程运行期以解决指定地区的城镇生活及工业用水为主,兼顾农业和生态。围绕实现供水目标,分析工程调度特点和业务流程,系统总体业务需求归纳为:保障全程调水安全、保障工程运行安全,实现全线水量统一调度,全线输水闭环自动控制;在突发情况下,实现及时会商响应。

4.2.2.1　工程安全

为保证工程安全,一般需开展如下工作:

(1)综合监测。开展水雨情、工程安全、闸泵站工情监测,及时整理分析监测成果,随时掌握各项运行状况,发现异常及时预警。

(2)视频监视。在工程重点部位(水位尺、滑坡体、取水口、渗水出露点等)布设视频监视点,及时捕捉裂缝、渗水等异常运行现象。

(3)现场检查。开展日常巡查、年度详查、汛前汛后检查等现场检查工作,及时发现裂缝、异常变形、渗漏、沉陷、滑坡、淤堵、混凝土磨损与空蚀以及影响枢纽正常运行的外界干扰等情况。发现异常情况时，应详细记述时间、部位、险情，并绘出草图，宜进行测图、摄影或录像。应及时整理分析检查结果，将本次检查结果与上次或历次检查结果进行对比分析，如有异常，应立即复查。检查结束后应编写检查报告，并将相关材料整理归档。

(4)养护。指为了保证工程设施正常使用而进行的保养和防护措施。养护工作应做到及时消除工程的表面缺陷和局部工程问题，随时防护可能发生的损坏，保持工程枢纽的安全、完整、正常运行。养护分为经常性养护、定期养护和专门性养护。其中，经常性养护应及时进行；定期养护应在每年汛前、汛后、冬季来临前或易于保证养护工程施工质量的时间段内进行；专门性养护应在极有可能出现问题或发现问题后，制订养护方案并及时进行，若不能及时进行养护施工时，应采取临时性防护措施。

(5)修理。指当工程设施等发生损坏，性能下降以致失效时，为使其恢复到原设计标准或使用功能，所采取的各种修补处理加固的措施。修理可分为及时性维修、岁修、大修和抢修。修理涉及的流程一般包括工程损坏调查、修理方案制订与报批、实施修理、验收。对于较大修理项目，一般需由运行管理单位提出修理技术方案，报经上级管理单位审批后实施。对于影响结构安全的重大修理项目，一般应由工程原设计单位或由具有相应设计资质的设计单位进行专项设计，并报上级主管部门审批后实施；重大修理项目完工后应由上级单位主持验收，验收应满足《水利水电建设工程验收规程》的要求。

4.2.2.2 供水安全

为保障供水安全，总调中心根据各水源泵站提供的可供水量，结合各区域用户汇总上报的需水计划和水量分配规则，共同协商确定年内配水计划，制订年内月调度方案，根据年内月调度方案，制订旬调度方案。

根据旬调度方案，以确保系统运行安全为目标，按照一定的调度模式，生成全线统一控制的调度指令。输水自动化监控系统根据调度指令，按照自动控制理论对全线泵站实行方案→指令→控制→反馈→修改指令→控制→滚动修正方案的闭环自动控制和调度过程的实时监测、监视和监控。

4.2.2.3 应急响应

为应对突发事件，调度及工程运维管理单位在日常工作中应开展应急准备工作，包括：编制、审核、备案应急预案，确定应急组织机构、人员、分工，准备应急物资，与应急救援力量建立联系，开展应急预案演练。

在发生影响工程安全的突发事件时，调度及工程运维管理单位需及时掌握事件信息、设施运行状态、水雨情，据此评价灾情、制订应急响应方案，并根据方案指挥相关单位开展现场处置工作。

突发事件后，相关单位需开展灾后检查，对发现的问题和隐患及时进行维修；编制应急工作总结报告，对应急过程记录进行归档。

4.2.3 功能需求分析

4.2.3.1 全面迅捷的水情、工况信息采集体系

根据管理权限和范围，除尽可能接入和利用现有信息外，必须根据水资源统一调度的

业务及信息共享等需求，建立起服务于水量调度、流域水资源管理和工程运维管理的信息采集体系。该信息采集体系必须覆盖上述监控内容，并为水资源统一管理服务；同时信息的时效性、安全性应有保障。

4.2.3.2　完善有效的水量调度及运行管理体系

优化调配水资源、保护水质，是落实调水方案指标的基本条件，是提高水资源利用效率，确保水利工程安全运行，增加工程运行经济效益，促进地区经济社会持续稳定发展的关键因素。

(1)必须以大数据采集和分析为基础，建立一套完善、有效的水资源统一调度及运行管理体系，以保证水资源分配方案的实施。根据来水预测制订年、月、旬调水预案，编制水库调度方案，及时发布调水指令，当出现突发性事件时，制订应急调水预案，实现有效的水量调度管理，确保工程实现安全输水。

(2)必须建立有效的水量、水质监控和应急响应支持手段。开发以大数据采集和分析为基础的径流预报系统，按照调水方案要求对水情、雨情进行实时监测，分析来水情况，为实时水量调度提供数据支持；开发水质监测系统，实时监测重要站点的水质变化情况，在水质接近超标或突发性污染事故下发布告警信息，及时提出科学的解决方案；开发综合预警系统，实施监视工程运行状况、水情、雨情、水质等，及时发布告警信息，为实现安全调水、工程防洪等提供保障。

(3)根据维护抢修站、现地生产值班室三层各自的工作职责、范围和业务需求，系统科学地开发建设一套综合自动化办公系统，从而提高工作效率，提升综合管理能力，实现水利业务信息化。同时，系统对外还要提供信息服务平台，实现政务公开、信息共享。

4.2.3.3　畅通、安全、可靠的信息传输网络保障

泵站、电站、隧洞、水库、阀门井、分水口等监控对象的数据信息、视频信息等需要安全、快捷地传送至调度中心和各级管理机构，必须保证传输信道的畅通。

4.2.3.4　完备实用的调度环境、硬件支撑平台

调度人员 24 h 值班，实时监视水情、水质形势，制订调度方案并发布指令，遇重大问题时还需要会商。因此，需要一个相对完备实用的调度运行环境。为满足水量调度业务的正常开展，必须要有技术先进、功能齐全、高度整合、安全可靠的现代化综合性多功能环境来支持，要建立满足调度、控制、监视、管理要求的集通信、计算机网络、数据存储、大屏幕显示系统、网络视频会议系统、视频监视系统、会商环境为一体的充分展现信息汇聚能力的调度中心，为系统运行提供实体环境，为业务工作的管理者和决策者提供综合信息支持。

4.2.3.5　规范、安全的保障体系

根据大型水利枢纽工程调度方案实施和水资源统一管理的需求，分阶段逐步制定相关制度，应建设监控系统的管理制度、流域水资源管理的信息通报和违规处理制度、流域水资源监督管理和协商管理制度。技术标准是开放性系统建设开发的必要保证，体现通用性和专用性。大型水利枢纽工程建设智慧监管系统技术标准建设应包括信息采集、信息传输与交换、信息存储、信息处理和信息安全、水量调度等方面的标准化。通过制度建设和技术标准的制定，保障调度与运行系统建设和管理的规范化。

5 系统总体设计

5.1 系统总体架构

大型水利枢纽工程建设智慧监管系统逻辑构成，从层次上从下往上由综合通信网络、信息采集及数据交换、计算平台、数据资源管理中心、应用支撑平台、应用系统等构成。而输水自动化监控系统按照业务需求和国家标准的要求，需要单独配置在控制专网之中，且业务上不通过应用系统、应用支撑平台、数据资源管理中心、计算平台、信息采集等功能模块，相关功能都在其内部实现，只是在通信网络上，使用同一个通信网络平台。

从业务应用角度上细化该总体架构，可从“1”个中心、“4”个平台、“*N*”个模块来理解。“1”个中心即大数据资源管理中心，也就是我们所说的调度中心，在调度中心，构建项目的会商中心、调度指挥中心和大数据中心；“4”个平台是指项目建设的智慧建管、智慧调度、智慧运维和三维协同设计平台；“*N*”个模块是指围绕这四个平台设计的多个功能模块。系统总体架构如图 5-1 所示。

5.2 系统业务架构

运维期系统的业务架构如图 5-2 所示，按照业务逻辑的相似性分为全面感知、日常管理以及综合决策三类。

5.2.1 全面感知

通过开展工程安全监测、水雨情监测、闸泵站工况监测、水质监测以及视频监控，全面掌握工程运行状态。其中，工程安全监测、水雨情监测、闸泵站工作状态监测、水质监测工作主要包括数据汇聚、展示、分析、预警以及整编。视频监控则主要包括视频信息的汇聚、展示和保存。

5.2.2 日常管理

日常管理工作包括巡查养护、工程维修以及管理考核。

对于巡查养护工作，需提前制订检查养护方案、计划，下达检查养护任务后，相关人员按照要求执行任务、记录，管理人员可对记录进行审核、查看及查询。

对于工程维修工作，需根据工程特性以及问题隐患情况制订维修方案、编制计划，然后，根据方案实施维修治理工作，对于较为重大的治理工作，完成后需按要求开展验收。

管理考核是指管理单位对运行维护工作进行检查和考核，具体的，需提前制订检查标准、计划，然后开展现场检查和评价，最后根据现场检查结果分级考核评分。

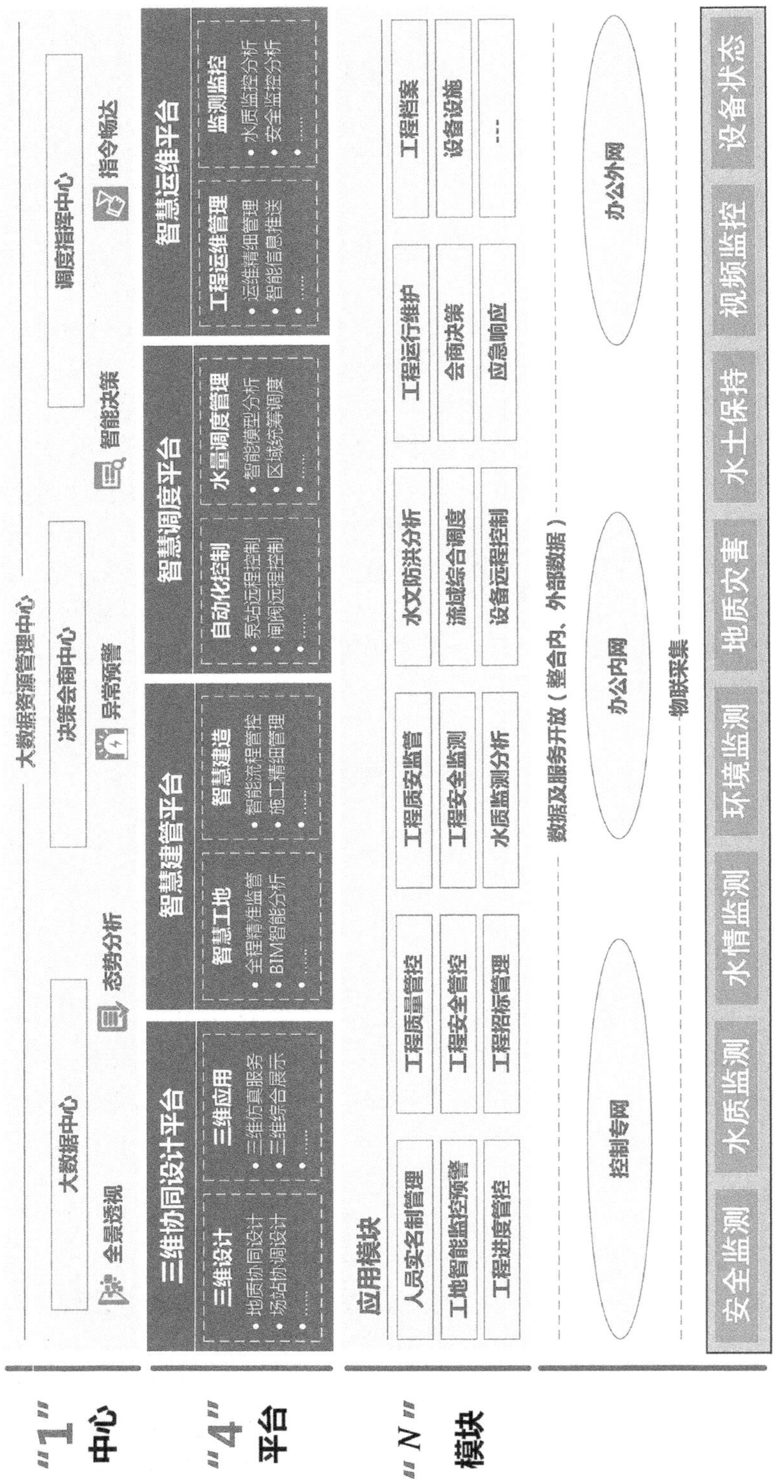

"1" 中心

大数据资源管理中心

大数据中心　决策会商中心　调度指挥中心

全景透视　态势分析　异常预警　智能决策　指令畅达

"4" 平台

三维协同设计平台
三维设计
• 地质协同设计
• 场站协调设计
• ……
三维应用
• 三维仿真服务
• 三维综合展示
• ……

智慧建管平台
智慧工地
• 全程精准监管
• BIM智能分析
• ……
智慧建造
• 智能流程管控
• 施工精细管理
• ……

智慧调度平台
自动化控制
• 泵站远程控制
• 闸阀远程控制
• ……
水量调度管理
• 智能模型分析
• 区域统筹调度
• ……

智慧运维平台
工程运维管理
• 运维精细管理
• 智能信息推送
• ……
监测监控
• 水质监控分析
• 安全监控分析
• ……

"N" 模块

应用模块

人员实名制管理　工程质量管控　工程质安监管　水文防洪分析　工程运行维护　工程档案
工地智能监控预警　工程安全管控　工程安全监测　流域综合调度　会商决策　设备设施
工程进度管控　工程招标管理　水质监测分析　设备远程控制　应急响应　---

数据及服务开放（整合内、外部数据）

控制专网　办公内网　办公外网

物联采集

安全监测　水质监测　水情监测　环境监测　地质灾害　水土保持　视频监控　设备状态

图 5-1　系统总体架构

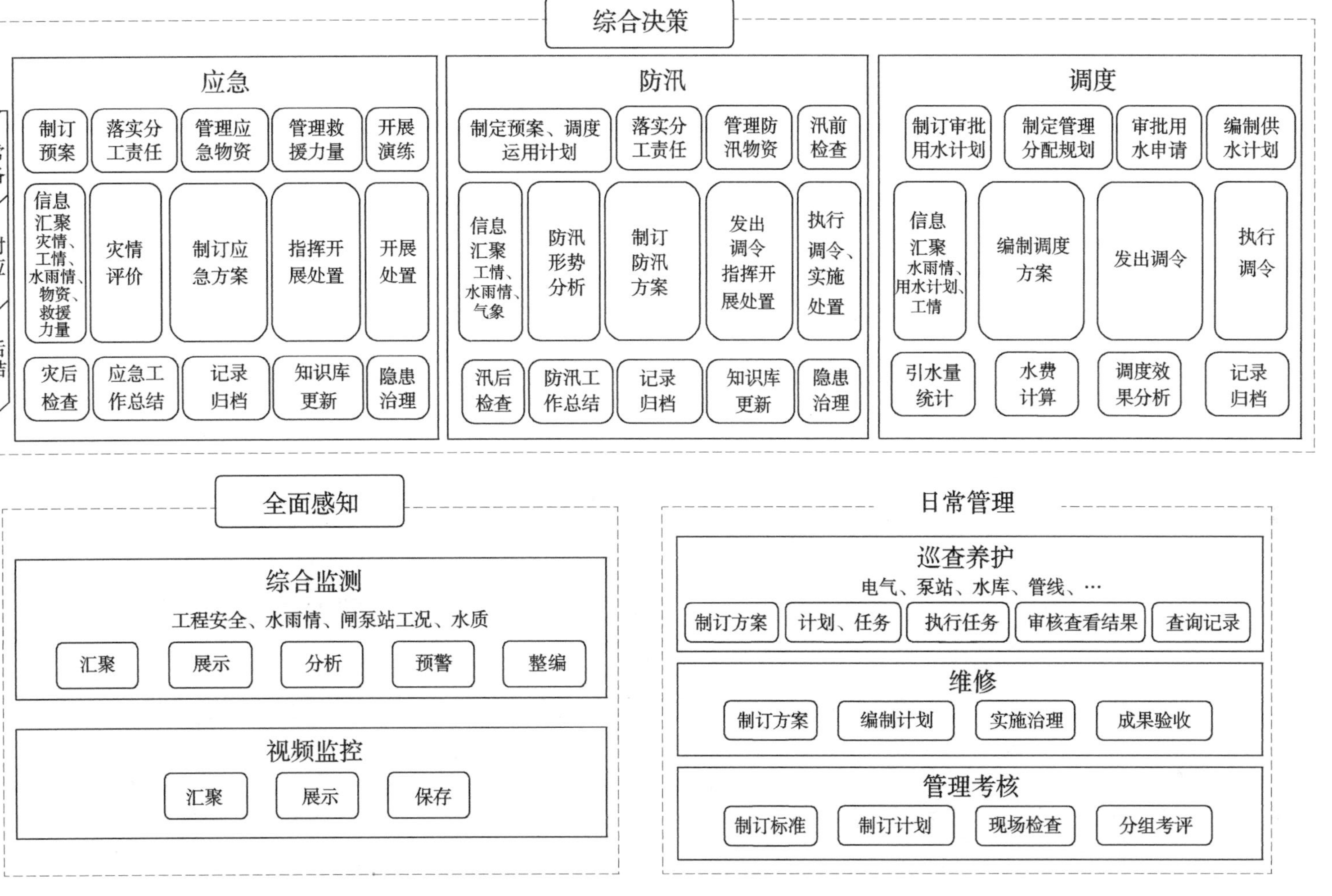
综合决策
应急
制订预案
落实分工责任
管理应急物资
管理救援力量
开展演练
信息汇聚灾情、工情、水雨情、物资、救援力量
灾情评价
制订应急方案
指挥开展处置
开展处置
灾后检查
应急工作总结
记录归档
知识库更新
隐患治理
防汛
制定预案、调度运用计划
落实分工责任
管理防汛物资
汛前检查
信息汇聚工情、水雨情、气象
防汛形势分析
制订防汛方案
发出调令指挥开展处置
执行调令、实施处置
汛后检查
防汛工作总结
记录归档
知识库更新
隐患治理
调度
制订审批用水计划
制定管理分配规划
审批用水申请
编制供水计划
信息汇聚水雨情、用水计划、工情
编制调度方案
发出调令
执行调令
引水量统计
水费计算
调度效果分析
记录归档
日常准备
实时响应
事后总结
全面感知
综合监测
工程安全、水雨情、闸泵站工况、水质
汇聚
展示
分析
预警
整编
视频监控
汇聚
展示
保存
日常管理
巡查养护
电气、泵站、水库、管线、…
制订方案
计划、任务
执行任务
审核查看结果
查询记录
维修
制订方案
编制计划
实施治理
成果验收
管理考核
制订标准
制订计划
现场检查
分组考评
图 5-2 运行期业务架构

5.2.3 综合决策

综合决策类业务包括应急、防汛和调度，这三项业务都需要在日常管理中做好准备，在事件发生时科学决策、及时响应，在事件结束后归纳总结。

对于应急工作，在事件发生前需制订应急预案，成立应急组织机构、落实分工、责任，准备应急物资，组织应急救援力量或与当地可利用的应急救援机构建立联系，并开展应急预案演练。突发事件发生时，需及时收集汇聚应急决策所需的灾情、工情、水雨情等信息，评价灾情严重程度，制订应急处置方案，并及时向相关单位发出指挥命令，组织开展救援或修复等处置工作。突发事件结束后，需开展灾后检查工作，对于发现的问题要进行维修治理；此外，需提交应急工作总结，并对全流程记录进行归档、使知识库得以更新。

对于防汛工作，在汛前需制订防汛应急预案、汛期调度运用计划，成立防汛组织机构、落实分工、责任，准备防汛物资，并开展汛前检查。在汛期时，需及时收集汇聚汛情动态，包括工情、水雨情、气象等信息，评价防汛形势，制订防汛方案，必要时向相关单位发出防汛调度指令、控制调蓄工程进行调度。汛期结束后，需开展汛后检查工作，对于发现的问题要进行维修治理；此外，需提交防汛工作总结，并对全流程记录进行归档、使知识库得以更新。

对于调度工作，在日常管理中，需制订审批用水计划、用水申请，制定水量分配规则，编制供水计划。根据用水计划和实时工情、水雨情，编制调度方案，向相关单位发出调度指令、控制调蓄工程进行调度。调度结束后，需开展引水量统计、进行水费计算、对全过程记录进行归档；此外，一段时间后，需对调度效果进行分析，据此改进调度模型。

5.3 系统技术架构

根据总体框架，为实现总体目标，同时满足后期系统应用的各类技术要求，结合目前最新的信息化技术，同时兼顾未来的技术发展，保证技术的可持续演化，使得系统具备良好的实用性、先进性、扩展性、移植性及开放性。技术架构包括：依托本项目基础网络和资源管理中心，构建从物联感知、基础设施、大数据中心到业务应用的一体化应用体系和信息安全、标准规范两大体系。系统技术架构如图 5-3 所示。

5.3.1 现地采集层

现地采集层主要是物联感知层，物联网技术对设施的水情、工情以及地质灾害、水土保持、有害气体、重要机械设备等进行监控，采集内容包括水情、水质、水库工情、气象、工程安全、视频等。为业务应用提供数据支撑，通过基于地表、地下和遥感监测相结合，驻站监测和移动监测相结合的空天地水一体化立体监测技术，形成物联感知体系，实现对自然水循环过程和社会水循环过程的及时、全面、准确、稳定的监测、监视和监控。

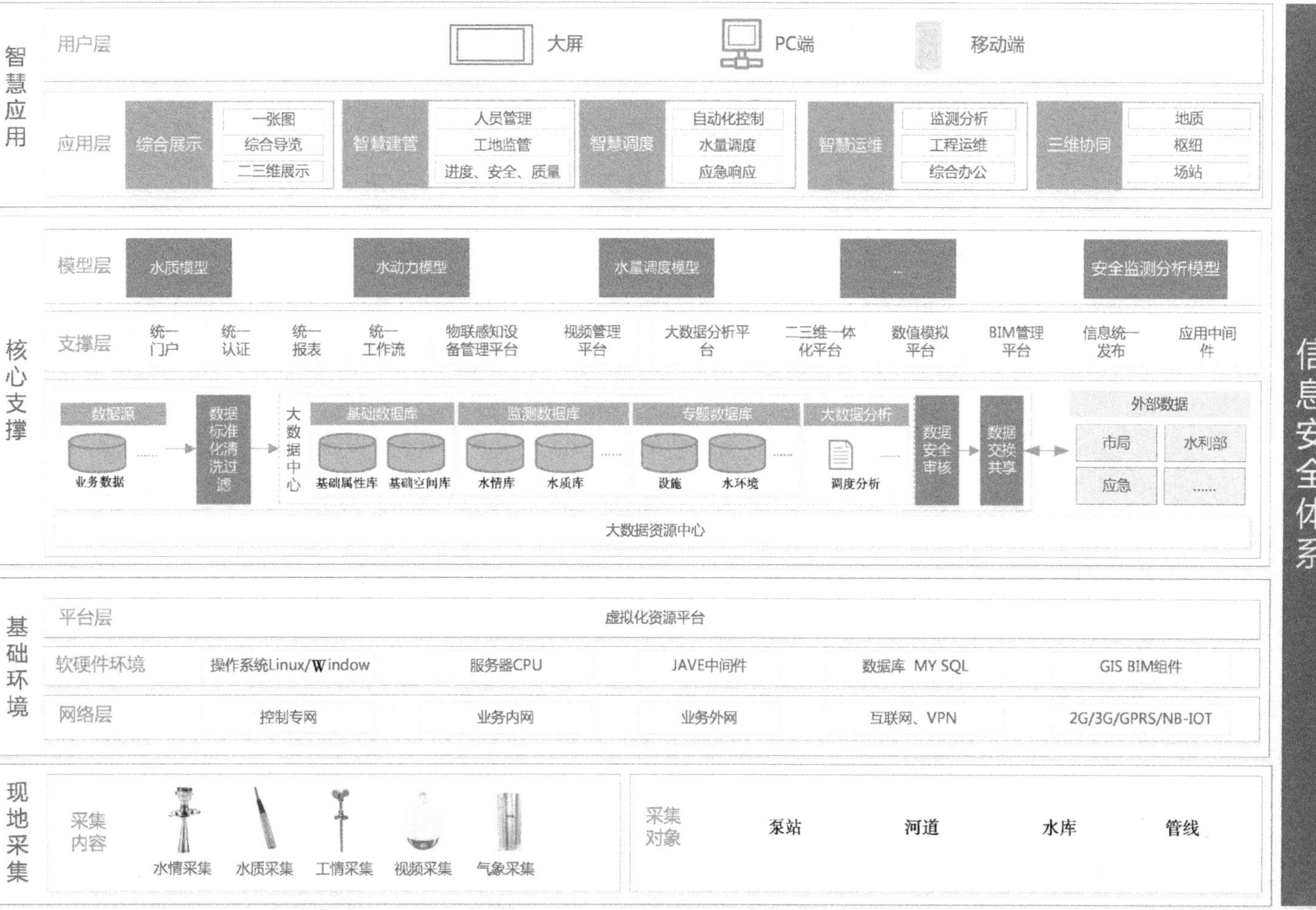
标准规范体系
信息安全体系
智慧应用
用户层
大屏
PC端
移动端
应用层
综合展示
一张图
综合导览
二三维展示
智慧建管
人员管理
工地监管
进度、安全、质量
智慧调度
自动化控制
水量调度
应急响应
智慧运维
监测分析
工程运维
综合办公
三维协同
地质
枢纽
场站
核心支撑
模型层
水质模型
水动力模型
水量调度模型
...
安全监测分析模型
支撑层
统一门户
统一认证
统一报表
统一工作流
物联感知设备管理平台
视频管理平台
大数据分析平台
二三维一体化平台
数值模拟平台
BIM管理平台
信息统一发布
应用中间件
数据源
业务数据
数据标准化清洗过滤
大数据中心
基础数据库
基础属性库
基础空间库
监测数据库
水情库
水质库
专题数据库
设施
水环境
大数据分析
调度分析
数据安全审核
数据交换共享
外部数据
市局
水利部
应急
......
大数据资源中心
基础环境
平台层
虚拟化资源平台
软硬件环境
操作系统Linux/Window
服务器CPU
JAVE中间件
数据库 MY SQL
GIS BIM组件
网络层
控制专网
业务内网
业务外网
互联网、VPN
2G/3G/GPRS/NB-IOT
现地采集
采集内容
水情采集
水质采集
工情采集
视频采集
气象采集
采集对象
泵站
河道
水库
管线

图 5-3 系统技术架构

5.3.2　基础环境

基础环境包括网络环境、软硬件环境、平台环境和信息安全等内容,其为工程建设应用提供信息传输通道、安全基础设施、运行环境(包括网络环境)等,同时可根据前端业务需求按需自动扩容,实现故障转移、运维自动监控等。

其中,网络环境主要是控制专网、业务内网、业务外网、无线网(2G/3G/GPRS/NB-IoT)等,用于感知数据传输、业务应用、视频数据传输等。采用的商用软件与硬件以主流的软件为主,包括:操作系统为 Linux/Window,数据库采用主流的 MY SQL,分布式采用 OLTP。平台层采用资源管理中心的虚拟硬件资源平台,提供所有存储资源、计算资源以及网络安全资源等。

5.3.3　资源管理中心

资源管理中心包括大数据中心、调度中心、会商中心的建设。大数据中心包括大数据平台、数据库、大数据服务、应用支撑以及分析和模型服务等内容,主要服务数据存储、管理和使用,通过对各类应用库数据标准化清洗过滤以及大数据分析技术,构建以基础数据库、监测数据库、专题库以及大数据分析为主的水利大数据中心;结合关系型数据库和非结构化大数据两类数据管理软件形成综合数据的存储、管理容器。支持与气象、应急、水利部等部门的数据交换共享。

其中,应用支撑层提供了业务应用需要的公共服务能力,如统一认证、统一报表和统一信息发布、大数据分析平台、视频管理平台、二三维一体化平台、移动应用平台、物联网感知设备管理平台、数值模拟平台、BIM 平台等。

模型服务主要是为系统提供模型计算结果与数据处理服务,是以大数据中心的数据作为模型数据输入,提供一个集模拟、分析和评估等为一体的、全方位的服务。

5.3.4　业务应用

应用层主要包括综合展示、移动应用平台、工程建设管理、自动化控制、水量调度分析、工程运维、综合办公、三维协同设计等应用。提供各类应用系统,满足各层级业务部门及各业务维度的管理需求,通过基础应用的建设优化监管流程,提升监控效率。用户层包括调度中心、会商中心,管理处及管理所的展示大厅、电脑端、移动端等应用方式。

5.3.5　标准规范体系

标准规范是保障系统的各个组成部分能够协调一致地工作,是保障各类信息互联互通,是保障项目建设过程和运维管理的规范、有序、高效的重要基础。通过充分利用已有国标和行标、参考国际上的先进标准、建设必要的标准规范,形成水务标准规范体系。

5.3.6　信息安全体系

信息安全体系按照三级等保要求开展建设,业务内网及业务外网按二级等保要求开展建设,包括安全通信网络、安全区域边界、安全计算环境以及安全建设管理等方面。

5.4　系统技术选型

5.4.1　平台技术选型列表

平台技术选型列表见表 5-1。

表 5-1　平台技术选型列表

类别	描述	名称	版本
开发语言	构建 Web 内容语言	CSS3	v3
开发语言	Web 前端编程语言	JavaScript	v1. 8. 5
开发语言	后台/Android 开发语言	Java	v1. 8+
开发语言	IOS APP 开发语言	Swift	v5
开发语言	半结构化数据描述语言	XML	v1. 0+
开发语言	半结构化数据描述语言	JSON	—
开发语言	配置脚本语言	YAML	—
开发语言	数据库开发语言	SQL/PLSQL	—
开发语言	构建 Web 内容的语言	HTML5	V5
集成开发环境	java 集成开发环境	Intellij IDEA 社区版	2019. 3. 1
集成开发环境	前端开发环境	VSCode	1. 36
前端技术框架	UI 组件库	ElementUI	2. 15. 0
前端技术框架	UI 组件库	Ant Design	v4. 0
前端技术框架	前端开发框架	Vue	v2. x+
前端技术框架	前端开发框架	JQuery	v1. 12. 4+
前端技术框架	前端后台开发框架	NodeJs	v12. 7. 0
前端技术框架	前端后台包管理工具	NPM	v6. 10. 0+
前端技术框架	前端可视化图表组件库	Echart	v4. 0
后台开发框架	Java 服务端开发框架	Spring Framework	5. 2. 0. RELEASE
后台开发框架	Java 服务端开发框架	Spring Boot	2. 1. 9. RELEASE
后台开发框架	Java 服务端开发框架	Spring Cloud	Greenwich. SR4
数据存储	数据库引擎	Mysql	5. 7+
数据存储	NOSQL 数据库	MangoDb	4. 4. x
数据存储	分布式对象存储	MinIO	go1. 12

续表 5-1

类别	描述	名称	版本
CI/CD	持续构建工具	Jenkins	2. 275
CI/CD	JAVA 自动化构建工具	Maven	3. 1+
CI/CD	代码静态扫描工具	SonarQube	8. 6-community
CI/CD	单元测试工具	Junit	5
CI/CD	Bug 管理工具	JIRA	8. x
CI/CD	代码仓库	GitLab	4. 14. 0+
CI/CD	源代码管理工具	Git	2. 21. 0+
CI/CD	自动化部署、伸缩、管理容器的系统	Kubernetes	1. 15. 4
CI/CD	容器集群管理平台	Rancher	2. 3+
CI/CD	镜像仓库	Harbor	1. 7. 5
CI/CD	k8s 包管理器	Helm	v3. 2. 1
CI/CD	可视化监控组件	Grafana	7. 0. 4
操作系统	Linux 服务器	CentOS	7. x
操作系统	后台应用服务操作系统	Windows	2012

5. 4. 2　Spring Cloud

5. 4. 2. 1　描述

Spring Cloud 是基于 Spring Boot 提供的一套微服务解决方案。它利用 Spring Boot 的开发便利性巧妙地简化了分布式系统基础设施的开发,为开发人员提供了快速构建分布式系统相应的工具,包括服务注册与发现、配置中心、全链路监控、服务网关、负载均衡、熔断器等组件。

5. 4. 2. 2　优势

(1)Spring Cloud 来源于 Spring,质量、稳定性、持续性都得以保证。

(2)Spring Cloud 天然支持 Spring Boot,更加便于业务落地。

(3)Spring Cloud 发展非常迅速,可以满足日新月异的业务需求。

(4)相比于其他框架,Spring Cloud 对微服务周边环境的支持力度是最大的。

5. 4. 3　Vue

5. 4. 3. 1　描述

Vue 是一套用于构建用户界面的渐进式 JavaScript 框架。与其他大型框架不同的是,

Vue 被设计为可以自底向上逐层应用。Vue 的核心库只关注视图层,不仅易于上手,还便于与第三方库或既有项目整合。另外,当与现代化的工具链以及各种支持类库结合使用时,Vue 也完全能够为复杂的单页应用提供驱动。

5.4.3.2 优势

(1)轻量级:通过简洁的 API 提供高效的数据绑定和灵活的组件系统。

(2)灵活:是不断繁荣的生态系统,支持在一个库和一套完整框架之间自如伸缩。

(3)高效:基于虚拟 DOM,更高的运行效率。

5.4.4 JDK1.8

5.4.4.1 描述

Java8 是自 Java5 以来最具革命性的版本,为 Java 语言、编译器、库类、开发工具和 JVM 带来了大量新特性。

5.4.4.2 优势

(1)速度更快,由于底层结构和 JVM 的改变,使得 JDK1.8 的速度大幅提高。

(2)代码更少,增加了 Lambda 表达式的内部类改造,使得代码书写更加简洁。

(3)强大的 Stream API,增加了核心功能,使得代码调用更加便捷。

(4)最大化减少了空指针异常 Optional。

5.5 系统数据架构

系统数据架构见图 5-4,底层为设备感知数据以外部系统接入的水质、气象等环境数据,非结构化数据则包括相关视频数据及图片文档信息等信息。通过采集层将各类外部数据计接入至系统大数据中心,按照数据类型的不同存储于对应的关系及文件数据库中。

大数据中心是大型水利枢纽工程建设智慧监管系统的关键技术,是进一步增加系统附加值的有力抓手。通过大数据应用功能支撑,对系统业务数据进行 ETL 集成,通过清洗、抽取及转换等操作,形成大数据专题数据库,对上层分析、决策等应用提供数据支撑。

业务层基于大数据中心的元数据库及各类专用和共用数据进行业务服务封装,根据系统的业务不同模块化部署为对应的微服务,为上层各业务系统提供一张图、电子沙盘、决策支持等统一服务。

5.6 系统网络架构

网络设计由控制专网、业务内网和业务外网组成,不同网络间采用物理隔离措施实现纵向隔离。在业务外网主要承载信息对外发布、移动应用、外部数据接入等功能软件;在业务内网主要承载业务应用系统;控制专网主要承载计算机监控系统和输水自动化控制系统。

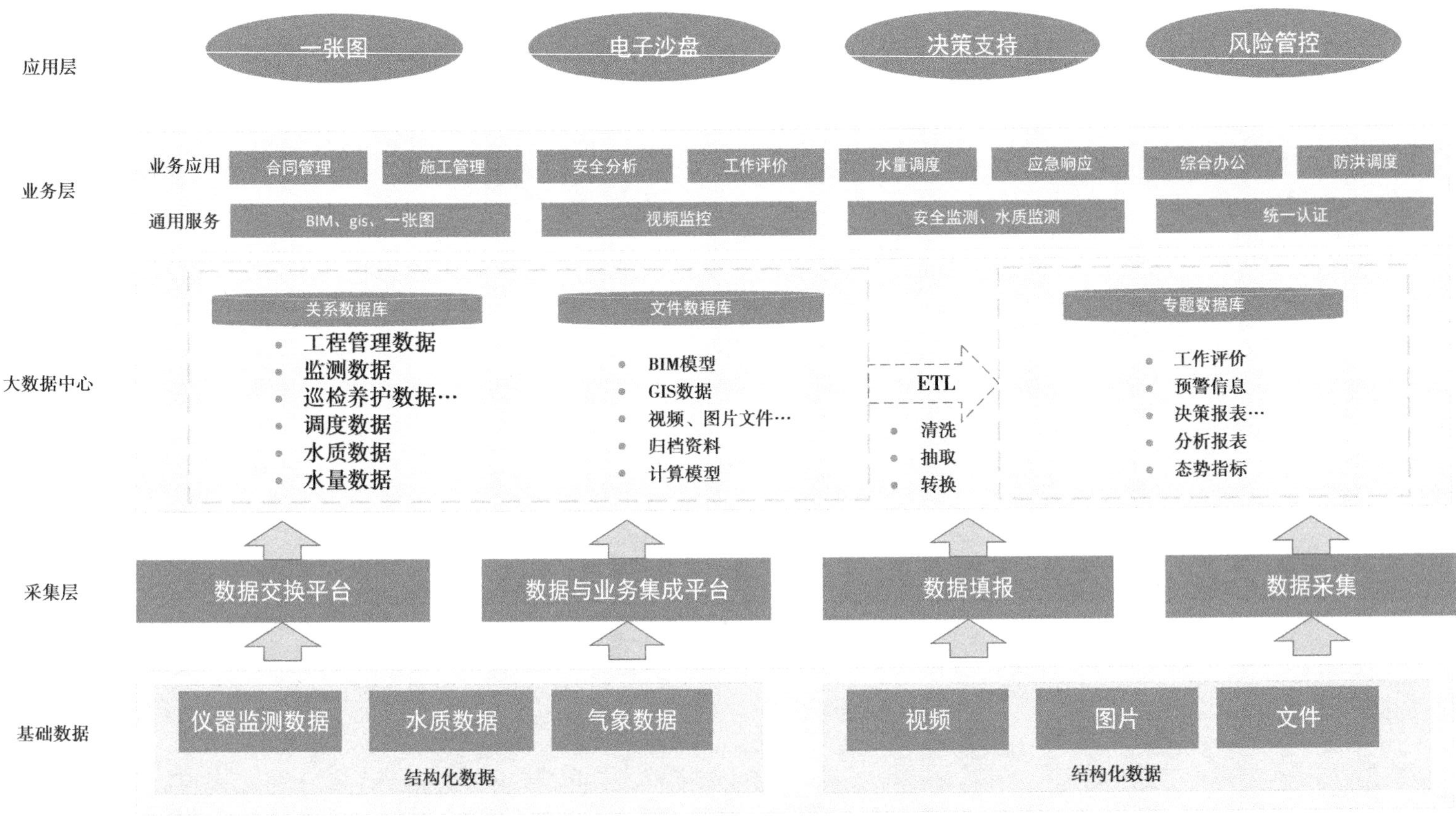
应用层
一张图
电子沙盘
决策支持
风险管控
业务层
业务应用
合同管理
施工管理
安全分析
工作评价
水量调度
应急响应
综合办公
防洪调度
通用服务
BIM、gis、一张图
视频监控
安全监测、水质监测
统一认证
大数据中心
关系数据库
工程管理数据
监测数据
巡检养护数据…
调度数据
水质数据
水量数据
文件数据库
BIM模型
GIS数据
视频、图片文件…
归档资料
计算模型
ETL
清洗
抽取
转换
专题数据库
工作评价
预警信息
决策报表…
分析报表
态势指标
采集层
数据交换平台
数据与业务集成平台
数据填报
数据采集
基础数据
仪器监测数据
水质数据
气象数据
结构化数据
视频
图片
文件
结构化数据

图 5-4　系统数据架构

5.7　系统应用集成

系统建设主要由建设期工程建设管理平台、运行期运维平台、移动端应用和大屏应用系统，物联网采集、视频管理、二三维 GIS 应用、大数据分析等后台支撑系统组成。系统组成界面如图 5-5 所示。

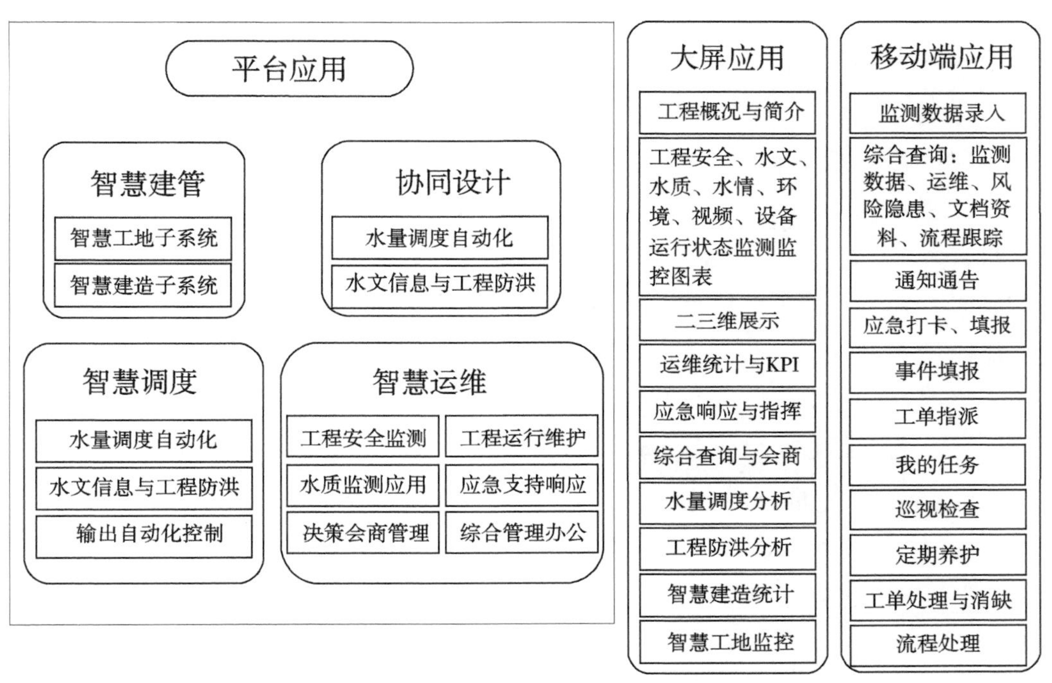

图 5-5　系统组成界面示意

5.8　系统功能架构

系统主要功能模块包括：智慧建管平台、协同设计平台、智慧调度平台、智慧运维平台、移动端应用、大屏应用系统和大数据分析等后台支撑系统组成。

5.8.1　智慧建管平台

通过电脑桌面实现在建设期监控、管理等功能，实现对现场工程安全、地质灾害、水土保持、环境等监测数据的采集、查询、分析、预警，实现对现场人员、机械的管理，实现对工程建设进度、质量、投资成本、缺陷处理等各类工作的管理和监督。主要面向现场施工管理人员、项目部、工程监理、各层级主管单位。

5.8.2　协同设计平台

通过三维建模辅助地质、工厂及枢纽的设计应用，BIM 设计范围包括新建水源泵站 7 座、加压泵站 5 座、水库提水泵站 8 座，复杂地质条件的输水建筑物及其附属建筑物、调蓄水库。

5.8.3　智慧调度平台

通过对水文信息的采集及综合分析，运用区域调度模型，对采集数据进行大数据分析，针对现状给出调度模型，自动化触发控制指令，调用自动化控制系统，实现远程调度。对所有调度预案、调度过程、调度流程、调度结果进行管理和统计分析。

5.8.4　智慧运维平台

通过电脑桌面实现在运行期的监控、管理等功能，实现对工程的工情、雨情、视频、设备运行状态、闸门、泵站运行等数据的采集、查询、分析、预警、控制等功能，实现对工程、设备设施的运维养护、定期巡查、缺陷处理、风险管控、应急响应等功能。主要面向各层级管理单位。

5.8.5　移动端应用

主要实现对建设期、运行期的现场数据采集，包括测值填报、缺陷处理、巡查结果填报、养护情况填报等，同时也实现在建设期、运维期的信息推送与任务提醒、任务执行、流程处理和信息查询等功能，是一线人员的办公工具，也是各层级管理人员审批、查阅相关流程和资料的工具。

5.8.6　大屏应用

用于系统从建设期到运维期的所有信息的综合查询、关联查询、统计与分析等，是重要事件或信息的展示，是会商决策的工具及对外展示的平台。

5.8.7　应用支撑平台

(1)物联网采集：用于从现场各厂家提供的采集系统、监测设备上采集各类监测、监控数据，或接收厂家推送上来的各类监测、监控数据，实现现场监测、监控数据的汇聚与集成，并对这些数据进行清洗、过滤，保留有效的数据，并提供给建设期和运维期平台使用。

(2)视频管理：用于实现视频的集成管理，为移动端、大屏端、管理平台提供视频访问和控制服务。

(3)二三维 GIS 应用：加载、展示二三维 GIS 模型、三维 BIM 模型，并实现模型与数据、流程的对接。

(4)大数据分析：对所有监测数据、空间数据、业务数据、基础数据的汇聚、清洗、治理、分析，形成数据资产，并为目标客户提供数据服务，同时也从外部系统获取相关的数据，实现大数据集成。

5.9 系统部署架构

5.9.1 系统集成部署

应用系统集成是工程建设智慧监管的核心内容,也是实现系统开发建设的目的所在,应用系统部署跨越控制专网、业务内网、业务外网,分布在调度中心、管理处、管理所、现地泵(闸)站,用户包括公司内员工、上级部门、相关单位、公众,是一个庞大复杂的水调业务应用系统。其中,控制专网内主要部署了自动化监控系统;业务内网中主要部署了各个水调业务系统,如智能水量调度系统、视频监控系统、水文信息和工程防洪管理系统、工程安全监测系统、水质监测系统、工程运行维护管理系统、会商决策支持系统、应急响应系统、三维 GIS+BIM 可视化仿真系统、综合管理办公系统等;业务外网则主要为对外用户提供 Web 服务,如各相关政务信息的发布。

针对现有调蓄水库,拟通过建设控制专网与调蓄水库现有监控系统对接,将调蓄水库的监控、水库水情等信息接入调度中心,以实现统一管理。

应用支撑平台集成是整个系统集成的关键,下面总体描述系统部署和集成关键内容,系统集成的具体内容详见 6.1 节。

5.9.1.1 总体部署

控制专网中运行的是输水自动化监控系统,该系统为控制监控系统,在采用支撑平台方面与 MIS 业务系统有所区别,控制专网中的支撑平台将随着输水自动化监控系统一并进行选型和设计。业务外网中在调度中心部署水资源配置工程信息系统支撑平台。业务内网集中了系统的主要资源,将主要分布在调度中心和数据备份中心,是系统集成的重点。

系统部署包括硬件服务器以及相应的中间件产品软件的部署;另外,对于开发运行环境的中间件产品软件集成部署包括运行平台的集成部署和开发环境的集成部署,系统运行后的管理和维护也将通过开发环境进行。

5.9.1.2 集成实现

应用支撑平台集成实现主要包括应用服务器中间件集成、应用集成平台的集成、支撑服务系统的集成等。

5.9.1.3 统一数据平台

系统运行涉及各种数据源和数据库系统,通过统一数据平台的数据服务,实现各种不同的数据源和数据库系统对于应用的透明;实现各种不同的操作系统对于应用的透明。

5.9.1.4 统一资源管理

统一资源管理是进行应用系统集成的基础,资源包括计算平台的硬件系统、中间件产品软件管理,数据资源及数据服务管理,以及设计开发的各类控件、组件、服务管理等。对系统资源进行分析规划和有效集成,最大限度地发挥应用支撑平台的作用。

5.9.1.5　统一用户管理

分析用户角色访问权限,设计系统资源(具体到功能模块)访问控制,实现调度中心、管理处、管理所,以及互联互通用户权限的统一管理,实现一站登录全程有效的访问机制,实现用户身份认证和角色识别,进行有效的安全管理和访问对象权限管理。

5.9.2　安全设备部署

部署调度中心信息系统控制专网、业务内网及业务外网安全域安全设备;数据备份中心要负责控制专网和业务内网的各项应用,因此配置针对这两个网络,配置相应的安全域设备;管理处及管理所则只需要布置网络版杀毒软件和一台负责计算机网络和信息安全管理的服务器即可。

5.9.3　自动化控制与采集、应用系统部署

各应用系统在调度中心、管理处、管理所、现地闸站的部署情况依据以下原则:

(1)建设期工程安全监测系统、门禁管理系统、人员实名制系统、塔吊监测、环境监测等:由现地场站部署实施,并组建现地局域网,或直接接互联网,部分采用人工采集、远程填报的方式。信息上达调度中心。

(2)建设期视频监控系统:由现地场站部署实施,并组建现地局域网对视频进行小范围的集中存储、管理和浏览,经互联网接入厂家云,视频流经互联网可以被调度中心访问。

(3)环境监测视频:包括施工期和运行期的环境监测视频的现场安装调试,通过互联网由调度中心统一采集、控制。

(4)物联网采集平台:在调度中心与灾备中心分别部署 1 套物联网采集系统,2 套作冗余灾备,负载均衡。负责采集各场地的所有监测监控数据,包括工程安全、水质、水情、地灾、水保、环境、工地闸机、塔吊、泵站、闸阀等运行状态数据,提供多种采集接入方式。

(5)视频集中管理平台:在调度中心与灾备中心部署视频集中管理平台,集成场地所有监控视频,并对 AI 分析结果、视频定时截图、最新时段视频进行存储,对远程视频可以进行操控,为业务平台、移动终端、大屏等提供服务接口。

(6)大数据平台:在调度中心与数据备份中心分别部署 1 套大数据平台,用户对各类数据(包括市局、水利部等外部单位系统的数据、办公系统数据等)的汇聚、清洗、治理、大数据关联分析,形成数据资产,为业务平台、移动终端、大屏等提供数据平台服务,也为外部应用系统提供数据服务接口。

(7)建设期管理平台:在调度中心部署建设管理平台,实现对工地与建设的全过程的管理和监控。

(8)运行期中心端输水自动化监控系统:在调度中心与灾备中心分别部署 1 套输水自动化监控系统,集成现地场站的泵站监控系统和管道闸阀门监控系统,通过控制专网与现地场站的系统互联互通,实现远程控制。

(9)运行期水量调度控制系统:与输水自动化监控系统集成一起部署。

(10)运行期水量调度分析系统、水文信息及工程防洪管理系统:集成开发部署在调度中心业务内网虚拟化平台上,获取输水自动化采集数据(从控制专网)、获取水雨情数据、水库水位等数据,实现调度分析,同时能够通过授权控制将控制指令传输到控制专网,经过调度中心的输水自动化控制系统实现对泵站、闸阀的远程控制。

(11)运行期工程安全监测系统、水质监测系统、工程运维系统、综合办公系统、应急响应系统:均部署在调度中心业务内网虚拟化平台上,调度中心、灾备中心、管理处、管理所通过网页进行访问。

(12)大屏系统:部署在调度中心业务内网虚拟化平台上,调度中心、灾备中心、管理处、管理所通过业务内网进行调用,显示在大屏上。

(13)移动终端:后台服务部署在调度中心业务外网虚拟化平台上,各使用人员通过移动终端经过4G/5G网络进行访问。

(14)会商决策系统:在调度中心、灾备中心、管理处、管理所构建业务内网的基础上,部署视频会议、语音系统。在大屏软件中调取会商决策模块,实现对各类数据的综合查询、展示、分析等。

(15)办公系统:利用大数据平台做办公自动化系统接口,与智慧运维系统做数据和流程对接。

系统总体部署示意如图5-6所示。

5.10　系统安全设计

5.10.1　安全风险分析

信息系统安全问题对水资源配置工程的运行有“牵一发而动全身”的影响。系统安全问题,将给工程运行和管理带来多层次、多方面的危害。因此,必须构建主动、开放、有效的安全体系,以确保系统安全、可靠运行。

5.10.1.1　安全技术分析

1. 安全物理环境

安全物理环境是信息系统安全运行的基础和前提,是系统安全建设的重要组成部分。在等级保护中将物理安全划分为技术要求的第一部分,从物理位置选择、防盗窃和防破坏、防雷击、防火、防水和防潮、防静电、温湿度控制、电力供应、电磁防护等方面对信息系统的物理环境进行了规范。系统面临的物理安全危险和风险见表5-2。

物理层考虑因素包括机房环境、机柜、电源、服务器、网络设备和其他设备的物理环境。该层为上层提供了一个生成、处理、存储和传输数据的物理媒体。

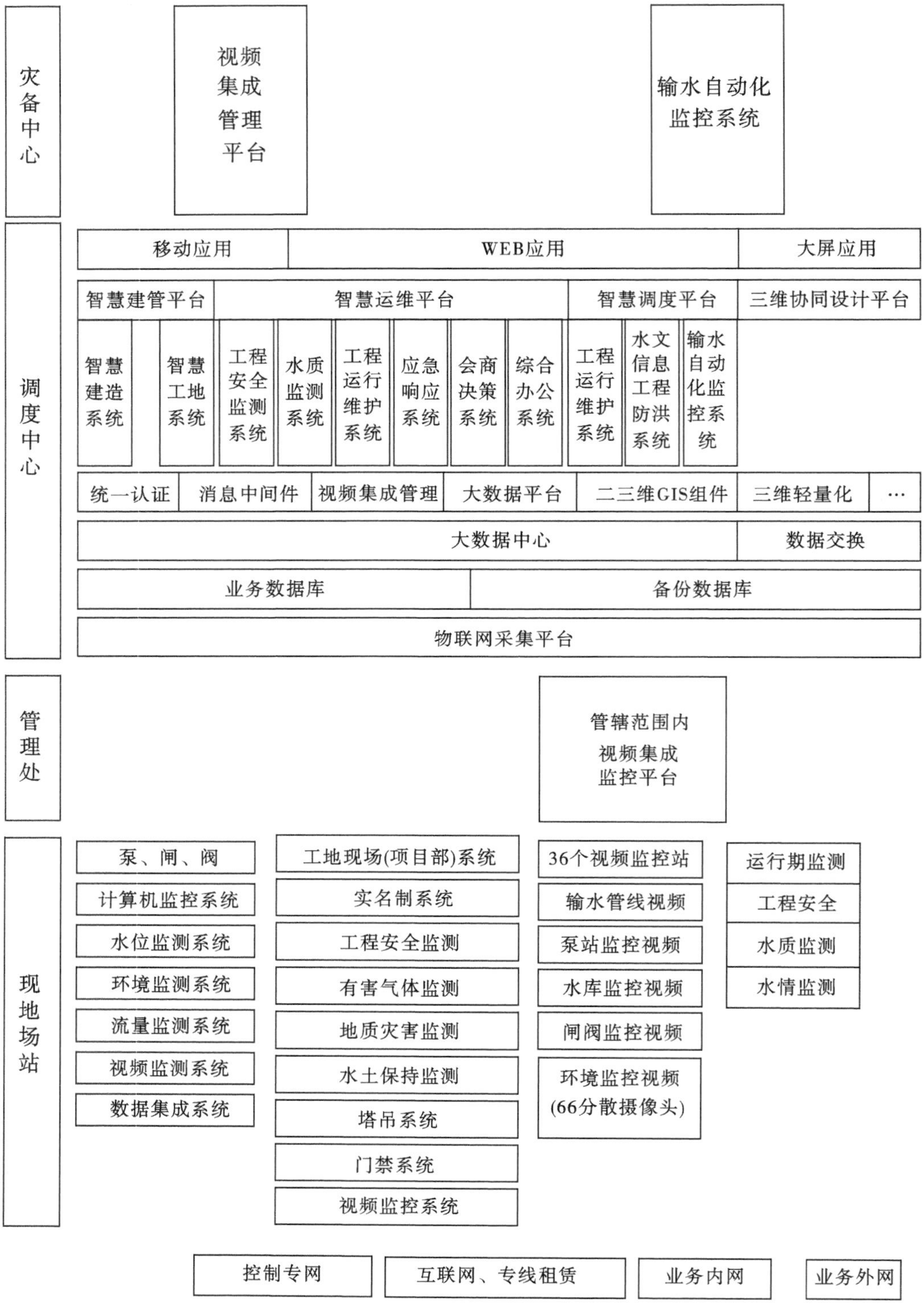

灾备中心

- 视频集成管理平台
- 输水自动化监控系统

调度中心

移动应用	WEB应用	大屏应用

智慧建管平台	智慧运维平台	智慧调度平台	三维协同设计平台
智慧建造系统、智慧工地系统	工程安全监测系统、水质监测系统、工程运行维护系统、应急响应系统、会商决策系统、综合办公系统	工程运行维护系统、水文信息工程防洪系统、输水自动化监控系统	

统一认证	消息中间件	视频集成管理	大数据平台	二三维GIS组件	三维轻量化	…

大数据中心	数据交换

业务数据库	备份数据库

物联网采集平台

管理处

- 管辖范围内视频集成监控平台

现地场站

泵、闸、阀	工地现场(项目部)系统	36个视频监控站	运行期监测
计算机监控系统	实名制系统	输水管线视频	工程安全
水位监测系统	工程安全监测	泵站监控视频	水质监测
环境监测系统	有害气体监测	水库监控视频	水情监测
流量监测系统	地质灾害监测	闸阀监控视频	
视频监测系统	水土保持监测	环境监控视频(66分散摄像头)	
数据集成系统	塔吊系统		
	门禁系统		
	视频监控系统		

控制专网	互联网、专线租赁	业务内网	业务外网

图 5-6　系统总体部署示意

表 5-2　系统面临的物理安全危险和风险

安全层面	安全威胁与风险存在的形式	安全威胁与风险
物理安全	机房毁坏	战争、自然灾害、意外事故造成机房损坏,大部分设备损坏
	线路中断	因线路中断,造成系统不能正常工作
	电力中断	因电力检修,线路或设备故障造成电力中断
	设备毁坏	因盗窃、人为故意破坏,造成设备毁坏
	设备损坏	设备软、硬件故障,造成设备不能正常工作
	媒体损坏	因温度、湿度或其他原因,各种数据存储媒体不能正常使用

2. 安全通信网络

安全通信网络是由路由器、交换机、网络安全设备、存储系统等组成,可以用于在本地或远程传输数据的网络环境,是安全计算设备运行的基础设施之一,是保证应用安全运行的关键,也是实现内部纵向交互、与其他单位横向交流的重要保证。在等级保护中将安全通信网络划分为技术要求的第二部分,从网络架构、通信传输、可信验证等方面对信息系统的安全通信网络进行了规范。系统面临的网络安全危险和风险见表 5-3。

表 5-3　系统面临的网络安全危险和风险

安全层面	安全威胁与风险存在的形式	安全威胁与风险
网络与系统安全	病毒侵袭的隐患	病毒在系统内感染、传播和发作
	操作系统安全隐患	操作系统安全漏洞、安全设置不当、安全级别低等,缺乏文件系统的保护和对操作的控制,让各种攻击有机可乘
	数据库系统安全隐患	不能实时监控数据库系统的运行情况,数据库数据丢失、被非法访问或窃取
	应用系统安全隐患	应用系统存在后门、因考虑不周出现安全漏洞等,可能出现非法访问
	恶意攻击和非法访问	DOS/DDOS 攻击、网页篡改、恶意的 JAVA、ActiveX 等对系统进行攻击,或对系统进行非法访问
	未知网络威胁和风险	对于 0 Day 漏洞、潜伏在内部的威胁、内部的威胁终端等对整网发起的攻击、修改、异常行为等都会影响网络整体的安全
	数据传输安全	对外发布业务以及对外发布的 APP 传输数据安全

在安全模型中,网络层中进行的各类传输活动的安全都应得到关注。现有的大部分攻击行为,包括病毒、蠕虫、远程溢出、口令猜测等攻击行为,都可以通过网络实现。

3. 安全区域边界

安全区域边界需求分析对象为机房的网络设备、网络安全设备和网络拓扑结构三类，合理划分安全区域是保证应用安全运行的关键，也是实现内部纵向交互、与其他单位横向交流的重要保证。在等级保护中将安全区域边界划分为技术要求的第三部分，从边界防护、访问控制、入侵防范、恶意代码和垃圾邮件防范、安全审计、可信验证等方面对信息系统的安全区域边界进行了规范。

在安全模型中，安全区域边界的划分都应得到关注，现有的大部分攻击行为，包括病毒、蠕虫、远程溢出、口令猜测等攻击行为，都可以通过合理划分安全域缩小安全攻击范围，减少网络攻击事件的发生。

4. 安全计算环境

安全计算环境层包括各类服务器、应用、终端、数据处理、数据传输、数据存储和其他应用系统层面的安全风险。安全计算环境层的安全风险主要来自两个方面，一方面来自系统本身的脆弱性，另一方面来自对系统的使用、配置和管理。这导致系统存在随时被黑客入侵或蠕虫爆发的可能。在等级保护中将安全计算环境划分为技术要求的第四部分，从身份鉴别、访问控制、安全审计、入侵防范、恶意代码防范、可信验证、数据完整性、数据保密性、数据备份恢复、剩余信息保护、个人信息保护等方面对信息系统的安全计算环境进行了规范。系统面临的计算环境安全危险和风险见表 5-4。

表 5-4　系统面临的计算环境安全危险和风险

安全层面	安全威胁与风险存在的形式	安全威胁与风险
应用安全	身份假冒	关键业务系统被假冒身份者闯入
	非授权访问	关键业务系统被越权访问
	数据失泄密	数据在处理、传输、存储过程中被修改和删除
	否认操作	为逃避责任而否认其操作行为
云平台安全	虚拟机平台隐患	虚拟化平台租户存在安全隐患，导致租户内部虚拟机被控制
	虚拟机威胁横向扩散	虚拟机中毒或者被攻击之后，容易被当成跳板攻击其他虚拟机

5. 安全管理中心

安全通用要求中的安全管理中心部分是针对整个系统提出的安全管理方面的技术控制要求，通过技术手段实现集中管理。在等级保护中将安全计算环境划分为技术要求的第五部分，从系统管理、审计管理、安全管理、集中管控等方面对信息系统的安全管理中心进行了规范。

5.10.1.2　安全管理分析

安全管理要求从要素到活动的综合管理思想。安全管理需要的“机构”“制度”“人员”三要素缺一不可，同时还应对系统建设整改过程中和运行维护过程中的重要活动实施控制和管理。对级别较高的等级保护对象需要构建完备的安全管理体系。系统面临的安全管理危险和风险见表 5-5。

表 5-5 系统面临的安全管理危险和风险

安全层面	安全威胁与风险存在的形式	安全威胁与风险
安全管理	安全管理组织不健全	没有相应的安全管理组织，缺少安全管理人员编制，没有建立应急响应支援体系等
	缺乏安全管理手段	不能实时监控机房工作、网络连接和系统运行状态，不能及时发现已经发生的网络安全事件，不能追踪安全事件等
	人员安全意识淡薄	无意泄漏系统口令等系统操作信息，随意放置操作员卡，私自接入外网，私自拷贝窃取信息，私自安装程序，不按操作规程操作和越权操作，擅离岗位，没有交接手续等均会造成安全隐患
	管理制度不完善	缺乏相应的管理制度，人员分工和职责不明，没有监督、约束和奖惩机制，存在潜在的管理风险
	缺少标准规范	系统缺乏总体论证，没有或缺少相关的标准规范，各子系统各自为政，系统的互联性差，扩展性不强
	缺乏安全服务	人员缺少安全培训，系统从不进行安全评估和安全加固，系统故障不能及时恢复等

1. 安全管理制度

安全管理制度是企业或单位安全管理的根本，它需要制定信息安全工作的总体方针和安全策略，说明机构安全工作的总体目标、范围、原则和安全框架，并对安全管理活动中的各类管理内容建立安全管理制度，严格规定安全管理制度的授权和制定，使之能完全符合企业或单位的实际情况。

2. 安全管理机构

安全管理机构是信息安全管理职能的执行者，该职能部门应该是独立的，同时设定相关的管理职责，实现信息安全管理工作有效进行的目标。加强各类管理人员之间、组织内部机构之间以及信息安全职能部门内部的合作与沟通，定期召开协调会议，共同协作处理信息安全问题。

3. 安全管理人员

安全管理人员是管理要求重要的组成部分，指定并授权专门的部门责任人员录用，签署保密协议，并从内部人员中选拔从事关键岗位的人员，并签署岗位安全协议。定期对各个岗位的人员进行安全技能及安全认知的考核，对关键岗位的人员进行全面、严格的安全审查和技能考核，并将考核结果进行记录和保存。对各类人员进行安全意识教育、岗位技能培训和相关安全技术培训。

4. 安全建设管理

安全建设管理是针对信息系统定级、设计、建设等工作的管理要求。明确信息系统的边界和安全保护，组织相关部门和有关安全技术专家对信息系统定级结果的合理性和正确性进行论证和审定；根据系统的安全保护等级选择基本安全措施，并依据风险分析的结果补充和调整安全措施，指定和授权专门的部门对信息系统的安全建设进行总体规划，制订近期和远期的安全建设工作计划，对产品采购和自行开发进行规范化的管理。

5. 安全运维管理

安全运维管理是安全管理时间占比最大的一项内容，需要安全管理人员按照管理规范对对机房供配电、空调、温湿度控制等环境设施进行维护管理；建立资产安全管理制度，规定信息系统资产管理的责任人员或责任部门，并规范资产管理和使用的行为，建立统一的监控和安全管理中心。

为了使整个系统能够有效应对以上所描述的安全威胁和风险，切实保障信息系统的安全，必须从组织管理、技术保障、标准体系、人才培养等方面着手，形成有效的安全防护能力、隐患发现能力和应急反应能力，为整个信息网络建立可靠的安全运行环境和安全的业务系统。

5.10.2 总体安全设计

5.10.2.1 设计目标

安全目标是从技术与管理上提高系统的安全防护水平，防止信息网络瘫痪，防止应用系统破坏，防止业务数据丢失，防止用户信息泄密，防止终端病毒感染，防止有害信息传播，防止恶意渗透攻击，确保信息系统安全稳定地运行，确保业务数据的安全。落实等级安全保护要求，在安全保护环境的基础上，通过实现基于安全策略模型和标记的强制访问控制以及增强系统的审计机制，使得系统具有在统一安全策略管控下，保护敏感资源的能力。

第三级信息系统等级保护要求，通过安全管理中心明确定义和维护形式化的安全策略模型。采用对系统内的所有主、客体进行标记的手段，实现所有主体与客体的强制访问控制。同时，相应增强身份鉴别、审计、安全管理等功能，定义安全部件之间接口的途径，实现系统安全保护环境关键保护部件和非关键保护部件的区分，并进行测试和审核，保障安全功能的有效性。第三级系统安全保护环境在使用密码技术设计时，使用国家密码管理主管部门认证核准的密码产品，遵循相关密码国家标准和行业标准。

第三级系统安全保护环境的设计通过第三级的安全计算环境、安全区域边界、安全通信网络和安全管理中心的设计加以实现。本项目结合信息系统的业务安全需求特点，遵循适度安全为核心，以重点保护、分类防护、保障关键业务，技术、管理、服务并重，标准化和成熟性为原则，从多个层面进行建设，构建以安全管理体系和安全技术体系为支撑的信息安全体系，使信息系统在安全物理环境、安全通信网络、安全区域边界、安全计算环境、安全管理中心和安全管理制度、安全管理机构、安全管理人员、安全建设管理和安全运维管理各个层面不仅达到输水自动化监控系统“第三级网络安全等级保护要求”，而且符合信息系统业务特点，为业务的运行提供安全保障。

提升系统整体防护能力，“变被动防护为主动防护，变静态防护为动态防护，变单点防护为整体防控，变粗放防护为精准防护”。

5.10.2.2 设计原则

等级保护不仅是对信息安全产品或系统的检测、评估以及定级，更重要的是，等级保护是围绕信息安全保障全过程的一项基础性的管理制度，是一项基础性和制度性的工作。

网络安全配套建设应参照国家等级保护、ISO17799 和 IATF 等国际国内标准，综合考

虑可实施性、可管理性、可扩展性、综合完备性、系统均衡性等方面因素,在信息安全设计过程中应遵循下列原则:

(1)整体性原则。

应用系统工程的观点、方法分析网络系统安全防护、监测和应急恢复。进行安全规划设计时应充分考虑各种安全配套措施的整体一致性。

(2)符合性原则。

信息安全体系建设要符合国家的有关法律法规和政策精神,以及行业有关制度和规定,同时应符合有关国家技术标准,以及行业的技术标准和规范。

(3)均衡性原则。

安全体系设计要正确处理需求、风险与代价的关系,做到安全性与可用性相融,寻找安全风险与实际需求之间的一个均衡点。

(4)有效性与实用性原则。

信息安全系统不能影响业务系统的正常运行和合法用户的操作。在进行网络安全策略设计时,要综合考虑实际安全等级需求与项目经费承受能力的因素。

(5)等级性原则。

对业务系统的不同单元进行信息保密程度分级,对用户操作权限分级,对网络安全程度分级(安全子网和安全区域),对系统结构分级(应用层、数据层、网络层等),从而针对不同级别的安全对象,提供全面、可选的安全算法和安全体制,以满足各不同层次的实际需求。

(6)统筹规划、分步实施原则。

信息安全防护策略的部署既要考虑满足当前网络系统及信息安全的基本需求,也要统筹考虑后续系统的建设及网络应用的复杂程度的变化,做到可适应性的扩充和调整。

(7)动态化原则。

随环境、条件、时间的变化,安全防护策略不可能一步到位,信息安全系统应能适应变化,采取更先进的检测和防御措施,增强安全冗余设备,提高安全系统的可用性。

(8)跨定级系统安全互联部件设计技术原则。

应通过通信网络交换网关与各定级系统安全保护环境的安全通信网络部件相连接,并按互联互通的安全策略进行信息交换,实现安全互联部件。安全策略由跨定级系统安全管理中心实施。

(9)跨定级系统安全管理中心设计技术原则。

应通过安全通信网络部件与各定级系统安全保护环境中的安全管理中心相连,主要实施跨定级系统的系统管理、安全管理和审计管理。

5.10.2.3 安全体系框架

安全体系框架分为安全技术体系与安全管理体系两部分。

(1)安全技术体系分为安全物理环境、安全通信网络、安全区域边界、安全计算环境、安全管理中心五部分。

(2)安全管理体系分为安全管理制度、安全管理机构、安全管理人员、安全建设管理、安全运维管理五部分。

安全体系框架具体模型如图 5-7 所示。

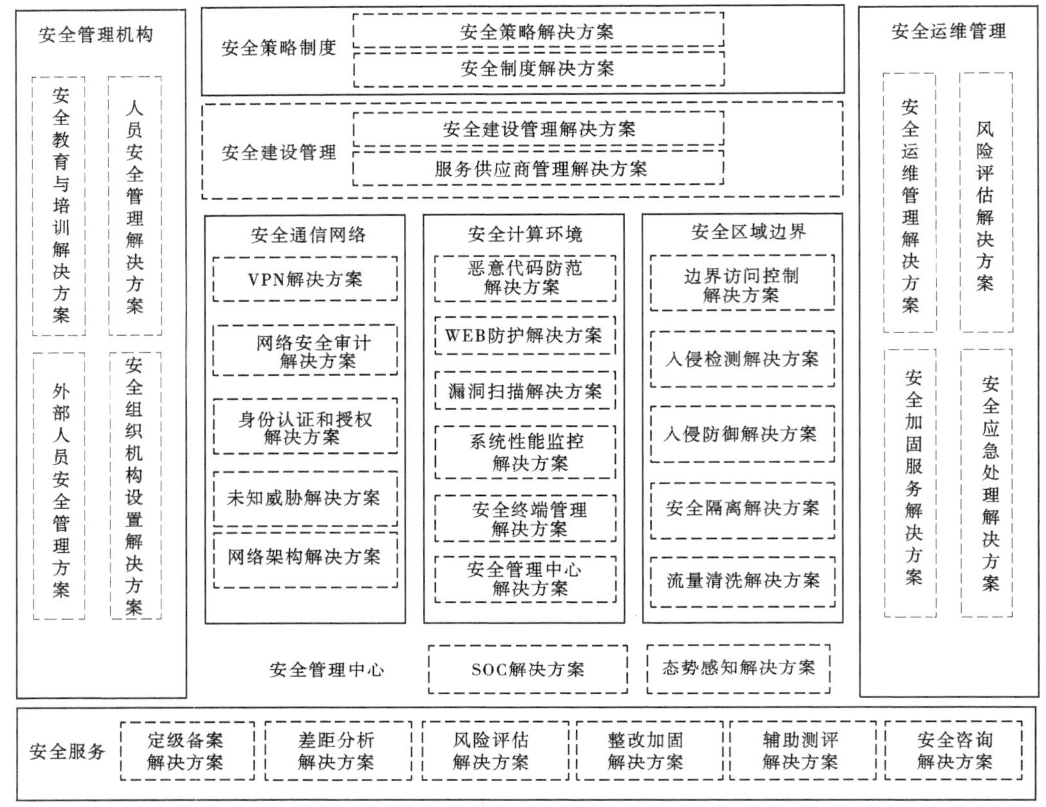

图 5-7　安全体系框架模型

5.10.2.4　安全域设计

安全域是指同一系统内根据信息的性质、使用主体、安全目标和策略等元素的不同来划分的不同逻辑子网或网络，每一个逻辑区域有相同的安全保护需求，具有相同的安全访问控制和边界控制策略，区域间具有相互信任关系，而且相同的网络安全域共享同样的安全策略。当然，安全域的划分不能单纯从安全角度考虑，而是应该从业务角度为主，辅以安全角度，并充分参照现有网络结构和管理现状，才能以较小的代价完成安全域划分和网络梳理，而又能保障其安全性。对信息系统进行安全保护，不是对整个系统进行同一等级的保护，而是针对系统内部的不同业务区域进行不同等级的保护。因此，安全域划分是进行信息安全建设的首要步骤。

1. 划分原则

在按照安全域设计指导思想和安全域的设计原理进行安全域划分时，为了保证安全域划分的简单、实用、实效，应遵循以下原则：

(1)业务和功能特性。

①业务系统逻辑和应用关联性。

②业务系统对外连接：对外业务，支撑，内部管理。

(2)安全特性的要求。

①安全要求相似性:可用性、保密性和完整性的要求。

②威胁相似性:威胁来源、威胁方式和强度。

③资产价值相近性:重要与非重要资产分离。

(3)扩展和延伸。

①系统扩展:考虑随今后业务的变更带来安全性的更高要求,信息安全系统应具有增强到更高级安全保护等级的扩展能力,为今后的扩展打下良好的基础。

②系统延伸:配套建设本地备份,在具备条件时本地备份系统与主系统应设置于不同的建筑物内,同时接收与主系统相同的输入信息,为系统搬入在本地同城备份点的迁移建设确立良好的基础。

(4)参照现有状况。

①现有网络结构的状况:现有网络结构、地域和机房等。

②参照现有的管理部门职权划分。

2. 安全防护原则

针对各安全域的安全防护参照以下原则:

(1)最小授权原则。

安全域间的防护需要按照安全最小授权原则,依据"缺省拒绝"的方式制定防护策略。防护策略在身份鉴别的基础上,只授权开放必要的访问权限,并保证数据安全的完整性、机密性、可用性。

(2)业务相关性原则。

安全子域的安全防护要充分考虑该子域的业务特点,在保证业务正常运行、保证效率的情况下分别设置相应的安全防护策略。接入域子域之间的业务关联性、互访信任度、数据流量、访问频度等较低,通常情况下没有数据互访的业务需求,因此安全防护策略非常严格,原则上不允许数据互访。接入域子域与核心域子域的业务关联性、互访信任度、数据流量、访问频度等比较适中,多数情况下表现为终端到业务系统的访问,因此安全防护策略比较严格,通常只允许受限的互访。核心域子域之间的业务关联性、互访信任度、数据流量、访问频度等比较高,通常情况下业务关系比较紧密,安全防护策略可以较为宽松,通常允许受限的信任互访。

(3)策略最大化原则。

需要对核心域和接入域分别制定多项防护策略。核心域防护包括核心域与接入域边界和核心域各子域之间的防护,接入域防护包括接入域内部边界和外部边界的防护,当存在多项不同安全策略时,安全域防护策略包含这些策略的合集,并选取最严格的防护策略,安全域的防护必须遵循策略最大化原则。

针对信息系统建设需求,依据网络现状、业务系统的功能和特性、业务系统面临的威胁、业务系统的价值及相关安全防护要求等因素,对网络进行安全域的划分,从而实现按需防护、多层防护的技术理念。

3. 安全域划分说明

系统涉及控制专网、业务内网和业务外网三大网络体系,在安全基础设施配置时,需要对其安全风险进行有针对性的分析并给出有针对性的配置策略。

对控制专网而言,安全设备配置策略主要基于以下几方面考虑:

(1)控制专网中的应用系统只运行输水自动化监控系统,由于采用调度中心集中控制的工程管理方式,接入工程控制系统的用户/终端数量极少,可通过严格的安全管理制度实现对接入用户/终端进行安全管控。

(2)控制专网是一个封闭性的网络,采用自建网络来建设。

(3)控制专网内运行的输水自动化监控系统是相对封闭的系统,只向业务内网提供现地设施状态、输水量等数据作为供水计量及调度决策支持的数据支撑,并接受水量调度系统下发的控制指令。

综合上述考虑,在控制专网的安全基础设施重点考虑接入区安全以及安全审计、防病毒等安全措施。

对于业务内网区,其安全风险大于控制专网,主要体现在业务系统存在与其他外部系统的数据交换需求,业务内网必须与外部网络进行双向联通。

综合上述考虑,在业务内网安全设施与控制专网类似,需重点考虑与外部网络连接的安全。

对于业务外网区,其安全风险远大于控制专网和业务内网,主要体现在:

(1)相对与控制专网及业务内网,业务外网用户/终端是“不可控”的,存在大量不安全接入的风险,且无法简单地通过安全管理进行控制。

(2)业务外网用于办公自动化,是一个相对开放的网络,并与 Internet 连接。

5.10.2.5 总体规划设计

如图 5-8 所示,该网络安全解决方案拓扑结构主要分为:控制专网、核心交换、业务内网、业务外网(根据三级等保要求,控制专网所有关键节点均为双链路和双机冗余)。

同时,考虑到业务内网上承载的部分业务系统需要与控制专网上承载现地站监控系统进行一定的数据交互,业务内网与业务外网之间也存在互访的需求,因而在控制专网与业务内网之间通过网闸进行数据隔离,同时,为保证信息系统内部数据和应用的安全,在业务内网与业务外网间通过部署网间专用信息隔离设备来保障整个信息化系统的安全。

1. 业务外网安全防护

由于这部分服务需要与外界 Internet 建立直接连接,可能会受到来自 Internet 的网络攻击,因而存在一定的安全风险,应保障网络可用性的同时实现快速接入,抗 DDoS、下一代防火墙、、IPS、防病毒网关等,从 2~7 层对攻击进行防护,实现对入侵事件的监控、阻断,APP 等展业系统、下级管理处等通过接入部署 VPN,实现通信完整性和保密性,避免信息泄漏,保护整体网络各个安全域免受外网常见恶意攻击。

2. 业务内网安全防护

核心交换部署高性能交换机确保核心业务交互能力,旁路部署探针,通过安管平台进行统一分析检测与预警。针对虚拟化平台部署云安管平台,大大提高了东西安全检测、防护、预警等能力,同时集成了日志审计、堡垒、4A 等,大大增强了安全运维能力。

3. 控制专网安全防护

控制专网中输水自动化监控系统信息服务提供数据承载服务,负责各个现地闸站及

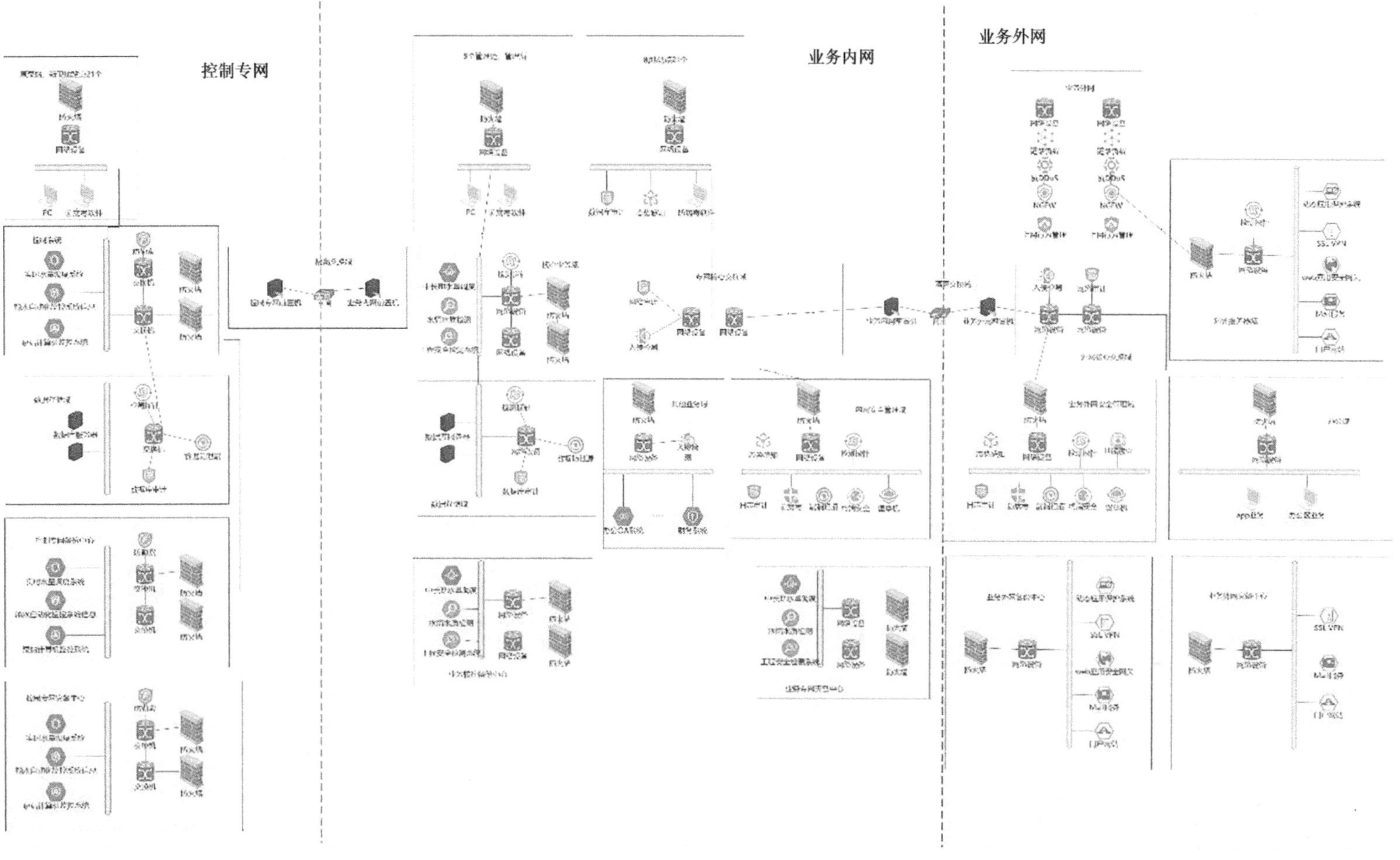

图 5-8　安全组网规划架构

泵站、阀站关键信息的传输，这类信息在控制网的应用中起到关键的作用，在充分实现物理隔离的前提下，跨网数据交换使用网闸进行隔离，并部署工业级防火墙、数据审计、防勒索病毒等手段来增强安全防御。

5.10.3　技术类建设方案

5.10.3.1　安全物理环境

安全物理环境的建设可分为技术和管理两个方面。在技术层面，应采取电子门禁、监控报警系统等技术措施；在管理层面，应在专业安全厂商的指导下，制定机房维护管理、出入登记申报等制度。技术措施主要包括如下几个方面：

(1)重要区域配置电子门禁系统。

(2)在条件允许的情况下，配备光、电等机房防盗报警系统。

(3)对重要设备采取区域隔离防火措施，并与其他设备在物理上隔离开。

(4)安装对水敏感的检测仪表或元件，对机房进行防水检测和报警。

(5)主要设备采用必要的接地防静电措施，如防静电手环或防静电工作服等。

(6)设置温湿度自动调节设施，使机房温湿度的变化在设备运行所允许的范围之内。

(7)在条件允许的情况下设置冗余或并行的电力电缆线路为系统提供持续供电，建立备用供电系统。

综上所述，安全物理环境建设需要考虑物理环境安全评估、机房安全设施补足、物理安全管理咨询等相关工作。机房安全设施补足可通过设备采购项目予以完善，安全评估、咨询工作可通过专业安全厂商的安全服务项目予以执行。

5.10.3.2　安全通信网络

1. 网络架构

(1)通信网络：由路由器、交换机、安全设备及其他相关网络设备建成，可以用于在本地或远程传输数据的网络环境，是应用安全运行的基础设施之一，是保证应用安全运行的关键。根据网络安全等级保护三级要求，建议通信网络的通信设备的性能开销均低于60%，则满足网络设备的业务处理能力满足业务高峰期需求。如果设备性能开销高于60%，则需更换为更高性能的网络设备。网络各个部分的带宽性能以网络丢包时延及带宽速率为主要技术指标，可通过测试发现是否满足业务高峰需求，如果不满足需求，可通过集成布线工程实施，用光纤替换双绞线满足带宽要求。对于特定业务所需的大带宽，可通过双链路设计配合链路负载均衡设备，满足业务高峰期需求。网络设计按照不同功能，不同重要程度分区分域管理原则，划分为若干个安全域。不同安全域的IP地址规划不同(不同网段)，按照方便管理和控制的原则为各网络区域分配地址。

(2)相关产品：保证边界应用交付系统及线路冗余，路由器、交换机、无线接入设备等网络设备及线路冗余，防火墙、网闸、UTM等边界防护设备及线路冗余，并根据业务要求合理分配IP地址和网段，区域之间采用防火墙、网闸、UTM等安全设备进行隔离。

2. 安全审计

在安全通信网络中设置安全审计机制，通过安全管理中心对各节点进行集中管理，并对违规行为进行检查、报警与处置。

（1）实现方式：部署上网行为管理、防火墙、VPN 等安全设备开启的审计功能或具有同等安全功能的审计设备，实现对通信网络进行安全审计。同时探针或安全设备的日志同步至安全感知平台实现对全网的安全风险感知及预警。

（2）相关产品：防火墙、上网行为管理、网络安全审计、日志审计、SOC 平台、4A、VPN、态势感知等。

3. 通信传输

采用密码技术支持的完整性校验机制，以实现通信网络数据传输完整性保护及数据传输保密性保护，并在发现完整性被破坏时进行恢复。

（1）实现方式：采用 SSL、IPSECVPN 等产品或技术措施，实现对网络传输数据完整性校验并在发现完整性被破坏时进行恢复；同时 SSL、IPSECVPN 等产品或技术措施，实现整个报文或会话的保密性保护。

（2）相关产品：VPN、内网安全管理系统、DLP、文件管理系统、数据库脱敏等。

4. 可信验证

（1）实现方式：通信节点采用具有网络可信连接保护功能的系统软件或可信根支撑的信息技术产品，在设备连接网络时，对源和目标进行平台身份、执行程序及其关键执行环节的执行资源进行可信验证。并将验证结果形成审计记录，送至安全管理中心。

（2）相关产品：VPN、4A、内网安全管理系统、DLP、文件管理系统、数据库脱敏等。

5.10.3.3　安全区域边界

1. 边界防护

在区域边界设置完整性保护机制，探测非法外联和入侵行为，并及时报告安全管理中心。

（1）实现方式：通过防火墙、安全网关、网闸、VPN、准入控制等边界防护设备实现边界防护，防止计算终端非授权接入；通过上网行为管理、网络安全审计、内网安全管理系统或其他非法外联检测产品，对内部网络中出现的内部用户未通过准许私自联到外部网络的行为进行检查。

（2）相关产品：防火墙、安全网关、网闸、VPN、准入控制、上网行为管理、网络安全审计、4A 等。

2. 访问控制

在安全区域边界设置自主和强制访问控制机制，对源及目标计算节点的身份、地址、端口和应用协议等进行可信验证，对进出安全区域边界的数据信息进行控制，阻止非授权访问；根据区域边界安全控制策略，通过检查数据包的源地址、目的地址、传输层协议、请求的服务等，确定是否允许该数据包进出该区域边界。

（1）实现方式：防火墙、下一代防火墙、网闸、WEB 应用防火墙、上网行为管理、网络安全审计、VPN 等安全产品或同等功能的产品，实现对该区域网络数据包的出入控制及网络数据包的过滤。

（2）相关产品：防火墙、下一代防火墙、网闸、WEB 应用防火墙、上网行为管理、网络安全审计、VPN 等。

3. 安全审计

在安全区域边界设置安全审计机制，通过安全管理中心对各节点进行集中管理，并对违规行为进行检查、报警与处置。

(1)实现方式：部署上网行为管理、防火墙、VPN 等安全设备开启的审计功能或具有同等安全功能的审计设备，实现对通信网络进行安全审计。同时探针或安全设备的日志同步至安全感知平台实现对全网的安全风险感知及预警。

(2)相关产品：防火墙、上网行为管理、网络安全审计、日志审计、SOC 平台、4A、VPN、态势感知等。

4. 入侵防范

在安全区域边界部署入侵防御系统，检测或拦截嵌入到普通流量中的恶意攻击代码，发现内部网络中的攻击行为，对检测到的入侵行为提供及时有效的反应。入侵防御系统具备对 2~7 层网络的线速、深度检测能力，同时配合以精心研究、及时更新的攻击特征库，即能够实时检测和阻断包括溢出攻击、RPC 攻击、WEBCGI 攻击、拒绝服务、木马、蠕虫、系统漏洞等网络攻击行为。

(1)实现方式：入侵防御系统、入侵检测系统、APT 等提供主动的、实时的防护能力。同时将攻击行为同步至安全感知平台实现对全网的安全风险感知及预警。

(2)相关产品：入侵防御系统、入侵检测系统、APT、态势感知等。

5. 恶意代码和垃圾邮件防范

在安全区域边界主干链路上部署防病毒网关(防毒墙)，可对网络传播流行的木马、病毒、恶意软件等进行检测和清除。终端配合网络版杀毒软件，形成网络和终端全方位恶意代码检测和清除。定期对防病毒软件和防病毒网关的病毒库及软件版本进行及时更新和升级。同时在网络主干链路上部署反垃圾邮件网关，可对垃圾邮件进行检测和防护。

(1)实现方式：防病毒网关(防毒墙)，网络版杀毒软件，反垃圾邮件网关等提供主动的、实时的防护能力，减少安全区域边界因恶意病毒、垃圾邮件烦恼。

(2)相关产品：防病毒网关(防毒墙)、网络版杀毒软件、反垃圾邮件网关等。

6. 可信验证

可基于可信根对计算节点的 BIOS、引导程序、操作系统内核、区域边界安全管控程序等进行可信验证，并在区域边界设备运行过程中定期对程序内存空间、操作系统内核关键内存区域等执行资源进行可信验证，并在检测到其可信性受到破坏时采取措施恢复，并将验证结果形成审计记录，送至安全管理中心。

5.10.3.4 安全计算环境

1. 身份鉴别

在安全计算环境中应对系统中的用户进行身份标识和鉴别。在对每一个用户注册到系统时，采用用户名和用户标识符标识用户身份，并确保在系统整个生存周期用户标识的唯一性。在每次用户登录系统时，采用受安全管理中心控制的口令、令牌、基于生物特征、数字证书以及其他具有相应安全强度的两种或两种以上的组合机制进行用户身份鉴别，并对鉴别数据进行保密性和完整性保护。

(1)实现方式：内网部署 4A 统一安全管控系统，可实现全网统一的用户身份标识和鉴别，且身份标识具有唯一性。通过内置功能设置，可设置用户口令复杂度要求和更换周期。对于鉴别失败和重鉴别，分别按照重试5次即为鉴别失败，启用结束会话，并设置冷却时间，同时生成审计和告警信息。对于连续无操作达到10 min，系统自动退出登录状态，需重新鉴别后再次登录。当进行远程管理时，4A系统自带的数据加密技术可确保鉴别信息在传输中的安全。对于双因子鉴别方式，系统支持多种双因子方式且支持密码技术。对于远程接入用户，采用SSLVPN方式拨入内网环境，配合4A系统进行身份鉴别。

（2）相关产品：4A统一安全管控系统、VPN设备、堡垒机等。

2. 访问控制

在安全计算环境设置自主和强制访问控制机制，对应用系统的文件、数据库等资源的访问，避免越权非法使用；对源及目标计算节点的身份、地址、端口和应用协议等进行可信验证；对系统中主要的主、客体进行安全标记，按安全标记和强制访问控制规则，确定主体访问客体的操作进行控制。

（1）实现方式：部署防火墙、下一代防火墙、网闸、动态应用保护系统、WEB应用防火墙、上网行为管理、网络安全审计、VPN等安全产品，实现区域网络数据包的出入控制及网络数据包的过滤。部署内网安全管理系统、数据库审计系统等安全产品，根据策略控制用户对应用系统的访问，特别是文件操作、数据库访问等，控制粒度主体为用户级、客体为文件或数据库表级。部署4A系统、堡垒机等安全产品，根据业务流制定访问控制规则，能清楚地覆盖资源访问相关的主体、客体及它们之间的操作。对于不同的用户授权原则是能够完成工作的最小化授权，避免授权范围过大，并在它们之间形成相互制约的关系。严格限制默认账户的访问权限，重命名默认账户，修改默认口令；及时删除多余的、过期的账户，避免共享账户的存在。更重要的是要对网络设备、安全设备、操作系统、数据库系统等自身进行安全加固。

（2）相关产品：防火墙、下一代防火墙、网闸、动态应用保护系统、WEB应用防火墙、上网行为管理、网络安全审计、VPN、4A系统、数据库审计系统、堡垒机、内网安全管理系统、安全加固服务等。

3. 安全审计

在安全计算环境中，要求记录系统的相关安全事件。审计记录包括安全事件的主体、客体、时间、类型和结果等内容。提供审计记录查询、分类、分析和存储保护；确保对特定安全事件进行报警；确保审计记录不被破坏或非授权访问。应为安全管理中心提供接口；对不能由系统独立处理的安全事件，提供由授权主体调用的接口。

（1）实现方式：实现基于主机侧的安全审计功能。审计功能非常全面，包括打印审计、网站审计、FTP审计、Windows事件日志审计、应用程序审计、主机名及IP和MAC变更审计、终端Windows登录审计、终端开关机审计、ISM客户端运行审计、终端使用USB设备历史审计、移动存储设备审计、文件审计等。确保审计覆盖到每个用户，对重要的用户行为和重要安全事件进行审计。对于审计记录保护，产品自身功能可以满足。也可以通过部署综合日志审计系统，通过对各类日志集中搜集，起到汇总分析兼日志备份的功能，避免受到未预期的破坏。对于审计进程保护，通过产品自身进程保护功能实现，避免恶意终止审计进程等破坏审计的行为。

(2)相关产品:内网安全管理系统、数据库审计系统、日志审计系统等。

4. 入侵防范

在安全计算环境中,操作系统、数据库系统及应用系统具备一定的安全防护能力,能面对外界来的攻击行为。

(1)实现方式:依据最小化组件和应用程序清单,通过主机加固操作,仅安装需要的组件和应用程序,关闭不需要的系统服务、默认共享和高危端口。对网络设备和安全产品运维管理,应通过运维安全网关(堡垒机)进行,由指定终端管理。应用系统前端部署Web防火墙,保护并阻止因转义字符解析等由于Web应用开发未对数据做有效性检验的攻击,如SQL注入攻击等。其他通过网络通信接口输入的内容有效性校验,应通过网络主干链路上部署的IPS进行过滤和保护。针对内网的各类已知漏洞,应部署漏洞扫描系统,及时更新漏洞库,对全网定期执行漏洞扫描。汇总全网漏洞与资产信息,按照资产和业务重要优先原则,对更新的补丁进行充分测试评估后,及时修补漏洞。

(2)相关产品:IPS、IDS、APT、DAC(威胁情报中心)、综合日志审计、SOC平台等。

5. 恶意代码防范

在安全区域边界主干链路上部署防病毒网关(防毒墙),可对网络传播流行的木马、病毒、恶意软件等进行检测和清除。终端配合网络版杀毒软件,形成网络和终端全方位恶意代码检测和清除。定期对防病毒软件和防病毒网关的病毒库及软件版本进行及时更新和升级。

(1)实现方式:防病毒网关(防毒墙),网络版杀毒软件等提供主动的、实时的防护能力,减少安全区域边界因恶意病毒烦恼。

(2)相关产品:防病毒网关(防毒墙)、网络版杀毒软件、沙箱等。

6. 可信验证

可基于可信根对计算节点的BIOS、引导程序、操作系统内核、应用程序等进行可信验证,并在应用程序的关键执行环节对系统调用的主体、客体、操作可信验证,并对中断、关键内存区域等执行资源进行可信验证,并在检测到其可信性受到破坏时采取措施恢复,并将验证结果形成审计记录,送至安全管理中心。

1)可信验证

采用具有网络可信连接保护功能的系统软件或具有相应功能的信息技术产品,在设备连接网络时,对源和目标进行平台身份鉴别、平台完整性校验、数据传输的保密性和完整性保护等。

2)配置可信检查

将系统的安全配置信息形成基准库,实时监控或定期检查配置信息的修改行为,及时修复和基准库中内容不符的配置信息。

3)入侵检测和恶意代码防范

通过主动免疫可信计算检验机制及时识别入侵和病毒行为,并将其有效阻断。

7. 数据完整性、保密性

在安全计算环境中采用密码等技术支持的完整性校验机制,检验存储和处理的用户数据的完整性,以发现其完整性是否被破坏,且在其受到破坏时能对重要数据进行恢复;

采用密码等技术支持的保密性保护机制，对在安全计算环境中存储和处理的用户数据进行保密性保护。

（1）实现方式：当数据通过不可控区域时，可通过部署 VPN、加密机实现数据传输中的完整性和保密性，包括但不限于鉴别数据、重要业务数据、重要审计数据、重要配置数据、重要视频数据和重要个人信息等。数据存储应采用加密存储，可采用独立的服务器密码机来实现。服务器密码机属于单独的嵌入式专门加密设备，需要连接在存储和交换机之间。一对一连接到存储上，对主机性能影响小，设备本身提供加密功能，同主机和存储无关。支持异构存储。如果本单位涉及对互联网提供业务服务，还需要部署业务审计系统，对应用系统收发数据进行审计。业务审计系统的数据发给综合日志审计系统，并单独保存，服务器密码机配合加密后实时存储。当出现可能涉及法律责任认定时，实现数据原发行为的抗抵赖和数据接收行为的抗抵赖。

（2）相关产品：VPN、加密机、服务器密码机、业务审计系统、综合日志审计系统等。

8. 数据备份恢复

在安全计算环境中，要求数据备份具备异地备份与恢复功能，确保业务系统在受到攻击时，保证能够在短时间进行恢复。

（1）实现方式：在不同建筑物内部署数据备份一体机（或备份恢复软件+磁盘阵列或虚拟磁带库），实现重要数据实时备份和恢复功能。另外，备份系统的网络通信能力要有保障，需要配套光纤交换机及光纤。对于重要的业务处理服务器，可采用双机热备方式部署，提高业务系统可用性。并部署 CDP（连续数据保护系统），当其中一台服务器出现故障时，从软件到硬件做到业务实时切换。通过不同建筑物内的数据备份恢复一体机的数据保护，可以做到数据出现故障时，手工或半自动方式恢复最近一次或其他备份记录里的备份数据。

（2）相关产品：数据备份一体机（或备份恢复软件+磁盘阵列或虚拟磁带库）、CDP（连续数据保护系统）、网络架构支撑等。

9. 剩余信息保护

在安全计算环境中，剩余信息保护涉及主机层面和应用层面。剩余信息主要是内存或者硬盘的存储空间，要保护的时间是被释放或重新分配给其他用户后。

（1）实现方式：对于通用操作系统来说，考虑到系统的运行效率，没有在系统内核层面默认实现剩余信息保护功能，只能通过第三方工具来实现。对剩余信息的清除是会对应用系统的性能造成影响的。相对于写入垃圾数据的方式，清空存储区或者文件的方式对性能的影响更小。

（2）相关产品：采用具有安全客体复用功能的系统软件或具有相应功能的信息技术产品、手动覆盖清除等。

10. 个人信息保护

在安全计算环境中，造成个人信息泄露的主要有：身份认证方式单一，易受字典式攻击；应用程序安全功能缺失，安全防御措施不足；信息传输协议和数据存储方式不安全，降低身份认证安全性；源代码开发的安全性较低，应用层攻击频发；用户密码安全意识薄弱，技术管理策略实施困难；多种攻击形式造成信息泄露事件频发。一个信息系统的安全包括物理层、网络层、系统层、应用层、数据层以及安全管理方面的内容。信息系统在某一层面的安全不能代表整个信息系统的安全，需要各方面的完善和结合。

（1）实现方式：目前针对个人信息保护，信息系统的物理层、网络层、操作系统层等已具备了一定的安全性，结合《信息安全技术 网络安全等级保护基本要求》（GB/T 22239—2019）重点从应用安全、数据库安全以及安全管理等方面分析对个人信息保护。实现个人信息保护主要有以下几个措施：通过增强身份认证机制、加强安全功能实现降低用户个人信息泄露安全风险；通过制定严格的访问控制策略，减小由于非授权操作导致个人信息泄露安全风险；通过安全审计记录和定期分析机制及时发现和响应个人信息泄露安全事件；通过严格控制程序中进出数据的规范性，减少软件编码引发个人信息泄露安全事件的发生；通过加强数据库系统的安全配置，减小个人信息由于“拖库”等遭受泄露的安全风险；通过加强人员自我安全防护意识和行为规范，减少个人信息成为社会工程学攻击的目标；通过安全检查、委托测试等方式加强对个人信息的安全防护。

（2）相关产品：应梳理需搜集用户信息类别清单，并从业务系统角度，严格按角色设置数据访问权限。配合数据库审计系统、数据防泄漏（DLP）系统、业务审计系统、4A 权限控制系统、运维审计系统、ISM 系统、光盘刻录机打印审计系统、综合控制业务岗位对数据的非法使用和未授权访问。

5.10.3.5　安全管理中心

1. 系统管理

系统管理员通过对系统的资源和运行进行配置、控制和可信及密码管理，包括用户身份、可信证书及密钥、可信基准库、系统资源配置、系统加载和启动、系统运行的异常处理、数据和设备的备份与恢复等。

（1）实现方式：通过部署 SOC 系统、4A 系统、运维审计系统（堡垒机）等，只允许其通过特定的命令或操作界面进行系统管理操作，对系统管理员进行身份鉴别和操作审计。

（2）相关产品：SOC 系统、4A 系统、运维审计系统（堡垒机）、ISM（内网安全管理系统）等。

2. 审计管理

在安全管理中心设置安全审计机制，通过安全审计员对分布在系统各个组成部分的安全审计机制进行集中管理，包括根据安全审计策略对审计记录进行分类；提供按时间段开启和关闭相应类型的安全审计机制；对各类审计记录进行存储、管理和查询等。对审计记录应进行分析，并根据分析结果进行处理。对安全审计员进行身份鉴别，只允许其通过特定的命令或操作界面进行安全审计操作。

（1）实现方式：部署上网行为管理、防火墙、VPN 等安全设备开启的审计功能或具有同等安全功能的审计设备，实现对通信网络进行安全审计。同时探针或安全设备的日志同步至安全感知平台实现对全网的安全风险感知及预警。

（2）相关产品：防火墙、上网行为管理、网络安全审计、日志审计、SOC 平台、4A、VPN、态势感知等。

3. 安全管理

安全管理员借助 SOC 系统、4A 系统、堡垒机、运维安全网关等设备对安全管理员进行身份鉴别，并确保操作过程在特定的操作界面进行，操作过程全程可审计，对系统中的主体、客体进行统一标记，对主体进行授权，配置可信验证策略，启用功能并设置必要的运行参数，并维护策略库和度量值库。

4. 集中管控

实现集中管控需先划分内外网运维管理区，对内外网资产进行安全管理及运维，同时还需考虑到日志审计、网络版杀毒、补丁分发、安全感知平台、终端安全等问题。

（1）实现方式：根据业务实际需求划分安全管理区，并在网络中部署安全管理平台集中管控，通过部署运维安全网关、安全管理系统、堡垒机等对分布在网络中的网络链路、安全设备、网络设备和服务器进行集中管控，并启用安全的管理协议（HTTPS、SSH 等）或 VPN 专线进行远程管理；在网络中部署探针对分布在网络中的网络链路、安全设备、网络设备和服务器等运行状况进行集中收集，并通过安全管理平台实时监测；通过部署日志审计系统对分散在各个设备上的审计数据进行收集汇总和集中分析，并至少保存 180 d，以确保符合法律法规要求；针对恶意代码、补丁升级等问题，在安全管理平台上部署漏洞扫描设备，周期性扫描发现安全漏洞，并通过漏洞管理平台和补丁升级服务器进行跟踪与修补，在服务器上部署防病毒软件、在网络中部署防病毒网关从两方面着手，更有效地对恶意代码进行防护；此外最重要的是，要充分分析业务的具体情况，仔细对防火墙策略进行梳理，以确保信息系统安全可靠运行。

（2）相关产品：安全管理平台、运维安全网关、安全管理系统、堡垒机、VPN、探针、日志审计系统、漏洞扫描、漏洞管理平台、补丁升级服务器、防病毒软件、防病毒网关等。

5.10.3.6 安全技术实现措施

安全技术实现措施见表 5-6。

表 5-6 安全技术实现措施

安全层面	安全控制单元	具体内容	实现措施
安全物理环境	物理位置选择	机房场地应选择在具有防震、防风和防雨等能力的建筑内； 机房场地应避免设在建筑物的顶层或地下室，否则应加强防水和防潮措施	机房位置无须更改，但是防水、防潮需要加强
	物理访问控制	机房出入口应配置电子门禁系统，控制、鉴别和记录进入的人员	安装合格的电子门禁系统
	防盗窃和防破坏	应将设备或主要部件进行固定，并设置明显的不易除去的标识； 应将通信线缆铺设在隐蔽安全处；应设置机房防盗报警系统或设置有专人值守的视频监控系统	网络设备、安全设备等设备贴标签、综合布线进行强弱电分离、机房出入口和关键区域安装视频监控和红外报警等

续表 5-6

安全层面	安全控制单元	具体内容	实现措施
安全物理环境	防雷击	应将各类机柜、设施和设备等通过接地系统安全接地； 应采取措施防止感应雷，例如设置防雷保安器或过压保护装置等	安装防雷、接地、过压保护等装置
	防火	机房应设置火灾自动消防系统，能够自动检测火情、自动报警，并自动灭火； 机房及相关的工作房间和辅助房应采用具有耐火等级的建筑材料； 应对机房划分区域进行管理，区域和区域之间设置隔离防火措施	机房采用耐火等级建筑材料、安装自动灭火装置（如七氟丙烷）、对机房划分区域管理
	防水和防潮	应采取措施防止雨水通过机房窗户、屋顶和墙壁渗透； 应采取措施防止机房内水蒸气结露和地下积水的转移与渗透； 应安装对水敏感的检测仪表或元件，对机房进行防水检测和报警	加强机房防水、防潮管理，封闭窗户，机房应尽量避开用水设备，不要在机房内安装喷洒装置，同时安装精密空调对温湿度进行检测，安装水敏感检测装置，并能够进行报警
	防静电	应采用防静电地板或地面并采用必要的接地防静电措施； 应采取措施防止静电的产生，例如采用静电消除器、佩戴防静电手环等	铺设防静电地板、运维操作时佩戴防静电手环
	温湿度控制	应设置温湿度自动调节设施，使机房温湿度的变化在设备运行所允许的范围之内	安装精密空调对温湿度进行严格控制
	电力供应	应在机房供电线路上配置稳压器和过电压防护设备； 应提供短期的备用电力供应，至少满足设备在断电情况下的正常运行要求； 应设置冗余或并行的电力电缆线路为计算机系统供电	机房供电线路上配置稳压器和过电压防护设备，重要区域保证市电双路接入，配备UPS、发电装置
	电磁防护	电源线和通信线缆应隔离铺设，避免互相干扰； 应对关键设备实施电磁屏蔽	综合布线时对强弱电进行分离，对关键设备电磁屏蔽（如安装屏蔽机柜）

续表 5-6

安全层面	安全控制单元	具体内容	实现措施
安全通信网络	网络架构	应保证网络设备的业务处理能力满足业务高峰期需要； 应保证网络各个部分的带宽满足业务高峰期需要； 应划分不同的网络区域，并按照方便管理和控制的原则为各网络区域分配地址； 应避免将重要网络区域部署在边界处，重要网络区域与其他网络区域之间应采取可靠的技术隔离手段； 应提供通信线路、关键网络设备和关键计算设备的硬件冗余，保证系统的可用性	保证边界应用交付系统及线路冗余，保证路由器、交换机、无线接入设备等网络设备及线路冗余，保证防火墙、网闸、UTM 等边界防护设备及线路冗余，并根据业务要求合理分配 IP 地址和网段，区域之间采用防火墙、网闸、UTM 等安全设备进行隔离
	通信传输	应采用校验技术或密码技术保证通信过程中数据的完整性； 应采用密码技术保证通信过程中数据的保密性	在通信链路上部署 VPN 安全网关实现通信过程的数据完整性和数据保密性
	可信验证	可基于可信根对通信设备的系统引导程序、系统程序、重要配置参数和通信应用程序等进行可信验证，并在应用程序的关键执行环节进行动态可信验证，在检测到其可信性受到破坏后进行报警，并将验证结果形成审计记录送至安全管理中心	可信计算，可部署综合审计系统，对安全事件进行统一收集分析
安全区域边界	边界防护	应保证跨越边界的访问和数据流通过边界设备提供的受控接口进行通信； 应能够对非授权设备私自联到内部网络的行为进行检查或限制； 应能够对内部用户非授权联到外部网络的行为进行检查或限制； 应限制无线网络的使用，保证无线网络通过受控的边界设备接入内部网络	跨域边界及不同的业务区域业务通过部署防火墙、安全网关、网闸等边界防护设备，实现控制；对于非法内外联行为可部署准入控制系统、内网安全管理系统、非法接入检查系统等进行检查或限制，对于无线网络使用进行统一验证管理

续表 5-6

安全层面	安全控制单元	具体内容	实现措施
安全区域边界	访问控制	应在网络边界或区域之间根据访问控制策略设置访问控制规则,默认情况下除允许通信外受控接口拒绝所有通信; 应删除多余或无效的访问控制规则,优化访问控制列表,并保证访问控制规则数量最小化; 应对源地址、目的地址、源端口、目的端口和协议等进行检查,以允许/拒绝数据包进出; 应能根据会话状态信息为进出数据流提供明确的允许/拒绝访问的能力; 应对进出网络的数据流实现基于应用协议和应用内容的访问控制	跨域边界及不同的业务区域业务通过部署防火墙、安全网关、网闸等边界防护设备,实现控制,同时还需对防火墙策略进行梳理细化;对进出网络的数据流实现基于应用协议和应用内容的访问控制部署下一代防火墙、动态应用保护系统、WEB 应用防护系统
	入侵防范	应在关键网络节点处检测、防止或限制从外部发起的网络攻击行为; 应在关键网络节点处检测、防止或限制从内部发起的网络攻击行为; 应采取技术措施对网络行为进行分析,实现对网络攻击特别是新型网络攻击行为的分析; 当检测到攻击行为时,记录攻击源 IP、攻击类型、攻击目标、攻击时间,在发生严重入侵事件时应提供报警	在关键网络节点处部署 IPS、IDS、APT、威胁情报、CS、DAC、Guard、安全域流监控系统进行检测、防止或限制从外部或内部发起的网络攻击行为;针对 DDOS 的估计行为可购买云抗 DDOS 攻击服务;并在网络中部署安全管理系统、日志审计系统对入侵检测、防御系统收集的估计日志进行分析与报警
	恶意代码和垃圾邮件防范	应在关键网络节点处对恶意代码进行检测和清除,并维护恶意代码防护机制的升级和更新; 应在关键网络节点处对垃圾邮件进行检测和防护,并维护垃圾邮件防护机制的升级和更新	对于网络层病毒防护需部署防病毒安全网关、邮件安全网关和其他安全网关设备,并能够定期对恶意代码库、垃圾邮件防护机制进行升级和更新

续表 5-6

安全层面	安全控制单元	具体内容	实现措施
安全区域边界	安全审计	应在网络边界、重要网络节点进行安全审计，审计覆盖到每个用户，对重要的用户行为和重要安全事件进行审计； 审计记录应包括事件的日期和时间、用户、事件类型、事件是否成功及其他与审计相关的信息； 应对审计记录进行保护，定期备份，避免受到未预期的删除、修改或覆盖等； 应能对远程访问的用户行为、访问互联网的用户行为等单独进行行为审计和数据分析	网络设备、安全设备及其他安全检查防护系统启用安全审计功能，实际接触过程中，绝大多数设备或系统由于自身系统资源有限、开发过程中更关注可用性，往往只是简单的安全审计功能，无法进行系统化的安全审计。通过部署网络审计设备(系统)、运维安全网关审计网络设备、安全设备操作行为是否合规；通过部署上网行为管理系统审计非法操作行为，并及时制止；为保证日志存储保留在 180 d 以上，实现系统化分析等，通过部署日志审计可实现合规
	可信验证	可基于可信根对边界设备的系统引导程序、系统程序、重要配置参数和边界防护应用程序等进行可信验证，并在应用程序的关键执行环节进行动态可信验证，在检测到其可信性受到破坏后进行报警，并将验证结果形成审计记录送至安全管理中心	可信计算，可部署综合审计系统，对安全事件进行统一收集分析
安全计算环境	身份鉴别	应对登录的用户进行身份标识和鉴别，身份标识具有唯一性，身份鉴别信息具有复杂度要求并定期更换； 应具有登录失败处理功能，应配置并启用结束会话、限制非法登录次数和当登录连接超时自动退出等相关措施； 当进行远程管理时，应采取必要措施防止鉴别信息在网络传输过程中被窃听； 应采用口令、密码技术、生物技术等两种或两种以上组合的鉴别技术对用户进行身份鉴别，且其中一种鉴别技术至少应使用密码技术来实现	网络设备、安全设备、操作系统、数据库系统及其他应用系统的身份鉴别可通过部署内网安全管理系统、运维安全网关、堡垒机实现设备的统一运维管理，对于终端安全运维防护部署准入控制系统，在对设备进行远程管理时，为确保传输的安全性，可部署 VPN 安全网关，针对业务系统可通过部署 4A 实现安全管控。所部署的内网安全管理系统、运维安全网关、堡垒机、准入控制系统、VPN 安全网关、4A 均可实现双因子鉴定

续表 5-6

安全层面	安全控制单元	具体内容	实现措施
安全计算环境	访问控制	应对登录的用户分配账户和权限； 应重命名或删除默认账户，修改默认账户的默认口令； 应及时删除或停用多余的、过期的账户，避免共享账户的存在； 应授予管理用户所需的最小权限，实现管理用户的权限分离； 应由授权主体配置访问控制策略，访问控制策略规定主体对客体的访问规则； 访问控制的粒度应达到主体为用户级或进程级，客体为文件、数据库表级； 应对重要主体和客体设置安全标记，并控制主体对有安全标记信息资源的访问	网络设备、安全设备、操作系统、数据库系统及其他应用系统的身份鉴别可通过部署内网安全管理系统、运维安全网关、堡垒机实现设备的统一运维管理、登录用户分配账户和权限，业务系统的用户分配账户和权限可部署 4A 实现
	安全审计	应启用安全审计功能，审计覆盖到每个用户，对重要的用户行为和重要安全事件进行审计； 审计记录应包括事件的日期和时间、用户、事件类型、事件是否成功及其他与审计相关的信息； 应对审计记录进行保护，定期备份，避免受到未预期的删除、修改或覆盖等； 应对审计进程进行保护，防止未经授权的中断	网络设备、安全设备、操作系统、数据库系统及其他应用系统启用安全审计功能，实际接触过程中，绝大多数设备或系统由于自身系统资源有限、开发过程中更关注可用性，往往只是简单的安全审计功能，无法进行系统化的安全审计。通过部署网络审计设备(系统)、运维安全网关审计网络设备、安全设备及操作系统操作行为是否合规，并及时阻断高风险操作行为；通过部署数据库审计系统审计数据库系统操作行为是否合规，并及时阻断高风险操作行为；为保证日志存储保留在 180 d 以上，实现系统化分析等，通过部署日志审计可实现合规；此外，针对业务系统的审计可通过部署 4A 审计业务的合规性

续表 5-6

安全层面	安全控制单元	具体内容	实现措施
安全计算环境	入侵防范	应遵循最小安装的原则，仅安装需要的组件和应用程序； 应关闭不需要的系统服务、默认共享和高危端口； 应通过设定终端接入方式或网络地址范围对通过网络进行管理的管理终端进行限制； 应提供数据有效性检验功能，保证通过人机接口输入或通过通信接口输入的内容符合系统设定要求； 应能发现可能存在的已知漏洞，并在经过充分测试评估后，及时修补漏洞； 应能够检测到对重要节点进行入侵的行为，并在发生严重入侵事件时提供报警	根据业务系统的需求对系统安装组件、应用程序进行最小化安装原则，禁止安装与应用系统无关的程序及组件，同时在系统层面与网络层面关闭不需要的系统服务、默认共享和高危端口，通过部署内网安全管理系统和运维安全网关对终端接入方式或网络地址范围进行限制；对于通过人机接口输入或通过通信接口输入的内容进行程序设定，如长度、复杂度等；在大规模网络中网络设备、安全设备、操作系统、数据库系统和应用系统存在很多安全漏洞无法得知，需部署漏洞扫描系统发现安全漏洞，并在经过充分测试评估后，及时修补漏洞；对于重要节点的入侵行为，通过部署 IDS（入侵检测）、IPS（入侵防御）、APT（高级持续性威胁系统）、CS（超融合检测系统）等进行检测报警
	恶意代码防范	应采用免受恶意代码攻击的技术措施或主动免疫可信验证机制及时识别入侵和病毒行为，并将其有效阻断	对于系统层面的病毒检测、查杀与隔离，可通过部署杀毒软件和 APT 系统及时识别入侵和病毒行为，并将其有效阻断
	可信验证	可基于可信根对计算设备的系统引导程序、系统程序、重要配置参数和应用程序等进行可信验证，并在应用程序的关键执行环节进行动态可信验证，在检测到其可信性受到破坏后进行报警，并将验证结果形成审计记录送至安全管理中心	可信计算，可部署综合审计系统，对安全事件进行统一收集分析

续表 5-6

安全层面	安全控制单元	具体内容	实现措施
安全计算环境	数据完整性	应采用校验技术或密码技术保证重要数据在传输过程中的完整性,包括但不限于鉴别数据、重要业务数据、重要审计数据、重要配置数据、重要视频数据和重要个人信息等; 应采用校验技术或密码技术保证重要数据在存储过程中的完整性,包括但不限于鉴别数据、重要业务数据、重要审计数据、重要配置数据、重要视频数据和重要个人信息等	通过部署 DLP(数据防泄露系统)和文件管理系统对数据自动聚类、关键词筛选、数据自动分类和标记敏感数据,配合部署内网安全管理系统进行审计,涉及数据库数据,部署数据库脱敏系统进行脱敏处理,确保数据的完整性
	数据保密性	应采用密码技术保证重要数据在传输过程中的保密性,包括但不限于鉴别数据、重要业务数据和重要个人信息等; 应采用密码技术保证重要数据在存储过程中的保密性,包括但不限于鉴别数据、重要业务数据和重要个人信息等	通过部署 DLP(数据防泄露系统)和文件管理系统对数据自动聚类、关键词筛选、数据自动分类和标记敏感数据,配合部署内网安全管理系统进行审计,涉及数据库数据,部署数据库脱敏系统进行脱敏处理,确保数据的保密性
	数据备份恢复	应提供重要数据的本地数据备份与恢复功能; 应提供异地实时备份功能,利用通信网络将重要数据实时备份至备份场地; 应提供重要数据处理系统的热冗余,保证系统的高可用性	在本地和异地部署备份恢复系统对数据进行备份与恢复,同时网络架构、计算环境具备热冗余功能
	剩余信息保护	应保证鉴别信息所在的存储空间被释放或重新分配前得到完全清除; 应保证存有敏感数据的存储空间被释放或重新分配前得到完全清除	终端和服务器等设备中的操作系统、业务应用系统、数据库管理系统、中间件和系统管理软件及系统设计文档等在进行分配前经过多次覆盖、格式化等方式,确保无法复现
	个人信息保护	应仅采集和保存业务必需的用户个人信息; 应禁止未授权访问和非法使用用户个人信息	对个人信息严格按照业务流程进行安全操作,可部署文件管理系统和数据库脱敏系统,对个人信息进行特殊处理,并严格遵守保密条款

续表 5-6

安全层面	安全控制单元	具体内容	实现措施
安全管理中心	系统管理	应对系统管理员进行身份鉴别,只允许其通过特定的命令或操作界面进行系统管理操作,并对这些操作进行审计; 应通过系统管理员对系统的资源和运行进行配置、控制和管理,包括用户身份、系统资源配置、系统加载和启动、系统运行的异常处理、数据和设备的备份与恢复等	通过部署运维安全网关、堡垒机、安全管理系统等实现网络设备、安全设备、操作系统、应用系统等实现管理员的权限分离,可设置审计管理员、运维管理员、配置管理员等权限用户
	审计管理	应对审计管理员进行身份鉴别,只允许其通过特定的命令或操作界面进行安全审计操作,并对这些操作进行审计; 应通过审计管理员对审计记录应进行分析,并根据分析结果进行处理,包括根据安全审计策略对审计记录进行存储、管理和查询等	部署安全管理系统、日志审计系统对网络设备、安全设备、操作系统、数据系统及其他应用系统日志信息进行集中收集存储与保存,限制日志的查询权限为审计管理员,在设备上对操作行为进行分等级处理,限制可使用的命令或操作界面,规避高风险操作
	安全管理	应对安全管理员进行身份鉴别,只允许其通过特定的命令或操作界面进行安全管理操作,并对这些操作进行审计; 应通过安全管理员对系统中的安全策略进行配置,包括安全参数的设置,主体、客体进行统一安全标记,对主体进行授权,配置可信验证策略等	通过部署运维安全网关、堡垒机、安全管理系统等实现网络设备、安全设备、操作系统、应用系统等实现管理员的权限鉴别与分离,可设置审计管理员、运维管理员、配置管理员等权限用户,同时仔细梳理业务流程,对安全参数的设置,主体、客体进行统一安全标记,对主体进行授权,配置可信验证策略等

续表 5-6

安全层面	安全控制单元	具体内容	实现措施
安全管理中心	集中管控	应划分出特定的管理区域,对分布在网络中的安全设备或安全组件进行管控; 应能够建立一条安全的信息传输路径,对网络中的安全设备或安全组件进行管理; 应对网络链路、安全设备、网络设备和服务器等的运行状况进行集中监测; 应对分散在各个设备上的审计数据进行收集汇总和集中分析,并保证审计记录的留存时间符合法律法规要求; 应对安全策略、恶意代码、补丁升级等安全相关事项进行集中管理; 应能对网络中发生的各类安全事件进行识别、报警和分析	根据业务实际需求划分安全管理区,并在网络中部署安全管理平台集中管控,通过部署运维安全网关、安全管理系统、堡垒机等对分布在网络中的网络链路、安全设备、网络设备和服务器进行集中管控,并启用安全的管理协议(HTTPS、SSH 等)或 VPN 专线进行远程管理;在网络中部署探针对分布在网络中的网络链路、安全设备、网络设备和服务器等运行状况进行集中收集,并通过安全管理平台实时监测;通过部署日志审计系统对分散在各个设备上的审计数据进行收集汇总和集中分析,并至少保存 180 d,以确保符合法律法规要求;针对恶意代码、补丁升级等问题,在安全管理平台上部署漏洞扫描设备,周期性扫描发现安全漏洞,并通过漏洞管理平台和补丁升级服务器进行跟踪与修补,在服务器上部署防病毒软件、在网络中部署防病毒网关从两方面着手,更有效地对恶意代码进行防护;此外,最重要的是要充分分析业务的具体情况,仔细对防火墙策略进行梳理,以确保信息系统安全可靠运行

5.10.3.7 安全设备汇总

安全设备汇总见表 5-7。

表 5-7　安全设备汇总

安全层面	安全控制项	安全产品举例
安全通信网络	网络架构	应用交付系统、路由交换、无线接入、安全网关及线路冗余
	通信传输	VPN 安全网关
	可信验证	综合审计系统
安全区域边界	边界防护	防火墙、安全网关、网闸、准入控制系统、内网安全管理系统、非法接入检查系统
	访问控制	防火墙、安全网关、网闸、下一代防火墙、WEB 应用防护系统
	入侵防范	IPS、IDS、APT、威胁情报、CS、DAC、Guard、安全域流监控、云抗 DDOS 攻击、安全管理系统、日志审计系统
	恶意代码和垃圾邮件防范	防病毒安全网关、邮件安全网关和其他安全网关设备
	安全审计	网络审计设备、运维安全网关、上网行为管理系统、日志审计
	可信验证	综合审计系统
安全计算环境	身份鉴别	内网安全管理系统、运维安全网关、堡垒机、4A、准入控制系统、VPN、安全加固服务
	访问控制	内网安全管理系统、运维安全网关、堡垒机、4A、安全加固服务
	安全审计	网络审计设备、运维安全网关、数据库审计系统、4A、日志审计、安全加固服务
	入侵防范	内网安全管理系统、运维安全网关、漏洞扫描系统、IDS、IPS、APT、CS(超融合检测系统)
	恶意代码防范	企业版杀毒软件、APT
	可信验证	综合审计系统
	数据完整性	DLP、文件管理系统、内网安全管理系统、数据库脱敏系统
	数据保密性	DLP、文件管理系统、内网安全管理系统、数据库脱敏系统
	数据备份恢复	备份恢复系统
	剩余信息保护	安全运维服务
	个人信息保护	文件管理系统和数据库脱敏系统
安全管理中心	系统管理	运维安全网关、堡垒机、安全管理系统、安全加固服务
	审计管理	安全管理系统、日志审计系统
	安全管理	运维安全网关、堡垒机、安全管理系统
	集中管控	安全管理平台、运维安全网关、安全管理系统、堡垒机、漏洞扫描、漏洞管理平台和补丁升级服务器等

5.10.4　管理类建设方案

5.10.4.1　安全管理制度

《信息安全技术 网络安全等级保护基本要求》(GB/T 22239)在安全策略、管理制度、制定和发布、评审和修订等四个方面对安全管理制度提出了要求。根据单位信息安全管理工作的特点,制定信息安全工作的总体方针和安全策略,明确安全管理工作的总体目标、范围、原则和安全框架等。根据安全管理活动中的各类管理内容建立安全管理制度;并由管理人员或操作人员执行的日常管理操作建立操作规程,形成由安全策略、管理制度、操作规程等构成的全面的信息安全管理制度体系,从而指导并有效地规范各级部门的信息安全管理工作。通过制定严格的制度规定与发布流程、方式、范围等,定期对安全管理制度进行评审和修订。安全管理制度可以在很大程度上防止由于人为因素导致的安全性问题,同时,对一个信息网络系统来说,管理制度需要结合系统的特点以及系统所处环境的特殊性进行考虑。

对于管理制度的制定,也可以依托外部专业安全厂商的力量进行。管理制度方面的具体工作包括:

(1)制定信息安全工作的总体方针和安全策略,说明机构安全工作的总体目标、范围、原则和安全框架等。

(2)建立管理人员或操作人员执行的日常管理操作规程。

(3)形成由安全策略、管理制度、操作规程等构成的全面的信息安全管理制度体系。

(4)安全管理制度应通过正式、有效的方式发布。

(5)每年由信息安全领导小组负责组织相关部门和相关人员对安全管理制度体系的合理性和适用性进行审定。

(6)定期或不定期对安全管理制度进行检查和审定,对存在不足或需要改进的安全管理制度进行修订。

5.10.4.2　安全管理机构

建立符合单位部门机构设置和人员分工特点的信息安全管理组织体系,成立信息安全管理小组等信息安全管理机构,明确信息安全管理机构的组织形式和运作方式,建立高效的安全管理机构,设立系统管理员、网络管理员、安全管理员等岗位,并定义各个工作岗位的职责。并从人员配备、授权和审批、沟通和合作、审核和检查、人员录用、人员离岗及安全意识教育和培训各方面进行管理落地。

5.10.4.3　安全管理人员

人员安全管理要求在人员的录用、离岗、考核、培训以及第三方人员管理上,都要考虑安全因素:

(1)指定或授权专门的部门或人员负责人员录用。

(2)严格规范人员录用过程,对被录用人的身份、背景、专业资格和资质等进行审查,对其所具有的技术技能进行考核。

(3)与所有员工和第三方厂商、服务商签署保密协议。

(4)严格规范人员离岗过程,及时终止离岗员工的所有访问权限。

(5)定期对各个岗位的人员进行安全技能及安全认知的考核。

(6)对各类人员进行安全意识教育、岗位技能培训和相关安全技术培训。

(7)对安全责任和惩戒措施进行书面规定并告知相关人员,对违反违背安全策略和规定的人员进行惩戒。

(8)对外部人员允许访问的区域、系统、设备、信息等内容应进行书面的规定,并按照规定执行。

5.10.4.4　安全建设管理

以信息安全管理工作为出发点,充实完善信息系统工程建设管理制度中有关信息安全的内容。涉及信息系统等级保护的定级、安全方案设计、产品采购和使用、自行软件开发、外包软件开发、工程实施、测试验收、系统交付、服务供应商管理等方面。从工程实施的前、中、后的初始定级设计到验收测评的整个工程周期中融入信息安全管理的策略和内容,以及强化对信息系统软件的开发过程和软件交付的安全指导和检测。

5.10.4.5　安全运维管理

根据信息安全管理制度体系框架中有关信息系统安全运维的有关制度规定,利用物理环境、网络系统、信息安全防护等运行维护管理和监测审计的系统和功能,以及统一安全监控管理中心等,不断完善系统运维安全管理的措施和手段,强化运维安全管理的科学规范,具体包括:环境管理、资产管理、介质管理、设备维护管理、漏洞和风险管理、网络与系统安全管理、恶意代码防范管理、配置管理、密码管理、变更管理、备份与恢复管理、安全事件处置、应急预案管理及外包运维管理等内容,确保系统安全稳定的运行。

重点要进一步建立完善网络系统安全漏洞的日常扫描、检测评估和加固,系统安全配置变更,恶意代码病的监测防护,网络系统运行的日志审计记录和分析,数据的备份和恢复,安全事件的监测通报和应急响应等机制,并注重对安全策略和机制有效性的评估和验证。

6　系统功能设计

6.1　应用支撑平台

6.1.1　开发平台支撑

6.1.1.1　应用组件

应用组件主要有 Mybatis、Log4j、OAuth2。

1. Mybatis

1)描述

Mybatis 是一款优秀的持久层框架,也属于 ORM 映射,前身是 ibatis。它支持自定义 SQL、存储过程以及高级映射。Mybatis 免除了几乎所有的 JDBC 代码及设置参数和获取结果集的工作。MyBatis 可以通过简单的 XML 或注解来配置和映射原始类型、接口和 JAVAPOJO 为数据库中的记录。

2)优势

(1)Sql 语句与代码分离,存放于 xml 配置文件中,便于管理维护。

(2)用逻辑标签控制动态 SQL 的拼接。

(3)查询的结果集与 java 对象自动映射。

(4)编写原生 SQL,接近 JDBC,比较灵活。

2. Log4j

1)描述

Log4j 是 Apache 的一个开放源代码项目,通过使用 Log4j,可以控制日志信息输出地;也可以控制每一条日志的输出格式;通过定义每一条日志信息的级别,能够更加细致地控制日志的生成过程。Log4j 最大的特性是上述功能可以通过一个配置文件来灵活地进行配置,而不需要修改应用的代码。

2)优势

(1)通过修改配置文件,就可以决定 log 信息的目的地——控制台、文件、GUI 组件,甚至是套接口服务器、NT 的事件记录器、UNIX Syslog 守护进程等。

(2)通过修改配置文件,可以定义每一条日志信息的级别,从而控制是否输出。在系统开发阶段可以打印详细的 log 信息以跟踪系统运行情况,而在系统稳定后可以关闭 log 输出,从而在能跟踪系统运行情况的同时,又减少了垃圾代码。

(3)使用 log4j,需要整个系统有一个统一的 log 机制,有利于系统的规划。

3. OAuth2.0

1)描述

OAuth(开放授权)是一个开放标准,允许用户授权第三方移动应用访问他们存储在另外的服务提供者上的信息,而不需要将用户名和密码提供给第三方移动应用或分享它们数据的所有内容,OAuth2.0 是 OAuth 协议的延续版本,但不向后兼容 OAuth1.0,完全废止了 OAuth1.0。

2)优势

(1)OAuth2.0 提出了多种流程,各个客户端按照实际情况选择不同的流程来获取 access_token。这样就解决了对移动设备等第三方的支持,也解决了拓展性的问题。

(2)OAuth2.0 删除了烦琐的加密算法。利用了 https 传输对认证的安全性进行了保证。

(3)OAuth2.0 的认证流程一般只有 2 步,对开发者来说,减轻了负担。

(4)OAuth2.0 提出了 access_token 的更新方案,获取 access_token 的同时也获取 refresh_token, access_token 是有过期时间的,refresh_token 的过期时间较长,这样能随时使用 refresh_token 对 access_token 进行更新。

6.1.1.2 中间件

中间件主要有消息队列(RabbitMQ)、分布式缓存(Redis)、日志系统(ELK)。

1. 消息队列(RabbitMQ)

1)描述

RabbitMQ 是使用 Erlang 编写的一个开源的消息队列,本身支持很多的协议:AMQP、XMPP、SMTP、STOMP,也正是如此,使得它变的非常重量级,更适合于企业级的开发。同时实现了 Broker 架构,核心思想是生产者不会将消息直接发送给队列,消息在发送给客户端时先在中心队列排队。对路由(Routing)、负载均衡(Load balance)、数据持久化都有很好的支持。多用于进行企业级的 ESB 整合。

2)优势

(1)由于 erlang 语言的特性,mq 性能较好,高并发。

(2)吞吐量到万级,MQ 功能比较完备。

(3)健壮、稳定、易用、跨平台、支持多种语言、文档齐全。

(4)开源提供的管理界面非常好,用起来很好用。

(5)社区活跃度高。

2. 分布式缓存(Redis)

1)描述

Redis 是完全开源免费的,遵守 BSD 协议,是一个高性能的 key-value 数据库。通常而言,目前的数据库分类有几种,包括 SQL/NSQL、关系数据库、键值数据库等,分类的标准也不同,Redis 本质上也是一种键值数据库,但它在保持键值数据库简单快捷特点的同时,又吸收了部分关系数据库的优点。从而使它的位置处于关系数据库和键值数据库之间。Redis 不仅能保存 Strings 类型的数据,还能保存 Lists 类型(有序)和 Sets 类型(无序)的数据,而且还能完成排序(SORT)等高级功能,在实现 INCR、SETNX 等功能的时候,保证了其操作的原始性，此外，还支持主从复制等功能。

2）优势

（1）性能极高。Redis 能读的速度是 110 000 次/s，写的速度是 81 000 次/s。

（2）丰富的数据类型。Redis 支持二进制案例的 Strings、Lists、Hashes、Sets 及 Ordered Sets 数据类型操作。

（3）原子。Redis 的所有操作都是原子性的，同时 Redis 还支持对几个操作合并后的原子性执行。（事务）

（4）丰富的特性。Redis 还支持 publish/subscribe、通知、key 过期等特性。

3. 日志系统（ELK）

1）描述

ELK 是 Elasticsearch、Logstash、Kibana 的简称，这三者是核心套件。Elasticsearch 是实时全文搜索和分析引擎，提供搜集、分析、存储数据三大功能；是一套开放 REST 和 JAVA API 等结构提供高效搜索功能，可扩展的分布式系统。它构建于 Apache Lucene 搜索引擎库之上。Logstash 是一个用来搜集、分析、过滤日志的工具。它支持几乎任何类型的日志，包括系统日志、错误日志和自定义应用程序日志。它可以从许多来源接收日志，这些来源包括 Syslog、消息传递（例如 RabbitMQ）和 JMX，它能够以多种方式输出数据，包括电子邮件、Websockets 和 Elasticsearch。Kibana 是一个基于 Web 的图形界面，用于搜索、分析和可视化存储在 Elasticsearch 指标中的日志数据。它利用 Elasticsearch 的 REST 接口来检索数据，不仅允许用户创建他们自己的数据的定制仪表板视图，还允许他们以特殊的方式查询和过滤数据。

2）优势

（1）强大的搜索功能。Elasticsearch 可以在分布式搜索模式下快速搜索，支持 DSL 语法进行搜索，简言之就是通过类似配置的语言快速过滤数据。

（2）完美的显示功能。可以显示非常详细的图表信息、自定义显示内容，将数据可视化到极致。

（3）分布式功能。可以解决大型集群运行维护中的许多问题，包括监控、预警、日志收集和分析等。

6.1.1.3　基础功能

基础平台包含以下 9 个基础服务。

（1）授权服务：提供统一认证、获取验证码、发送登录短信等权限相关的功能。

（2）网关服务：作为统一入口，网关服务还提供熔断限流、权限拦截、接口文档集成等功能。

（3）用户服务：提供用户相关操作，包括部门、组织机构、门户、岗位、用户角色等，同时也支持第三方用户认证登录。

（4）流程服务：基于 Flowable 流程引擎，根据复杂化业务提供了自定义化的流程服务，同时在新版本中，也加入了自定义表单服务，为自定义流程提供了更加完善和强大的定制化功能。

（5）消息中心：提供消息通知功能，包括短信、邮件，同时也为这两者提供相应的模板服务。

(6)推送服务:提供 socket 实时推送功能。

(7)存储服务:基于 MinIO 提供了文件存储功能,包括大文件上传下载、文件类型转换、图片上传下载、断点续传、分片上传等功能。

(8)监控服务:提供日志相关操作,统计化数据展示,证书查询上传导入等功能。

(9)系统服务:系统级别的配置,包括数据权限配置、多语言配置、菜单配置、租户配置、角色配置、按钮配置,也提供客户端和字典相关的操作。

6.1.2　GIS+BIM 平台

基于 GIS+BIM 基础支持平台的水资源配置工程三维可视化仿真系统建设将充分利用当代空间信息技术、建筑信息模型技术、三维可视化技术、数据库技术、互联网技术、大数据、云计算等技术,将“水资源配置工程”装进计算机。以管线工程三维地理信息环境和建筑物三维模型为载体,集成工程的基本属性、水文地质、结构图纸等设计成果数据,基于三维地理信息系统平台和建筑信息模型管理平台,建设覆盖工程全线的工程运行管理三维仿真系统,用户可以在交互式的三维工作环境中全方位地观察工程环境,查询其关注的管道或建筑物的工程资料信息。能够在三维仿真系统中再现水量调度方案及过程,集成显示闸站监控、工程安全监测、水情测报、水质监测、视频监控等运维信息,建立基于三维可视化系统的会商决策环境,提升工程调度运行管理水平。

6.1.2.1　空间数据库建设

系统建设拥有大量的基础空间数据需要建立空间数据库进行维护和应用,包括基础地理数据、三维模型数据和业务空间数据(泵站控制数据、运维数据、物联网监测点和其他数据)。

基础地理数据主要包括水资源配置工程影响范围内的空间矢量数据和栅格数据。其中,空间矢量数据主要来自地理国情数据、基础水利工程数据(如河流、湖泊、水电站、堤防、拦河枢纽、水库等)、基础地形要素数据(如水系、居民地及其设施、交通、管线、境界政区、地貌与土质、植被和地名标注等)。其中,栅格数据主要是卫星正射影像以及其他空间图片资料。

三维模型数据建设内容主要为三维地形数据和三维 BIM 模型。业务空间数据主要是指业务应用系统与空间相关性的数据,如物联网监测设备的空间安装点以及监测数据、现场施工管理的人员轨迹、水资源配置运维的业务空间数据。

1.基础空间数据采集建库

基础空间数据采集建库:建库前期需要准备各类空间数据。空间数据制作流程包括数据采集、数据处理、数据简化、数据质量评估、数据成果检查等。各类数据采集收集,包括地图数据、遥感卫星影像、测绘数据、基础地理矢量数据收集整编及相关纸质资料等。确定合适的数据采集方法是重要一环,如地图扫描、全站仪数据采集、文本资料键盘输入、摄影测量、数据交换等。制订数字化方案是确定数字化的方法及工具。掌握收集的数据的投影、比例尺、格网等空间信息按照《基础地理信息数据分类与代码》(GB/T 13923)中分层分类要求进行图层数字化,包括选择控制点、数字化控制点、确定坐标投影信息、数据编辑修改等,对空间数据需建立合理的拓扑关系,并为空间实体进行属性赋值。空间数据处理过程中需要进行简化,减少冗余。数据质量控制需要体现在数据生产和处理的各个环节上,以控制误差。根据空间数据质量的指标对空间数据进行评估后得到成果数据,成果数据经检查后即可进行数据库入库。数据入库流程如图 6-1 所示。

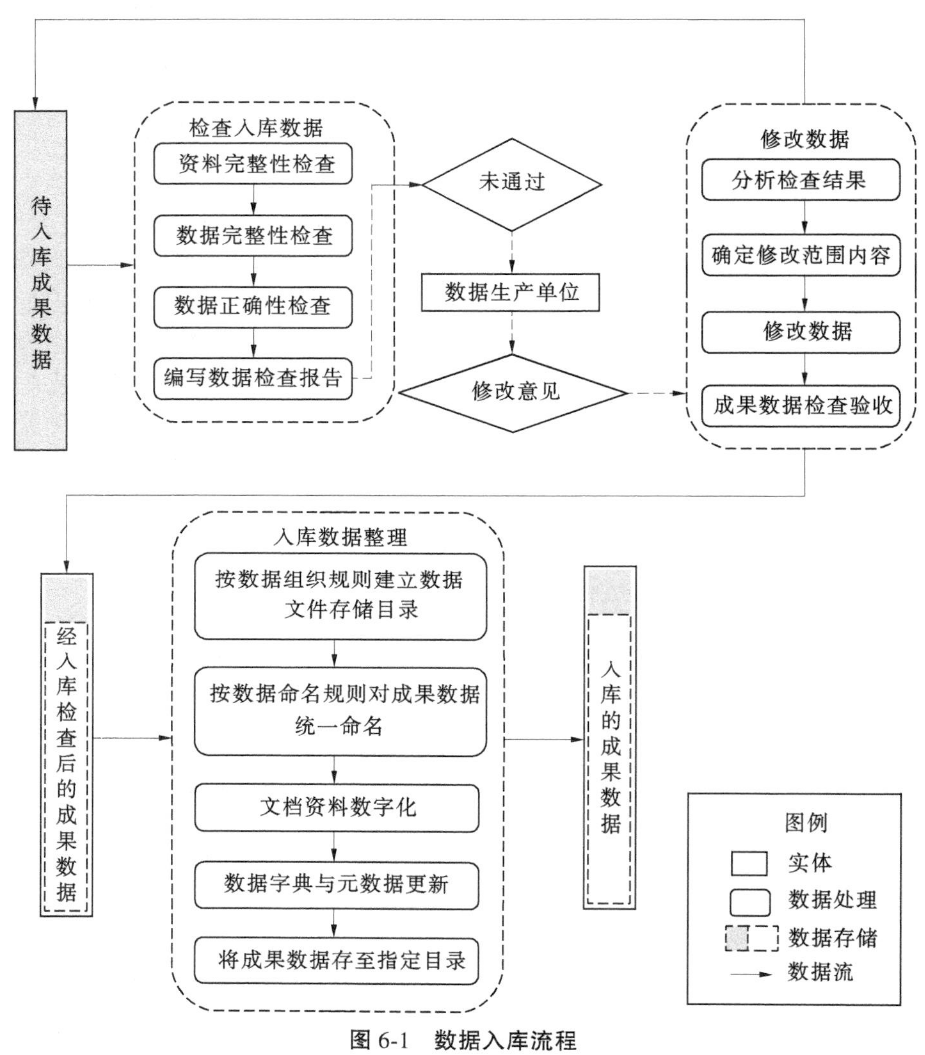

图 6-1　数据入库流程

入库管理是在空间数据库建库工作中,建立相应的数据管理组负责入库数据(包括新数据和更新数据)的鉴定、审批和管理入库工作。

三维 BIM 模型采集建库:收集、整编水资源配置水工建筑物及管线的设计图纸,按照 1∶1的比例进行水工建筑物三维重建,结合实地拍摄获取建筑物纹理,完成水资源配置水工建筑物及管线三维建模。高精度建模工作范围包括:水源工程、管线工程及调蓄工程各建筑物。普通建模工作范围包括:地质,地形,临建,高精度建模范围外的隧洞、管线等。水利工程建筑物模型可以按照工程三维建模的设计制作流程制作。工程三维建模的设计制作流程包括:设计资料准备、获取材质数据、初步模型、细化模型、模型轻量化、质量控制等几部分。三维 BIM 模型采集流程如图 6-2 所示。

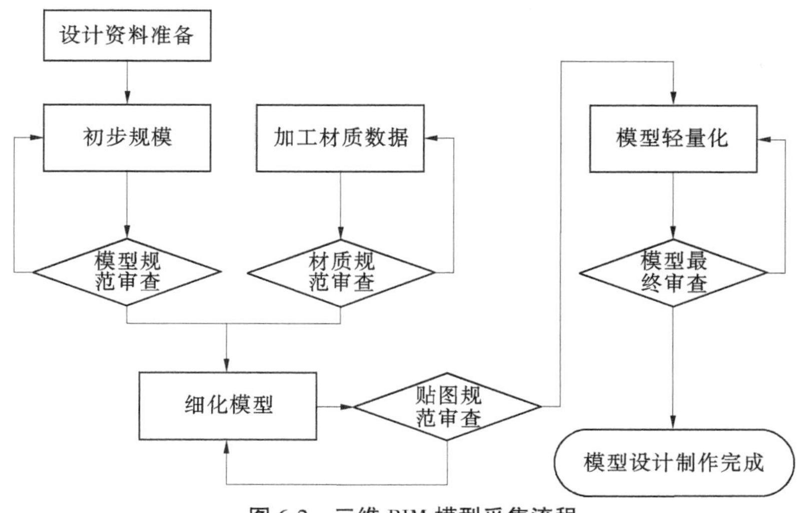

图 6-2 三维 BIM 模型采集流程

2. 空间数据管理和应用

空间数据管理和应用指的是水资源配置工程项目的空间数据资源管理与服务共享支撑。主要建设内容包括数据更新、缓存切片与服务发布、查询与统计和空间分析。

(1)数据更新:提供空间数据的更新操作,数据更新支持点、线、面数据的更新。支持用户选择导入数据源类型和目标数据源类型,自定义目标数据相关参数,实现数据的更新,并对历史数据进行管理。

(2)缓存切片与服务发布:系统要求基础 Web 地图以切片的方式对地图进行发布。遵守 OGC 的 WMTS 规则,使用专业的切图工具进行切图以及使用专业的服务平台进行切片发布。设定该服务所要支持的服务类型,包括 WMS、WCS、WFS、KML。

(3)查询与统计:支持图查属性、属性查图,支持高级用户自定义查询,且可保存查询方案,支持各种专题数据(饼图、直方图、折线图等)的统计输出。

(4)空间分析:提供多种空间分析方法,如缓冲分析、叠置分析、路径分析、坡度分析、通视分析、洪水淹没等高级分析功能。

6.1.2.2 三维场景建设

收集、整编水资源配置工程建筑物及管线的设计图纸,运用常见的建模软件(Bently、Revit、3DMax 等),以 1 : 1 比例进行建筑物的三维重建,采用真实的建筑物纹理,按照三维建模规范完成工程中重点建筑物及管线的三维建模。三维建模包括收集获取设计图纸及材质资料、初步模型、细化模型、模型轻量化、质量控制等几部分。

三维场景运用 BIM+GIS+数据可视化技术,利用数字高程模型(DEM)及数字正射影像(DOM)合成三维模型对应区域的三维地形场景,贴合建筑三维模型,紧密结合建设期和运行期的 BIM+GIS 支撑平台,建立覆盖水资源配置工程全线的真实三维场景,集成重点水利工程建筑物三维模型,专题地理数据(管线、建筑物、监测站点等)、专题属性数据

(管线及建筑物特性参数、监测站点特性参数)、设计图纸、视频照片等信息、三维地形等及外部接入数据(防洪推演数据、雨水情监测数据、闸门监控数据、安全监测数据、水质监测数据、水量调度、视频监控等),以实现三维仿真场景浏览、查询、分析,以及工程资料综合信息查询、水量调度信息查询展示、工程安全监测信息查询展示、视频监控信息集成管理、防洪推演信息集成展示、水质监测信息查询展示、闸门监控信息查询展示、水雨情测报信息查询展示、工程应急响应信息集成展示、设备运维管理集成管理等功能。三维场景建设技术流程如图 6-3 所示。

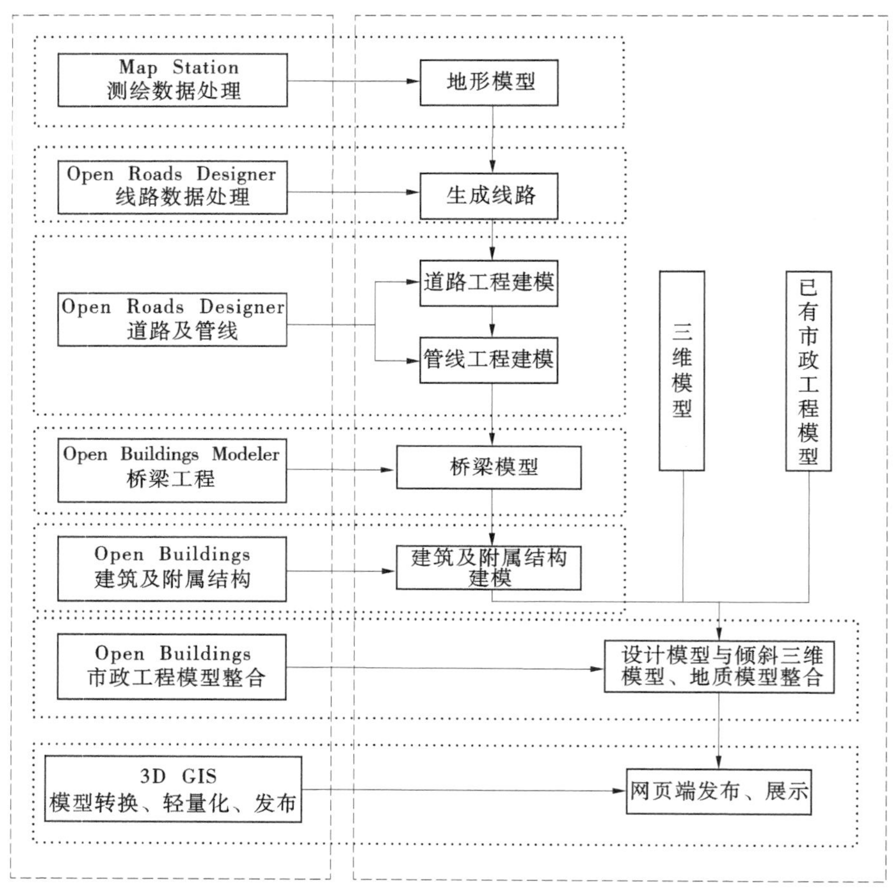

图 6-3 三维场景建设技术流程

6.1.2.3 二三维一体化 GIS+BIM 底层支撑平台建设

1. 平台概述

二三维 GIS 平台基于 Web 框架搭建,提供了一个直观、操作简单的业务平台。通过外部接入设施监控数据、在线监测感知数据以实时感知工程管理的各项设施状态,结合地理大数据、倾斜摄影、空间信息技术,采用地图可视化的方式有机整合管理部门业务数据,形成"水配置工程一张网"。平台可将海量管理信息及时地进行分析处理,生成的处理结果可辅助决策建议,并以更加精细化的方式管理水务系统的整个生产、管理和服务流程,实现工程管理、工程运维的可视化。

二三维 GIS+BIM 平台架构如图 6-4 所示，包括感知层、公共基础设施层、应用支撑平台层、数据支撑层、智慧应用层和多渠道展示，并建立网络和信息安全体系、质量管理体系、标准管理体系。

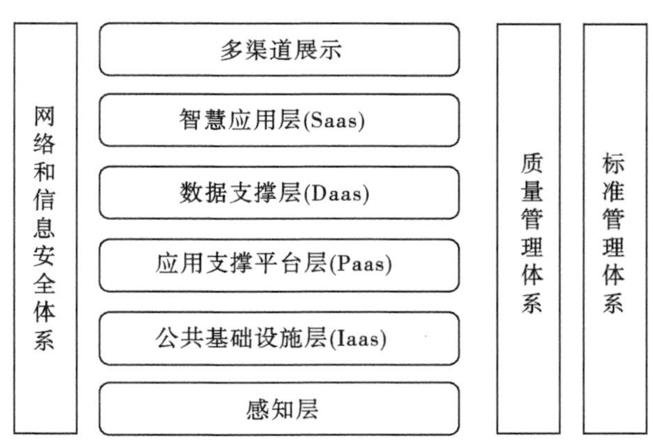

图 6-4 二三维 GIS+BIM 平台架构

(1)平台架构体系的底层是感知层：包含平台所需接入的各类物联网设备，如传感设备、探测仪器等，深化水资源工程物联网技术应用，实现水资源工程数据的全面感知。

(2)公共基础设施层：包括基础软硬件环境、网络环境等。网络是数据信息传输互通的基础，用于建设专用 VPN 网络、互联网、无线网等，形成完善的水务网络层体系，达到科室部门的数据共享、业务协同。

(3)应用支撑平台层：主要是指 GIS 基础平台，通过 GIS 基础平台可为应用层提供地图服务、数据服务、三维服务、空间分析服务、网络分析服务等，为应用层功能提供基础服务能力。

(4)数据支撑层：是串联业务、应用分析的基础，包括不同类别的数据库，通过服务分析为应用层提供内容，依据规范标准开展数据建设。

(5)智慧应用层：构建了面向用户的应用，包括数据管理系统和应用系统，是平台面向最终用户的层面，可面向用户提供业务监管、BIM 与实景展示，通过数据可视、业务智能分析来打造“智慧运维”。

2. 二三维一体化平台主要组件引擎

(1)二维 GIS 引擎：二维 GIS 场景，结合符号化的表达，更简约地呈现全景基础时空数据，二维 GIS 组件包括测量、制图、标绘、定位、透明度、属性查询、书签等基础功能。

(2)三维 GIS 引擎：三维 GIS 场景相对于二维 GIS 对地理信息的展示会更加直观、逼真，同时多维度的分析功能也更加强大，例如淹没分析、日照分析、通视分析、可视域分析等，三维 GIS 场景虽然可以兼容二维 GIS，但是受引擎能力与特性的制约，无法完全替代二维 GIS。三维 GIS 组件包括测量、剖切、隐藏、隔离、透明度、坐标定位、属性查询、视角书签、卷帘等基础功能，可用于全线周边地理信息、工程环境与施工面貌展示。

(3)BIM 引擎：BIM 场景相较于三维 GIS 场景，更关注于建筑信息本身，在 BIM 的整个生命周期从设计、施工到运维都是针对于 BIM 单体精细化模型，对模型渲染效果与 BIM 在设计、施工、运维的业务应用支撑都有较高要求，支持轻量化模型浏览展示，可随时随地浏览模型。

(4)游戏渲染引擎：渲染场景采用渲染引擎+视频流送技术实现，可承载规模几乎无上限的模型数据，以满足重点工程或区域的超高质量与精细程度的展示要求，基础功能包括测量、剖切、标绘、绕点旋转、视图设置、属性查询、专题图、视角书签等工具组件。

6.1.2.4　GIS+BIM 业务应用建设

1. GIS+BIM 业务应用总体概述

BIM+GIS 业务系统按照三层结构的设计，由数据层、逻辑层、表现层组成，数据层包括工程资料：专题地理数据(管线、建筑物、监测站点等)、专题属性数据(管线及建筑物特性参数、监测站点特性参数)、设计图纸、视频照片等信息；三维地形场景数据及三维模型数据；外部接入数据：防洪推演数据、水雨情监测数据、闸门监控数据、安全监测数据、水质监测数据、水量调度、视频监控等。通过服务层提供的数据服务、应用服务及信息发布服务，为上层水资源配置工程三维仿真场景浏览、工程资料综合信息查询、水量调度信息查询展示、工程安全监测信息查询展示、防洪推演信息集成展示、水雨情信息查询展示、视频监控信息集成展示、水质监测信息集成展示、闸门监控信息查询展示、工程应急响应信息集成展示等提供服务支撑。GIS+BIM 业务总体架构如图 6-5 所示。

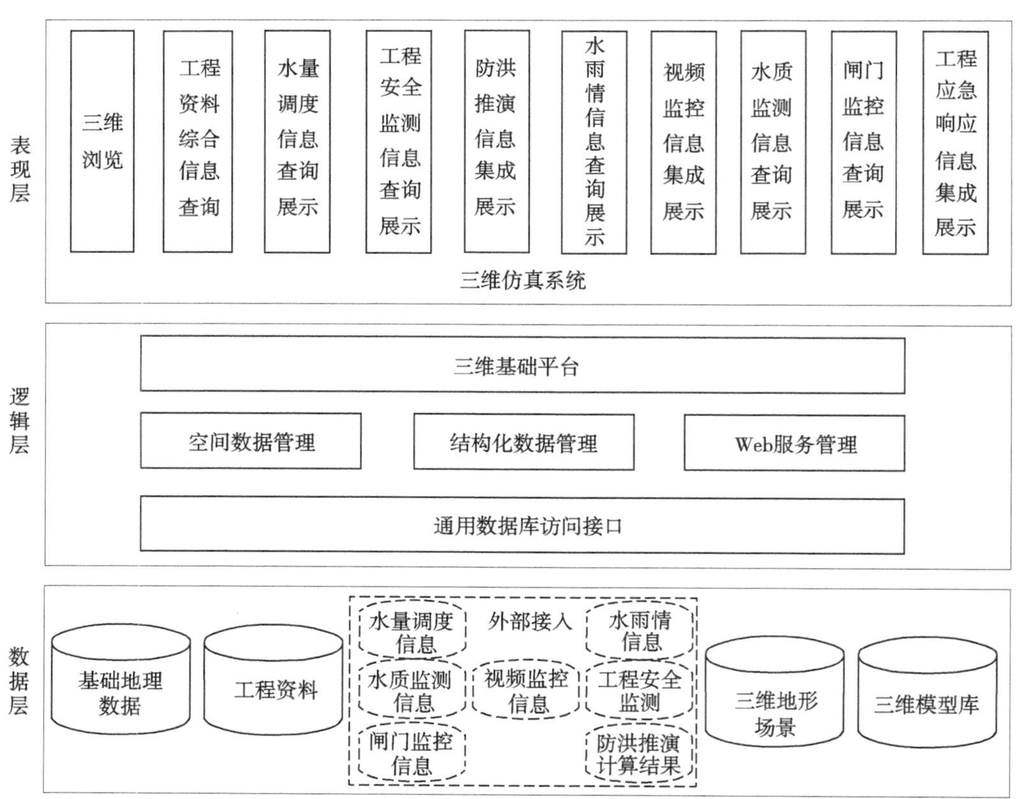

图 6-5　GIS+BIM 业务总体架构

2. GIS+BIM 业务应用场景

工程资料综合信息查询：提供基于三维环境下的人机交互和数据交互操作，工程资料信息查询模块将根据引水工程与建筑物数字化整编成果情况，提供如下信息查询：包括输水管线特性信息、建筑物特性信息、工程特性表、三维模型、设计图纸（平面图、剖面图），以及相应的图片、视频。

（1）水量调度信息集成展示：集成水量调度系统计算成果，在水量调度指令下达后基于三维 GIS+BIM 可视化仿真系统平台对全线调水工程运行情况进行三维可视化展示，建立实际监测单元与建筑物模型单元之间的对应关系，获取并显示全线各管线流速、流量信息，在三维可视化环境下快速对险情进行定位。基于三维可视化平台，可对下列水量调度信息进行展示：①各个时刻点工作门闸前/闸后水位、闸门开度、过闸流量；②各个时刻点出水口的分水流量；③各参与调度设施的运行状态。

（2）工程安全监测信息集成：将安全监测设备等作为空间对象在水资源配置工程三维可视化平台上进行建模展示，并按照统一的空间对象及数据编码规则关联集成相关数据，在三维环境下实现安全监测数据的展示、查询、统计与分析等。①水资源配置工程三维漫游建立输水工程主要水工建筑物三维实体模型，实现对建立模型的区域进行任意视角的观察。②测点可视化及监测信息查询在三维可视化平台中为外部变形监测点和具有代表性的内部原型监测仪器建立空间实体模型，实现测点可视化。接入安全监测系统数据库，在三维可视化平台中以图表方式显示测点监测信息。③监测成果展示将工程安全监测数据库和三维可视化平台进行集成，既可以实现二维空间的单（监测）点和单（视准）线分析，也可以提升到在三维空间中实现观测断面和整体（整个建筑物）综合分析，立体地展示监测成果。

（3）视频监控信息集成管理：从视频监控系统中获取视频监控数据，实现在三维场景中定位监控部位、查看监控视频等功能。①在三维环境中显示视频监控点，查看监控设备基本信息；②利用视频监控网络，将监控系统视频服务器或硬盘录像机中的视频信号传送到数据中心，在三维场景中实时显示监控信息。

（4）水质监测信息集成管理：从水质监控系统中获取水质监测数据，实现在三维场景中定位水质监控站点、查看水质监测信息等功能。①在三维环境中显示水质监控站点，查看监控设备基本信息；②显示水质监测基本信息，绘制水质变化过程曲线。

（5）闸门监控信息集成管理：从闸门监控系统中获取闸控监测数据，实现在三维场景中定位闸控点、查看闸控信息等功能。①在三维环境中显示闸控点，查看闸门基本信息；②显示闸前/闸后水位、闸孔开度、过闸流量等闸站监控系统的实时监测数据信息，现实水位变化曲线。

（6）水雨情测报信息集成展示：从水雨情自动测报系统数据库中获取水雨情监测数据，实现在三维场景中查询各监测站的基本属性信息、该测站的水雨情监测数据，监测数据查询结果可以以图表、曲线等方式可视化展示。①在三维环境中显示水雨情测报点，查看测站基本信息；②显示测站的水雨情监测数据，监测数据查询结果可以以图表、曲线等方式可视化展示。

（7）工程应急响应信息集成展示：收集整编安全与应急救险相关数据，基于 GIS+BIM

基础支持平台实现工程运行管理阶段的安全基础数据的可视化查询展示,展示人员分布、转移地点分布,救灾资源分布,逃生路线等应急预案信息。在突发灾害的情况下,负责救援、逃生空间路径规划和三维演示,并提供应急预案上的转移路线与安置点标绘的功能。①应急预案:显示不同等级的应急预案,在三维场景中显示人员分布、转移地点及转移路线。②应急转移路线查询及转移过程动态展示:根据用户选择的人员分布点,搜寻转移路线,并根据用户选择的转移方式,动态展示转移过程并计算转移时间。③应急标绘:主要是提供点、线、面、注记的标绘,实现应急预案上的转移路线与安置点标绘的功能。

6.1.3 视频集中管理平台

6.1.3.1 总体结构

根据"统一调度,分级管理"的调度运行管理体制,视频监控系统总体结构由调度中心(视频监控中心)、管理处及管理所、现地视频监控站三层结构组成,各监控点视频和控制信号,由现地视频监控站采集后,利用工程通信系统所提供的以太网传输至视频监控系统、管理处及管理所。

逻辑上,视频节点分为三个层次,调度中心、管理处及管理所和现地站三个层次,如图 6-6 所示。

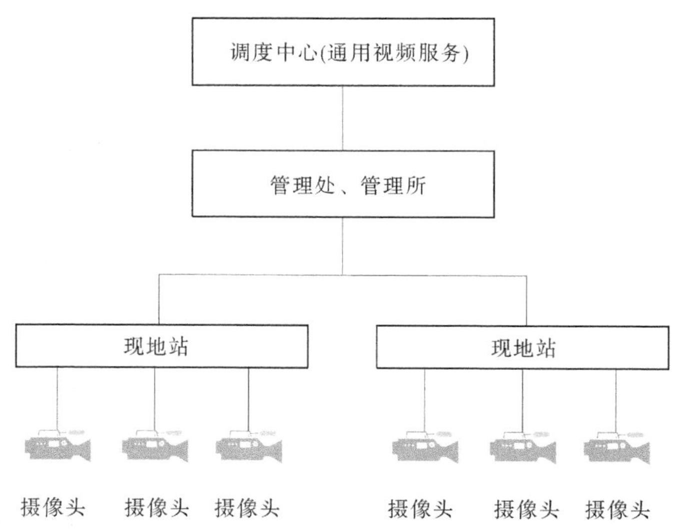

图 6-6　视频接入总体结构

调度中心具备视频图像监视、控制和管理功能,负责对全线各站点的视频图像进行控制、解码、视频输出到中心大屏幕显示,并提供视频服务功能,调度中心还可实现视频管理和重要信息存档等功能。

管理处视频监控系统具备视频图像监视、控制和管理功能,负责对所辖各站点的视频图像进行控制、解码、视频输出到管理处大屏幕显示。管理处视频监控系统还可实现视频管理和重要信息存档等功能。

管理所视频监控系统具备视频图像处理、报警和管理，负责对所辖各站点的视频图像进行控制、解码、视频输出到管理所显示器显示。

现地视频监控站具有现场视频图像编码、控制、监视、智能侦测与联动报警、视频信息现地存储和管理功能，并提供网络视频转发服务功能，供内部和上级用户调用。根据水资源配置工程各现地闸站地理分布，结合通信系统 SDH 环网节点设置方案。

6.1.3.2　视频集中管理功能

1. 视频集中管理平台

平台部署在调度中心，为各业务系统提供通用视频监控系统业务，主要定位在后端管理和业务集成功能，不改变现场视频监控部署结构和模式。视频集中管理示意如图 6-7 所示。

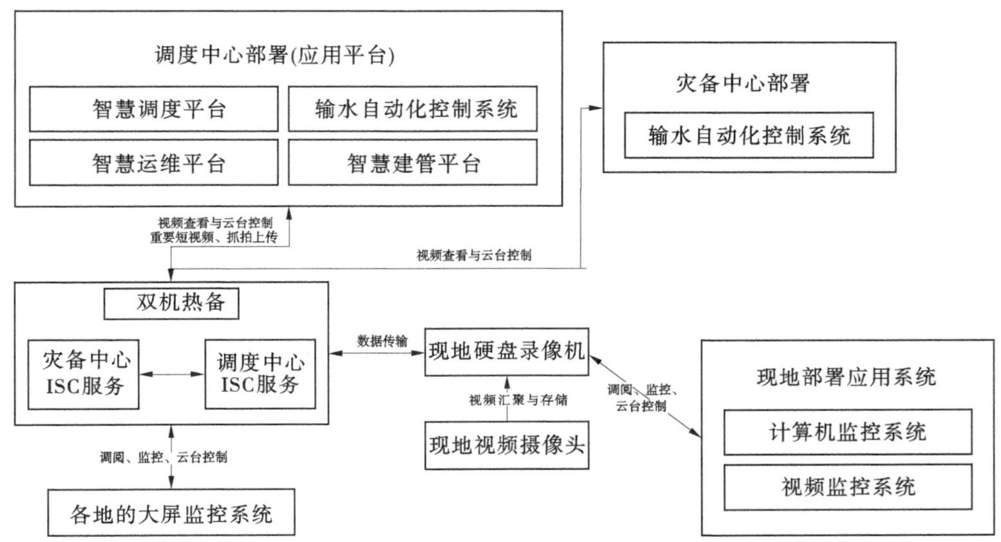

图 6-7　视频集中管理示意

平台考虑开发人员业务需求，进行跨浏览器跨平台集成，并根据标准化原则，对外提供一套统一接口，业务系统开发人员无需了解底层技术细节即可以进行功能集成。平台可利用工程专用通信网络和本地局域网络，通过用户权限管理，对所辖各现地站的前端实时图像实现分级监控、调用、浏览、大屏显示、访问，系统具有以下功能：

（1）系统具有用户认证及配置权限控制和管理功能，同时对流媒体服务、报警联动、通信调度等服务进行统一管理。

（2）具有从现地站前端设备获取视音频数据，以标准流媒体协议转发给业务系统等。

（3）具有对下级现地站设备的接入管理，并发出控制指令，实现音视频高清编解码、云镜控制、监控报警联动、时间同步、大屏多画面显示功能；通过在业务系统中实时查看有权限的监控点的实时视频浏览。

①多前端：系统支持同时播放多个前端设备的实时视频。

②多布局：支持多种分屏数的窗口布局：1、4、6、8、9、10、13、14、16、17、19、22、25、32、

36、64,可使用分屏选项按钮设置分屏数;双击摄像机开启视频按照从左到右、从上到下的顺序选择播放窗口,如果当前所有窗格已经用完,则自动切换为下一种多窗格布局。

③视频直连:操作员在需要查看最佳实时动态的时候,可以直接连接视频前端,提高视频及时性。

④显示比例调整:可设置实况显示的样式,支持窗格全覆盖、原比例大小两种比例可选。

⑤图片抓拍:用户在观看实时视频或录像时,能够截取需要的画面。用户可以单张抓图,也可以多张连续抓图。

⑥轮询切换:用户通过设置一定的切换策略,按照用户要求的时间,自动在客户端业务系统上进行视频自动切换,无需人工干预。

⑦双码流:业务系统网络环境较好,带宽较高时,可使用高码率的主码流,得到更清晰的画面;客户端网络环境较差,带宽低时,可使用低码率的辅码流,得到流畅的画面。

⑧数字缩放:支持对实时监控和录像回放的视频进行数字缩放,即使是非云台摄像机也可实现画面的变倍功能,查看更多的画面细节。

(4)系统支持对云台和镜头的远程实时控制。客户端在全屏显示状态下,也可以通过键盘进行云镜控制。能设定控制的优先级,对级别高的用户请求应保证优先响应。提供对前端设备进行独占性控制的锁定及解锁功能,锁定和解锁方式可设定。

①PTZ 控制:用户可远程控制云台摄像机的转动、变焦、变倍、光圈等功能,调整到最适合的监控角度,并可通过云台的转动扫描实现更大范围的监控。

②预置位设置:预置位为预先设置的云镜拍摄方位,平台可支持对一个前端设备最多设置 128 个预置位。

③云镜自动巡航:一个镜头设备能够设置 12 个巡航轨迹;用户在客户端上选择一个巡航轨迹,云镜即能自动按照该轨迹转动拍摄。用户可以选择多个预置位进行组合成一个巡航轨迹。

④看守位:用户可设置云台默认的位置,长期不操作云台,云台将回到该默认位置,避免多次操作后云台不能监控到预先设置的用户最常用的监控场景。

⑤锁定云镜:为避免多个用户同时控制云镜,系统应提供云镜争控机制,将用户对云镜的控制权限分为多个级别,高级别用户能够优先控制云镜,并将云镜锁定,使低级别用户无法控制云镜。

2. 现地站系统

现地站部署视频管理平台,具有现场视频图像编码、控制、监视、智能侦测与联动报警、视频信息现地存储和管理功能,并提供网络视频转发服务功能,供内部和上级集中管理平台调用。现地站除了可应用视频集中管理平台的通用功能,主要用于对其管理的视频摄像头进行实时监控。除具备集中管理平台的功能外,还具备以下功能。

(1)具有视频智能录像、分布存储、回放和网络打印等管理功能。

用户可以在客户端上点播回放监控系统录像,也可以将系统录像文件下载到本地 PC 机上(录像文件格式为. mp4),然后使用影音播放器进行回放。

①录像标签:支持录像回放时打上标签信息,方便后续检索。

②录像检索:用户可进行事后录像的检索,通过录像可查看之前发生的事件现场视频,实现视频监控事后取证的功能,根据事件、告警的智能检索可提高用户检索录像的效率。

③录像回放:用户可进行事后录像的播放,通过录像可查看之前发生的事件现场视频,实现视频监控事后取证的功能。

④回放控制:支持加快录像文件播放速度,可以将播放速度设置为正常速度的2倍、4倍、8倍、16倍;支持减慢录像文件播放速度,可以将播放速度设置为正常速度的1/2倍、1/4倍;支持回退播放录像文件,可以将播放速度设置为2倍、4倍、8倍、16倍速快退播放;支持单帧播放,每次只播放一帧画面,便于用户观看画面细节。

⑤同步回放:支持8路视频同步回放,可同时回放多个视频录像,并进行同步的录像回放控制(同步快进、慢放、同步跳转到指定时间点等),便于用户进行不同地点的监控视频对比。

⑥录像下载:用户可将平台录像保存到客户端本地便于后续查看或发布,支持正常下载和高速下载。

⑦录像标签:支持实况、录像回放时打上标签信息,方便后续检索。

⑧支持时间轴形式呈现录像检索结果,可明确标识当前时间段是否有录像、哪些是告警录像,哪些是计划录像;可快速定位并播放指定时间点的录像。

⑨数字缩放:通过数字缩放,回放录像时也可实现画面的变倍功能,查看更多的画面细节。

(2)具有视频智能预案分析、诊断、报警处理和设备状态检测、报警、智能处理等功能,实现无人值守、规范管理。

(3)管理维护:用户管理、密码保护、远程配置、分组管理、图像配置、摄像机管理、提供设备故障和视频丢失告警。

(4)具有系统网络质量和安全管理功能。

(5)安防监控:安防监视、门禁管理、防盗报警。

(6)系统能实现与建设期图像监控系统连接:接口采用IP网络方式,接入建设期图像监控系统,并远传图像。建设期完成后需拆除的摄像机,作为运维期视频监控系统的备品备件。

(7)系统图像质量:保证图像信息的原始完整性,即在色彩还原性、图像轮廓还原性(灰度级)、事件后继性等方面均与现场场景保持最大相似性。系统的最终显示图像应达到高清图像质量,对于电磁环境特别恶劣的现场,图像质量不低。

(8)电视墙功能:电视墙是监控中心常用的监控设备,由多个大屏幕液晶电视机组成,能够放大监控画面,便于监控人员观看。系统支持将监控画面上传到电视墙上播放。

(9)电视墙布局:可以在客户端进行电视墙的布局配置,并将电视墙和解码器进行绑定,布局中窗口数和解码器播放窗口一致。

①支持同时播放多个监控视频:系统支持在电视墙上同时播放不同监控点视频,每台电视机可以对应一个监控点。

②支持电视墙手动切换及轮询切换。

③支持告警窗格设置:可指定某窗格为告警窗格,用于显示告警联动画面。

6.1.4 大数据平台

水资源配置工程信息系统所用数据内容涉及面广,从水文、地质、工程安全的实时监测信息,到整个工程沿线的人文、自然、工程地质及社会经济信息。水资源配置工程信息量大,包括工情、水情采集信息,视频数据、管理数据等,其中工程视频图像、三维地理信息、遥感影像、档案资料、电子邮件以及各种多媒体数据存储量很大,且随系统投入运行后,将会积累越来越多的历史数据,形成海量数据。形成数据传输顺畅、存储明确及共享机制合适的全生命周期数据治理体系是系统建设的重难点。

6.1.4.1 总体设计

数据资源管理中心的主要作用是满足海量数据的存储管理要求;通过数据的备份,保证数据的安全性;整合系统资源,避免或减少重复建设,降低数据管理成本;整合数据资源,保证数据的完整性和一致性。

数据资源管理中心采用大数据技术对数据资源进行分析处理形成数据服务层(DaaS),为上层业务应用提供数据及其产品的接入、访问、管理等支撑。

在综合数据库、公用数据库和元数据库的基础上,通过 ETL(Extract-Transform-Load)工具,按照主题对数据进行重新组织,通过数据清洗、抽取、转换和装载等过程,形成水资源配置工程信息系统的大数据信息。对需要经常访问和分析的数据建立数据集市,便于进一步的数据挖掘分析,从而对将来可以用得上的大数据应用做好技术上的准备。数据资源管理中心的总体架构如图 6-8 所示。

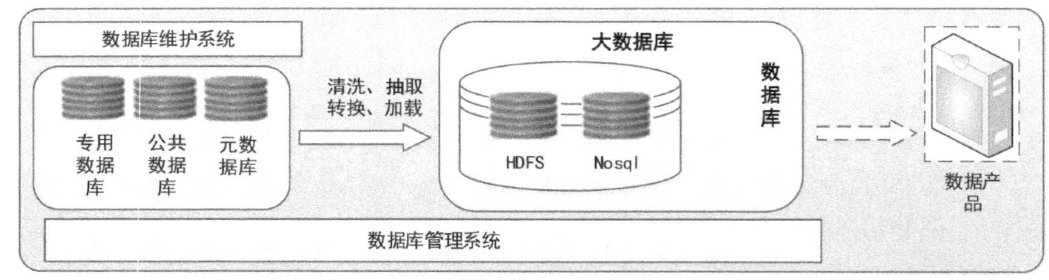

图 6-8 数据资源管理中心的总体架构

数据资源管理中心的总体架构包括数据库管理系统、数据库、大数据库、数据产品以及数据库维护系统等部分。

数据资源管理中心运行由数据存储与备份系统和异地容灾系统进行支撑,数据存储与备份系统和异地容灾系统的设计内容在本章体现,但硬件支撑部分在计算平台统一进行建设。

按照系统总体框架的要求,构建项目数据中台,数据服务通过应用支撑平台的数据交换与共享及大数据支撑功能来实现,是面向各个应用系统的;面向应用系统的专业数据服务则通过相应的专业数据服务来实现。数据中台设计架构如图 6-9 所示。

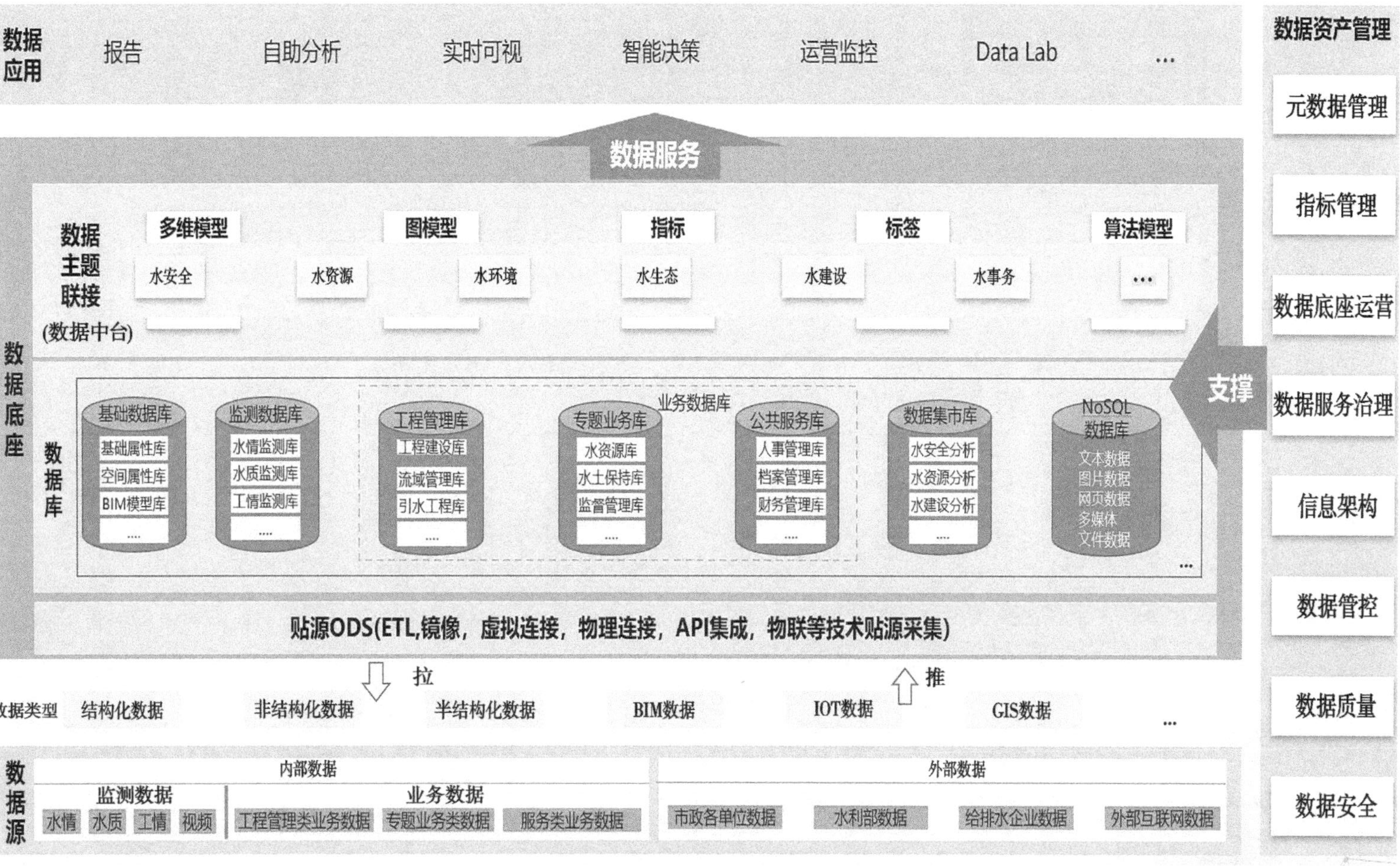

图 6-9 数据中台设计架构

6.1.4.2 数据采集与治理

大数据采集治理平台是为了实现多源异构数据的获取和业务流的交换,是为大数据中心获取及时、丰富、准确的数据提供平台支撑,具备良好的灵活性和扩展性,支持丰富的离线、实时接入方式,支持对多数据源的高效连接。通过数据接收、数据清洗、数据导出等主要功能将数据入库,为大数据库输送治理过的数据。

大数据采集治理平台通过建立数据湖、数据编目、采集流、编目流、数据标准、数据质量、数据模型、数据服务等精细化管理,将碎片化数据组织起来,让数据更加容易被人和机器理解和处理。

系统建设的大数据管理平台将提供可视化的任务全局工作流,采集、治理、建模、入库、提供数据服务的标准数据流水线,可支持多组件、多类型作业的可视化配置、调度和管理,提供可视化的管理能力。支持统一的运营监控系统,采集组件、作业以及用户操作等信息,提供统一的监控可视化,支持实施开发人员利用平台采集各类数据形成大数据资源中心,并通过建模后对外提供接口服务和文件服务。

构建操作数据存储区(ODS),包括专用数据库、公用数据库和元数据库;提供数据清洗、抽取、转换与加载功能;建设数据库。

体系架构采用高性能集群分布式架构的大数据处理系统,数据处理性能随节点数量的增加而线性增加,多节点自动负载均衡及故障转移;平台采用最新的大数据存储技术,采集存储各业务板块的全部数据,支持数据重发等;平台配套大数据基础计算与存储、数据模型与标准、数据访问及挖掘分析服务、网络协议、云平台软件、物联网技术等,全部遵循开放的标准,采用市场领先的、成熟的、开放的技术。

1. 操作数据存储区(ODS)

操作数据存储区数据库建设是一项重要任务,需在大型水利枢纽工程建设智慧监管系统有关成果的基础上,完成数据资源管理中心大数据库 ODS 区数据库的库表结构建设,并对数据库的冗余数据进行分析,保证入库数据一数一源,对重复数据来源提出解决办法。

2. 数据清洗、抽取、转换与加载

ODS 层数据来自不同的途径,其数据内容、数据格式和数据质量有所差别,而且主要支持日常的业务应用,对一些高级的分析和决策支持不够。因此,在数据库建设过程中,需要实现数据模型的重新构造,并且将 ODS 层数据转换、装载到不同结构的数据库的专用数据库、公用数据库和元数据库中,基于此,还要进一步面向决策分析,生成数据产品。整个过程中,ETL(Extract、Transform、Load)是主要的实现技术,通过应用支撑平台中的数据交换子系统提供 ETL 服务。

(1)数据清洗:发现并纠正数据中可识别的错误,包括检查数据一致性,处理无效值和缺失值等。

(2)数据抽取:从源数据源系统抽取目的数据源系统需要的数据。

(3)数据转换:将从数据源获取的数据按照业务需求,转换成目的数据源要求的形式,并对错误、不一致的数据进行清洗和加工。

(4)数据加载:将转换后的数据装载到目的数据源。

ETL原本是作为构建数据仓库的一个环节，负责将分布的、异构数据源中的数据(如关系数据、平面数据文件等)抽取到临时中间层后进行清洗、转换、集成，最后加载到数据仓库或数据集中，成为联机分析处理、处理挖掘的基础。ETL体系结构示意如图6-10所示。

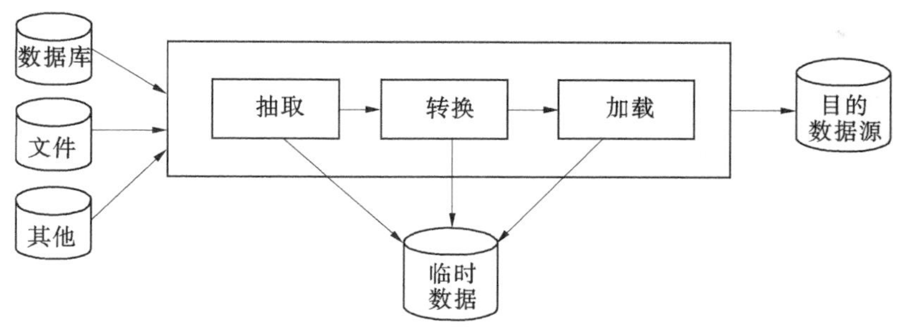

图6-10 ETL体系结构示意

6.1.4.3 数据仓库建设

大型水利枢纽工程建设智慧监管系统的数据仓库建设，首先通过专用数据库、公用数据库、监测数据库、元数据库的建设，实现数据的合理重构，消除过多冗余，保证不同应用使用的数据是一致的；进而构建数据产品，提供统一的高度集成的数据资源来支持业务管理中众多具有明确应用主题的分析型应用，进行各类多位分析、数据探索挖掘。

数据仓库的具体设计内容包括：①逻辑结构；②划分力度层次；③确定数据分割策略；④确定存储周期；⑤定义关系模式；⑥数据仓库综合数据库的物理模型。

6.1.4.4 数据产品建设

1. *数据产品*

数据产品的作用是对已有数据源中的数据进行收集和存储，在此基础上，进行分析和应用，形成产品和服务。产品和服务又会产生新的数据，这些新数据会循环进入数据处理分析流程中。

数据产品的分类在狭义的范畴里，从使用用户来看，可以是企业内部用户，也可以是外部企业客户、外部个人客户等。从产品发展形态来看，从最初的报表型(如静态报表、DashBoard、即席查询)，发展到多维分析型(OLAP等工具型数据产品)，到定制服务型数据产品，再到智能型数据产品等。

大数据能够实现的应用，可以概括为两个方向，一是精准化定制，二是预测。

(1)精准化定制可以是一些个性化的产品。在大型水利枢纽工程建设智慧监管系统中可表现为针对某一用水户用水特点提出的配水方案，或针对工程服务对象在不同时期时段的耗水特点做出调度方面的决策依据等。

(2)预测主要是围绕目标对象，基于它过去、未来的一些相关因素和数据分析，从而提前做出预警，或者是实时动态的优化。在大型水利枢纽工程建设智慧监管系统中可表现为对水量需求情况的精准预测，以便对工程参控建筑的联动联调做出优化，或是对工程险情做出预警等。

2. 数据产品建设的主要内容

数据产品建设的主要内容是通过主题数据库形成数据集市，为大型水利枢纽工程建设智慧监管系统提供数据服务。

主题数据存放基于数据仓库之上的用于支撑专题分析、专业应用、富足决策以及提供访问、共享的数据。主题数据是按特定的应用目的和业务模型进行了重新构建、面向业务系统和各级用户服务的数据。

数据仓库通过 ETL 服务对 ODS 数据进行抽取、清洗、转换、加载等得到，主题数据则通过 ETL 服务对数据仓库数据进行抽取转换和加载得到。主题数据直接引用数据仓库中生成的派生指标数据和汇总数据，从而保证整体统计口径的一致性。主题数据共同组成数据集市，直接支撑管理层和分析人员的个性化、深层次的分析需求，作为面向报表服务、多维分析服务和应用服务的数据输入。

6.1.5　资源虚拟化平台

6.1.5.1　虚拟化技术

传统的服务器配置惯用的模式是“一个应用占据一台物理服务器”，虚拟化技术出现之后，可以让一台物理服务器虚拟成多个虚拟服务器让多个应用分享，随着服务器、存储、网络、应用软件等资源都虚拟之后，计算平台基础设施就变成了可以动态调配的资源池。

计算平台虚拟化架构如下：

(1)服务器虚拟化：对高性能服务器(调度中心和数据备份中心)进行虚拟化，部署数据中心服务、中间件和业务应用，并为业务应用系统、决策会商系统和自动采集与工程监控系统等的迁移提供运行环境支撑。

(2)存储虚拟化：对调度中心和数据备份中心的磁盘阵列和 CDP 存储容量扩展单元进行虚拟化。

(3)网络虚拟化：调度中心和数据备份中心实现高性能二层网络，网络服务虚拟化和对虚拟交换机的支持。

6.1.5.2　虚拟化方案

虚拟化技术的引入大大减少了需要维护和管理的设备，如服务器、交换机、机架、网线、UPS、空调等。原先设备可以根据制度进行折旧报废，或者利旧更新，使得 IT 管理人员有了更多的选择。虚拟化可以提高资源利用率，降低硬件采购成本，更加节能和节省空间，让整个数据中心更加灵活。

1. 应用系统分析

经前期需求调研分析，根据项目应用系统特点可将计算平台未来所承载的应用系统分为大访问量型应用系统、大计算量型应用系统、大数据量型应用系统和普通型应用系统四类。

2. 计算资源规划

根据对计算平台本期将承载的各项中间件、服务平台及各项应用系统的兼容性、对服务器的最低配置要求和计算资源峰值需求评估，结合项目实际情况，对调度中心计算资源进行如表 6-1 的规划设计。

表 6-1 调度中心虚拟服务器计算资源规划

虚拟服务器编号/名称	CPU	内存	应用负载
VS1/1#主应用服务器	4 颗主频≥2. 13 GHz，核数≥12 核	≥256 GB	智能水量调度系统、视频监控系统、水文信息和工程防洪管理系统、工程安全监测系统、应用服务器中间件等
VS2/2#主应用服务器	4 颗主频≥2. 13 GHz，核数≥12 核	≥256 GB	水质监测系统、工程运行维护管理系统、会商决策支持系统、应急响应系统、综合管理办公系统、应用服务器中间件等
VS3/1#备用服务器	2 颗主频≥2. 13 GHz，核数≥12 核	≥256 GB	智能水量调度系统、视频监控系统、水文信息和工程防洪管理系统、工程安全监测系统、应用服务器中间件等
VS4/2#备用服务器	2 颗主频≥2. 13 GHz，核数≥12 核	≥256 GB	水质监测系统、工程运行维护管理系统、会商决策支持系统、应急响应系统、综合管理办公系统、应用服务器中间件等
VS5/主门户服务器	4 颗主频≥2. 13 GHz，核数≥12 核	≥256 GB	应用交互系统、应用服务器中间件等
VS6/备用门户服务器	2 颗主频≥2. 13 GHz，核数≥12 核	≥256 GB	应用交互系统、应用服务器中间件等
VS7/主数据交换服务器	6 颗主频≥2. 13 GHz，核数≥12 核	≥256 GB	数据库管理与维护、大数据支撑、公共服务、数据交换与共享中间件等
VS8/备用数据交换服务器	3 颗主频≥2. 13 GHz，核数≥12 核	≥256 GB	数据库管理与维护、大数据支撑、公共服务、数据交换与共享中间件等
VS9/主 3D GIS 服务器	4 颗主频≥2. 13 GHz，核数≥12 核	≥256 GB	三维平台
VS10/空间数据服务器	4 颗主频≥2. 13 GHz，核数≥12 核	≥256 GB	地理信息系统和一张图支撑等
VS11/备用 3D GIS 服务器	2 颗主频≥2. 13 GHz，核数≥12 核	≥256 GB	三维平台

续表 6-1

虚拟服务器编号/名称	CPU	内存	应用负载
VS12/备用空间数据服务器	2 颗主频≥2. 13 GHz，核数≥12 核	≥256 GB	地理信息系统和一张图支撑等
VS13/身份认证管理服务器	1 颗主频≥2. 13 GHz，核数≥12 核	≥128 GB	用户管理、身份认证系统等
VS14/身份认证管理服务器	1 颗主频≥2. 13 GHz，核数≥12 核	≥128 GB	用户管理、身份认证系统等
VS15/主应用支撑服务器	4 颗主频≥2. 13 GHz，核数≥12 核	≥256 GB	大数据关联分析工具、消息中间件、综合报表、电子签章、全文检索、内容管理、门户服务、移动应用服务、多维数据集市及图表展现工具等
VS16/备用应用支撑服务器	4 颗主频≥2. 13 GHz，核数≥12 核	≥256 GB	大数据关联分析工具、消息中间件、综合报表、电子签章、全文检索、内容管理、门户服务、移动应用服务、多维数据集市及图表展现工具等
VS17/备份服务器	2 颗主频≥2. 13 GHz，核数≥12 核	≥256 GB	备份管理软件
VS18/备份服务器	2 颗主频≥2. 13 GHz，核数≥12 核	≥256 GB	容灾复制软件
VS19/虚拟桌面主服务器	8 颗主频≥2. 13 GHz，核数≥12 核	≥256 GB	虚拟化桌面接口、应用、文件、审计、AD 控制及数据库服务器
VS20/虚拟桌面备用服务器	8 颗主频≥2. 13 GHz，核数≥12 核	≥256 GB	虚拟化桌面接口、应用、文件、审计、AD 控制及数据库服务器
VS21/系统管理服务器	2 颗主频≥2. 13 GHz，核数≥12 核	≥256 GB	系统管理与监控平台等各种管理平台
预留	11 颗主频≥2. 13 GHz，核数≥12 核	≥256 GB	为大数据应用及数据产品等高计算需求量业务预留

3. 存储资源规划

结合计算平台的实际情况,存储资源整体规划包括共享存储逻辑规划、存储分层规划、数据存储群集规划、存储空间规划、存储 I/O 控制规划等。

1)共享存储逻辑规划

考虑采用本地存储将无法形成整个虚拟化集群资源池,因此无法有效地使用虚拟化环境的高可用、灵活配置等功能。建议利用 SAN 存储交换网络作为共享 SAN 存储,同时做好相应的设备(SANHBA 卡、交换机等)布线、空间、场地布局等相应的规划。

在设计存储架构时应该充分考虑到冗余和性能,因此存储架构的选择根据数据中心工程整体应用对存储的 IOPS 和吞吐量的需求进行规划,涉及端到端的主机适配器选择、控制器和端口数量选择以及磁盘数量和 RAID 方式选择等。

2)存储分层规划

每个存储层具有不同的性能、容量和可用性特征,只要不是每个应用都需要昂贵、高性能、高度可用的存储,设计不同的存储层将十分经济高效。一个典型的存储分层实例如图 6-11 所示。

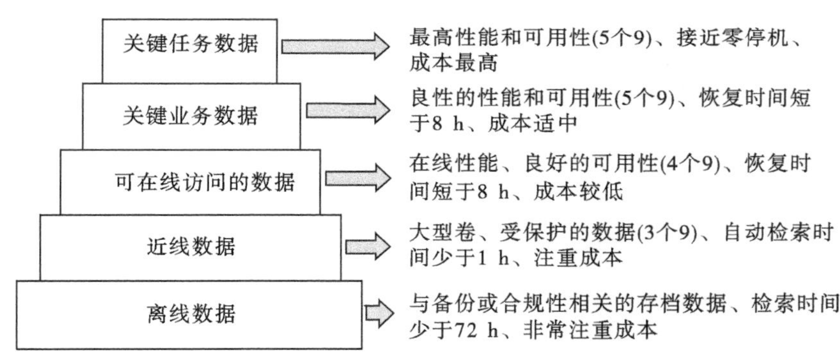

图 6-11　存储分层示意

对大型水利枢纽工程建设智慧监管系统而言,其输水自动化监控系统的数据就属于最高级别数据类型——关键任务数据,但监控系统是单独的专用系统,且运行于控制专网中,整体不做虚拟化设计,所以虚拟化存储时,不考虑该监控部分的数据。而其他业务数据,除视频监控外,都属于第二级数据——关键业务数据;视频监控则属于第三级数据——可在线访问的数据。这样可以对计算平台存储虚拟化分层规划如表 6-2 所示。

表 6-2　虚拟存储分层资源规划

层	服务器	接口	速度	存储类型	RAID	磁盘容量
2	VS7/VS10	光纤通道	≥10k Mb/s	SAS 磁盘阵列	5	15 TB
3	VS7	光纤通道	≥10k Mb/s	SAS 磁盘阵列	5	64 TB

3)数据存储群集规划

数据存储以及与数据存储群集关联的主机必须符合特定要求,才能成功使用数据存储群集功能。与上述虚拟存储分层对应,大型水利枢纽工程建设智慧监管系统计算平台设计采用如表 6-3 所示的数据存储集群规划。

表 6-3　数据存储集群设计规划

集群名	存储分布式资源调度程序	自动化	是否启动 I/O Metric	空间使用率/%	I/O 延迟
DC1	启用	全自动化	是	85	≤15 ms
DC2	启用	全自动化	是	85	≤15 ms

4. 网络虚拟化设计

1) 网络服务虚拟化

为满足不同网络分区的安全隔离要求,在计算平台部署有交换机、防火墙、IPS 等设备。传统网络下,将为不同分区单独配置一套安全设备,设备利用率低,运维管理复杂。在借鉴云计算框架技术优点的计算平台下,通过网络服务虚拟化,统一建设一套性能强大、可扩展性良好的网络服务设备,满足为不同分区提供安全、应用加速等服务。

汇聚层交换机也通过虚拟化技术多实例,每个模拟出的交换机都拥有它自身的软件进程、专用硬件资源(接口)和独立的管理环境,可以实现独立的安全管理界限划分和故障隔离域。有助于将分立网络整合为一个通用基础设施,保留物理上独立的网络的管理界限划分和故障隔离特性,并提供单一基础设施所拥有的多种运营成本优势。

2) 虚拟交换机技术

分布式虚拟交换机功能满足网络分区条件下,虚拟主机在线迁移等功能时,保证业务网络的持续性。虚拟交换机是构成虚拟平台网络的关键角色,虚拟化网络通过虚拟交换机技术,使虚拟机跨多个主机移动时始终处于同一个 VLAN 内,它为虚拟机在物理服务器之间移动时监视和保持其安全性提供了一个框架。

5. 高可用性规划

本次规划充分考虑了虚拟化环境的可用性设计,例如:在网络层面和存储层面分别利用了虚拟服务器软件内置的网络冗余和存储多路径控制确保高可用。在服务器高可用性上,虚拟化软件内置了 HA、DRS 和 VMotion 等功能可以应对本地站点多种虚拟机应用计划内和计划外意外停机的问题。

6.1.5.3　部署方案

核心的服务器主机全部集中部署在调度中心和数据备份中心的计算平台中心机房,网络上属于业务内网,这样部署便于系统的管理和维护,同时也便于对数据的管理,增强系统的稳定性、安全性、可操作性和易维护性。

6.1.6　物联网采集平台

搭建物联感知设备管理平台,实现物联感知数据汇聚、管理、标准化处理、预警,感知设备设置、控制、预警等功能。同时为后期新建水情、工情、水质和安全监测等传感设备提供的接入与管理服务。构建水利行业感知数据方位的标准化接口与设备基础管理能力。

6.1.6.1　业务流程介绍

数据接入与数据采集流程如图 6-12 所示。

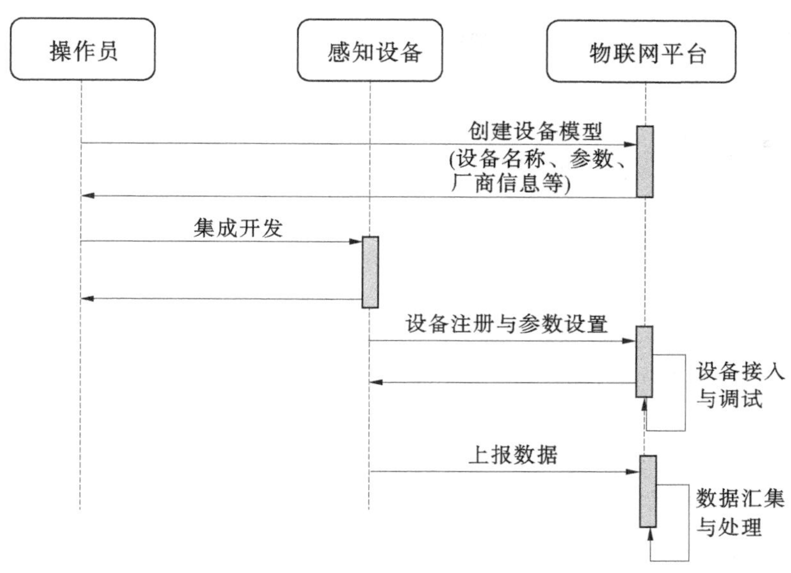

图 6-12 数据接入与数据采集流程

1. 创建设备模型

操作员先登入物联感知设备管理平台后，根据数据采集标准规范，新建水情、工情、水质数据采集与设备管理分类模型，对设备的类型、产品信息、数据类型(字符段格式)、采集频率、设备产商信息、设备 IP、协议类型、数据入库规则等要素进行设置。对部分感知设备模型构建信息提供反馈，如设置成功、设备失败等反馈信息。

2. 集成开发

设备基于物联感知平台开发标准与行业要求进行集成开发，定义接入方式与数据识别处理标准，同时进行设备侧的开发，以实现设备与平台的对接，满足感知监测数据的上报与设备调控的命令接收。开发主要内容是设备的接入地址、端口信息、协议解析与采集频率设定等。

3. 设备注册与参数设置

对设备 IP 与设备信息进行注册，同时根据采集对象设定设备控制参数，如水位数据每 5 min 监测一次，水质数据每 4 h 监测一次等。

4. 上报数据

注册完成后，设备调通，采集的数据上报到平台，平台实现对数据的接收与识别。根据识别到的设备 IP 将数据存储至对应位置，同时对数据合理性进行审查，发现超过规则库内的数据进行处理或报警。

6.1.6.2 平台功能

1. 连接管理

连接管理是对水情、水质和工情等感知监测设备提供设备接入、数据采集功能。

1) 设备接入

平台支持多网络、多协议的设备接入。基于水利部对水务监测数据的接入标准与数据采集规范。当前感知设备协议越来越标准化，平台提供 MQTT、modbus、COPA 等协议接口，实现对感知设备的协议解析、设备链路管理、设备数据采集和命令处理、插件管理等功能。

2）数据采集

当设备完成与物联感知平台对接和注册后，设备基于数据采集规则上报数据。数据到达平台后，将对数据进行解析，解析后的数据根据规则分配到感知数据管理模块进行存储或转发，解析过程中会对异常值进行清洗或告警。

2. 设备管理

设备管理包括设备开启与关闭、设备监测频率修改、告警规则设备、配置管理、故障诊断、升级管理、日志管理、故障告警等。

3. 数据管理

数据管理是对采集的监测数据进行处理与存储管理，数据上报至平台后，根据数据标准化规则对数据进行处理，形成标准化数据，识别数据异常与数据缺失等情况，发现数据缺失或异常，即对数据进行清洗剔除。在正常的数据范围内进行数据比对，发现超阈值数据进行报警，并关联设备 IP 与设备位置信息，推送报警信息，数据最终按照监测指标进行分类存储。以此实现数据的实时处理、数据分析与数据存储。

4. 系统管理

系统管理主要提供基础服务功能，包括设备报表查看、告警设置、规则库修改、接口管理等。

6.2　通用业务功能设计

6.2.1　监测管理

水资源配置工程安全监测涉及两个方面的内容：自动数据采集系统和工程安全监测信息管理。①自动数据采集主要是把分布在各建筑物的各类永久监测仪器的观测数据按照事先给定的时间间隔准确无误地采集、传送到指定位置，并按照一定的格式储存起来。水资源配置工程按每段设置一套工程安全监测自动数据采集系统，采用开放型分层分布式智能化网络结构并设置安全监控中心，实现对各段的工程位移、渗流、结构及环境量等数据的监测。信息系统中将建设工程安全监测信息管理系统，作为全线总的工程安全监测中心。②工程安全监测信息管理系统通过工程通信网络与各段安全监控中心连接，获取全线的安全监测数据，对自动化采集和人工采集来的海量监测数据进行科学管理、初步分析和评价；对监测数据和监测统计信息进行网上发布；结合 3S 技术对工程区域的建筑物、埋设的仪器设备等建立三维仿真场景，用户可以在三维场景中实时浏览和查询各建筑物监测仪器设备的各种信息。

工程安全监测管理业务贯穿整个工程施工期及运维期，为实现全工程及全过程的安全监测统一标准管理，系统将安全监测相关业务进行通用化抽象，建立通用安全监测管理系统，通过微服务方式为智慧监测系统、智慧工地以及运行期的工程防洪管理系统、工程运行维护管理系统等业务系统提供集成服务。

6.2.1.1 监测信息管理

1. 数据录入

数据录入主要通过各类软件接口实现对自动化数据、人工数据、管理数据及文档资料的集成集中。主要是监测数据的录入，包括人工监测数据录入、Excel 文件的配置和数据导入、特殊文件格式（txt、cat、prn、波形图等）的数据导入、相关自动化系统（包括安全监测、雨情、气象等）的数据自动转入、设备台账记录等功能，以保证各类数据及时方便地录入系统，为后续的数据应用打下基础。所有数据入库时可通过用户设置的监控指标来对数据进行实时计算与评判，包括阈值、函数法、回归分析等方法，若测值超限，系统将自动生成报警提示，同时并推送报警信息至相关用户。

数据录入支持移动端 APP 便捷录入功能。

2. 测值查看

提供监测数据查看功能，并通过导航自由切换，测点搜索、多条件查询、测值和图形化展示、大量数据逐步加载等设计，提高操作的便捷性，满足各种不同场景下的使用需求。

3. 图形绘制

系统提供监测数据图形化展示功能，用户可查看测值过程线、分布图、挠度线等图形。此外，提供图形设置功能，用户可根据需要对图幅、坐标轴属性、数据来源等进行设置。提供图形以矢量图格式输出功能，支持无极缩放。

4. 数据审核反馈

提供监测数据人工审核和自动审核功能，用于判定数据的有效性。自动审核方法包括人工智能识别技术、统计模型、改进包络线法等，用户可根据测点和序列特性，选择合适的识别方法。

6.2.1.2 数据分析

1. 数据统计

数据统计是监控分析与资料整编的基础，通过统计、查看测值特征值情况，同期变化等情况，为分析提供依据，为整编提供数据来源。系统提供对监测数据的日、周、月、季度、年份等测值均值和极值等统计，也提供多种特征值的统计，统计结果可以汇总、输出。测值统计包括了对特征值的统计，对相同测点历史同期的统计，对多个相关测点进行单因素、多因素的统计，在统计中进行最大值、最小值、变化量、对应日期等多方面的计算，以实现信息的初步分析。

2. 离线分析

对工程安全监测数据进行分析，判断工程安全性状和发展趋势。主要包括以下功能：

（1）统计模型因子管理。系统内置了包括水位、气温、降雨量、时效等不同类型的常见计算因子，并内置了不同监测项目类型的常用模型供用户使用，用户也可以自己按照不同项目、不同测点定义专用的新模型和因子组合。

（2）统计模型计算。主要包括以环境量为因子的各类统计模型的计算和分析功能，可将计算得到的统计模型用于监测数据的在线监控。

（3）分析结果查询。用户可以保存计算模型到服务器，查询模型结果。对需要用于测值监控的,可以把模型引用作为测点的监控指标之一,不同的时段可以设置不同的模型方程。一旦有新的测值入库,则自动按照模型计算拟合值并与实际值进行对比,根据实测值和预测值之间的差距大小来提醒用户是否要进行进一步的分析评判。

(4)分析结果应用。对于模型计算结果,用户可直接将模型应用至测值评判指标,测值超出指标后将自动对数据进行标记。对于统计模型,系统支持定期更新,当出现数据评判异常、历史数据批量更新等条件时,也会触发模型计算更新,以确保模型的评判准确性。

6.2.1.3 监测设备管理

1.仪器模板管理

系统默认内置常见仪器模板,包括常见差阻式、振弦式及电位式仪器等设备类型。通过对模板的引用实现当前工程使用仪器种类的创建,实现对仪器分量信息的快速维护,提供对已创建的仪器类型删除和修改功能。

2.测点管理

实现对某个监测项目测点的管理功能,包括对测点的增加、删除、修改和分组。测点维护属性信息包括埋设位置、桩号、高程、坐标、采集频次以及计算参数等属性信息。系统实现对监测设置的考证表等信息的管理。

6.2.1.4 数据采集

集成各个站点的自动化采集系统,利用各站点建立起来的通信网络,以TCP/IP、3G/4G/5G、iot等多种形式汇总传输数据至管理所,管理所收集到数据后上传至调度中心。提供采集任务设置,实现仪器定频自动采集监测数据并入库。

6.2.2 巡视检查

工程施工及运行管理工作中,需要定期或不定期对施工现场、资源配置工程闸泵阀、交叉建筑物、输水管线及隧洞、附属设施等内容进行巡视检查。工程运行维护管理系统能够实现巡查的管理功能,对各种巡查维护工作提供全过程的信息管理服务,包括:常规巡查内容记录;维护处理过程信息记录;如发现工程病险,系统将支撑现场记录工程状况;如遇突发事件发生,系统将支持及时将情况报告调度中心,采集现场图像及相关信息,现场巡查人员可从系统获得应急措施指导,并记录采取的应急措施过程和效果。根据水资源配置工程输水管线各种建筑物和设施的特点和巡视检查工作的具体实施要求,结合现场巡检管理制度规程,将巡视检查系统进行通用化设计,以满足不同业务中巡视检查工作场景需求。系统利用移动终端的巡检APP与Web端系统相结合的方式,实现巡检的路线规划、巡检发现的扫码录入、报告生成、审核发布、缺陷跟踪查询等功能。

6.2.2.1 巡检管理

数字化巡检可用于巡视检查、汛前汛后检查、季度检查等所有检查类型。将检查范围、检查项目、检查内容、检查方法与结果等进行抽象,划分检查对象。采用NFC近场通信技术,在每个区段安装NFC芯片,巡检人持移动终端,靠近芯片时,自动感应所在位置,巡检APP自动提醒用户所在区域需要检查的项目、方法、内容和可能的结果,用户在APP中录入结果、拍摄影像,完成巡检工作。用户亦可不通过APP,按相关检查规定,直接在系统录入检查内容。系统提供功能具体如下:

(1)巡检方案管理。

对检查路线、区域、内容进行对象化管理,设置和修改巡检路线和巡检项目。

(2)巡检任务管理。

提供任务管理功能,可在线下达巡视检查任务,系统可据此推送任务提醒。

(3)巡检报告生成。

根据检查成果,自动生成检查报告,主要包括检查简况、成果、结论等。用户在自动生成基础上进行编辑,完善相关内容后提交,形成完整的检查报告。

(4)巡检记录审核。

现场检查结束后,在联网情况下,移动端检查记录可以自动同步至web端。根据管理需要,可由有权限的人员进行审核,审核通过后发布。

(5)巡检成果查看。

对象化查看历次检查成果,包括检查描述、视频、照片、数据等。

(6)缺陷跟踪。

有缺陷的部位可快速定位,并对缺陷发展情况进行跟踪。

6.2.2.2 巡检 APP

1. 扫码录入

通过移动终端 APP 扫描安装在现场的 NFC 芯片,将巡检项目及内容在 APP 上推送提醒,用户根据实际情况进行文字、照片、视频等巡检结果的记录操作。

2. 缺陷标识

对现场巡视检查发现的缺陷隐患进行标识,标识后的缺陷进入缺陷隐患模块进行管理。

3. 标签设置

通过移动终端 APP,建立 NFC 芯片与巡检区段或巡检对象的对应关系。巡检 APP 设计示意界面见图 6-13。

6.2.3 工单处理

对施工期及运维期工程施工、运维管理业务中的问题、缺陷处理工作进行通用化需求分析,开发通用问题处理模块,建立对问题或缺陷处理工作的全过程管控机制。

各应用系统中需要进行问题或缺陷处理的业务中均可集成工单处理模块,如巡视检查、缺陷管理、安全监测等业务,通过在对应模块中提供新增工单的入口,实现工单快速派发。

6.2.3.1 处理流程追踪

提供处理流程追踪功能,用于实现问题、缺陷处理的闭环管理。

6.2.3.2 综合统计分析

根据工单的各项属性进行综合统计,如时间区间分布、工单状态分布、工单数量分布、超时率统计、业务类型分布、完成情况统计等,为用户数据分析、管理评价等工作提供决策支持。

图 6-13　巡检 APP 设计示意界面

6.2.4　水下机器人智能巡检系统

6.2.4.1　总体架构设计

水下机器人智能检测系统是自主研发的具有自主知识产权的系统，可满足对险工险段水下监测、流量、泥沙、咸情、水质、水生态、水下建筑物运行情况、采砂及水下地形监测等管理职能中对重点区域或局部区域的监测需求，开展相对应的无人船和水下机器人监测能力建设，提升河道及水利工程全面监测的能力。满足出险检查，特别是潜水员无法到达或工程出险时使用水下机器人进行险工险段水下监测；水下建筑物运行情况，包括缺陷检查、渗漏检测、淤积堵塞、结构检测、金属结构隐患检测等提供水下机器人监测服务。

水下机器人智能检测系统建设总体架构包括水下地形监测系统、水质监测系统、水文监测系统、水下机器人监测系统以及数据处理中心等部分，见图 6-14。

6.2.4.2　系统应用范围

在流域险工险段的出险检查，特别是潜水员无法到达或工程出险时使用水下机器人进行监测；水下建筑物运行情况，包括缺陷检查、渗漏检测、淤积堵塞、结构检测、金属结构

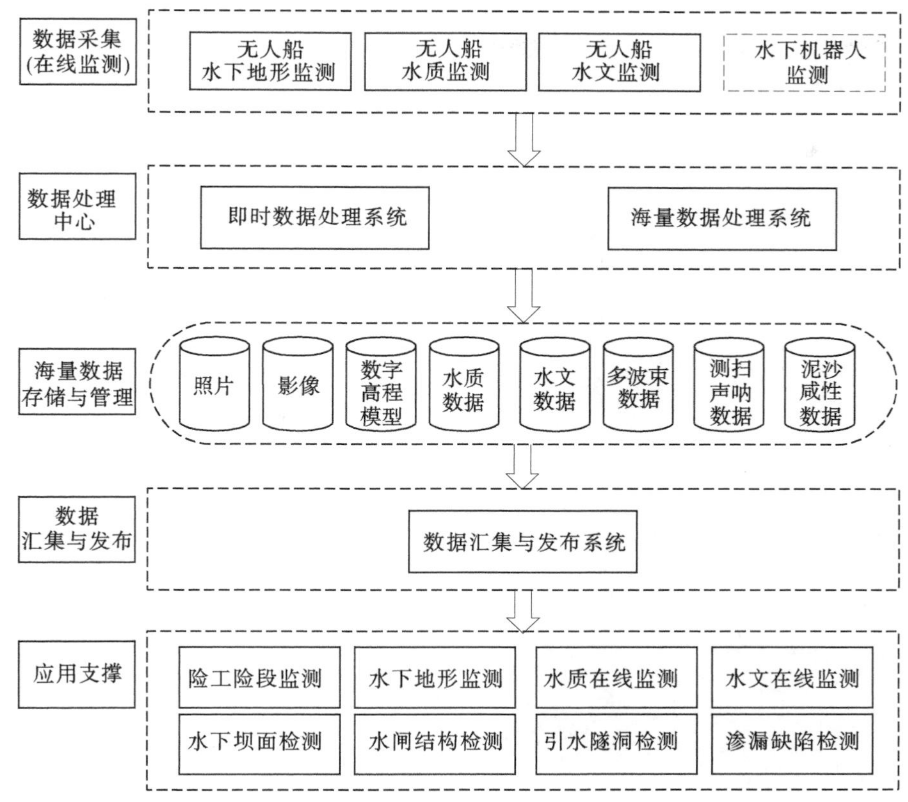

图 6-14 水下机器人智能检测系统建设总体架构

隐患检测等也需要用到水下机器人进行监测。因此,提出水下机器人监测系统建设。

对于流域险工险段的水下监测工作,主要以水下影像采集为手段,监测内容包括险工险段水下检测、河床、水下建筑物受冲刷情况等。对于珠江流域直管工程的水下建筑物运行情况监测,包括缺陷检查、渗漏检测、淤积堵塞、结构检测、金属结构隐患检测等,水下机器人监测系统的应用还有以下几种。

1. 水电站水下坝面检测

使用水下机器人对某水电站坝面进行检测,发现坝面出现裂缝和破损,通过水下机器人携带的激光测距仪测量出裂缝和混凝土表面缺陷的宽度,见图 6-15。

2. 水闸检测

使用水下机器人对某水闸闸室进行检测,查找水下是否存在缺陷和裂缝等信息,见图 6-16。

3. 引水隧洞检测

利用水下机器人对某超长引水隧洞洞壁进行检测,查明洞壁存在的裂缝的缺陷,见图 6-17。

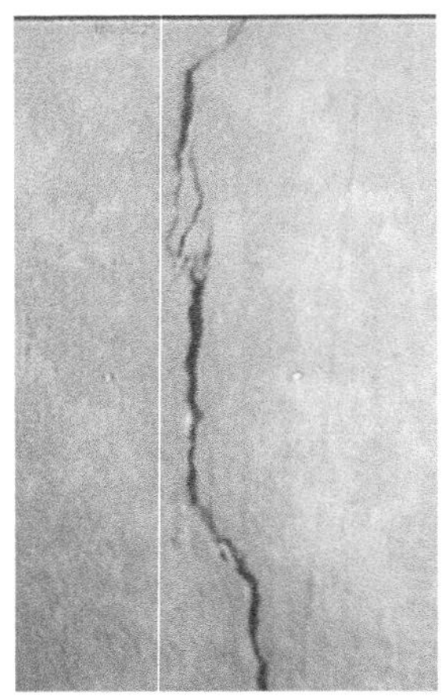
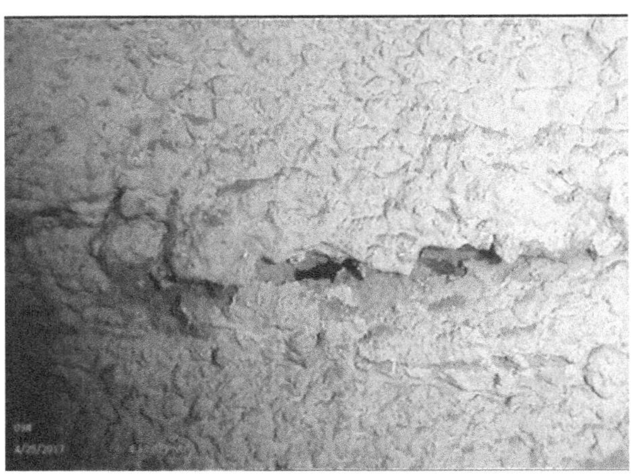

图 6-15　水下机器人对水电站水下坝面检测示意图

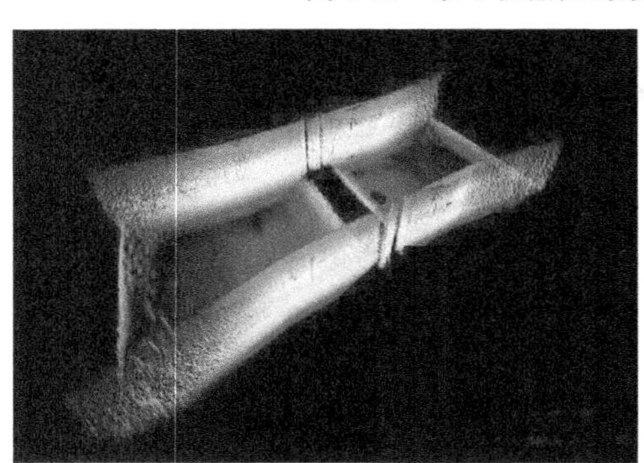

图 6-16　水下机器人对水闸进行检测示意图

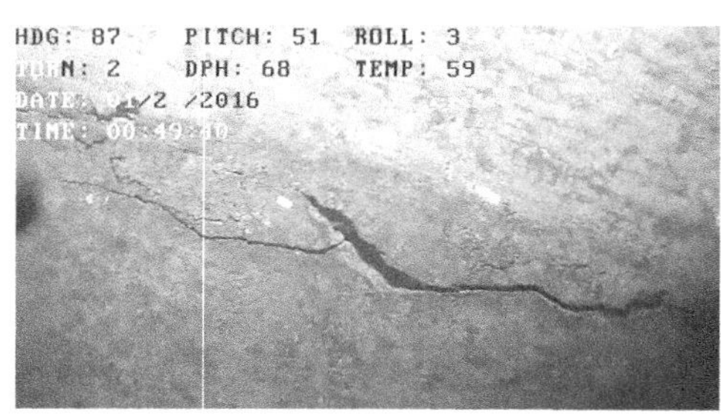

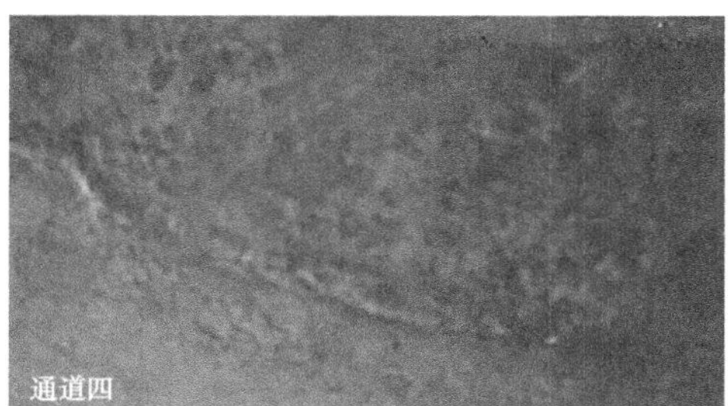

图 6-17　水下机器人对超长引水隧洞进行检测示意图

6.2.4.3　系统功能设计

1. 工程管理

工程管理模块是对工程的属性信息进行统一的管理，包括新建工程、打开工程、工程编辑、删除工程等功能。

2. 水下机器人智能检测

提前做好任务规划，水下机器人即可按照设定航线进行定点侦察和区域侦察。搭载高清摄像头，短时间内快速获取影像资料，生成照片、视频、水深等多种数据成果可供分析，让巡视不留死角。水下机器人巡查需要周期性的作业，比如每旬一次，使用自动化数据处理软件能够快速生产出视频和影像,无需专业操作员。

3. 数据实时传输回控制中心

通过光缆把数据、影像和视频传输到水面上,再采用先进的 5G 通信技术和 5G 网络建设,在应急抢险场景下实时迅捷地在现场把水下机器人采集的可见光视频、热成像视频、影像等数据实时传送到控制中心,为领导视察工地提供现场实时的视频影像数据,方便领导了解情况。

4. 导入系统自动识别时间、位置、轨迹

将拍摄的影像数据导入水下机器人巡查成果管理系统,能够自动识别出拍摄时间,并根据位置信息叠加在影像地图上,显示出水下机器人游行的轨迹,内业检查照片工作更高效。视频播放与地图上的水下机器人拍摄位置同步变化,便于快速确认问题所在位置。

5. 照片、视频管理

水下机器人巡检数据管理平台针对这个环节也设计了一系列功能:

(1)对照着地图,沿着飞行轨迹快速排查照片,正常标绿,不确定标黄,问题标红。

(2)发现问题,一键创建工单,在地图上标记位置,指派人员跟进问题。

(3)重点区域排查,地图上画个圈即可调出范围内全部照片;历史数据排查,选定日期即可调出历史数据。

6. 对掏蚀点、脱落点、异常点等缺陷进行标注

利用水下机器人自带高清摄像机记录水下底板脱落、粗料裸露、掏蚀等缺陷,水下机器人每隔 2 m 平行飞行检测,根据水深、时间、底板线段记录的方式标记发现缺陷位置,保障检测全覆盖。使用基本的点、线、面标绘出来,可以查看分布图,可以根据关键字查询定位。支持对标绘对象进行属性编辑,将水下机器人巡查的信息,比如巡查时间、问题表述等,与标绘对象关联起来,便于后续生成巡查报告进一步管理。

7. 追溯历史巡查影像多期对比

系统根据时间、位置等关键信息建立巡查历史影像档案,在需要的时候可以随时对巡查历史影像进行查询,对比多期影像,为工作统计、巡查路线分析等提供决策的数据依据。

8. 自动生成报告

支持自动生成报告,详细说明每一次巡检的时间、位置、问题统计、问题清单,支持输出 word 文件和 pdf 文件,支持微信查看分享。帮助企事业单位建立巡查问题台账,发现存在的问题和隐患,制定对应政策整改。

6.2.5 无人机自动巡检管理系统

开发无人机自动巡检管理系统,进行无人机巡查照片、视频、正射影像的快速检索查看,对巡查中发现的各类违法事项标注说明,可追溯历史巡查影像资料和问题台账资料。省心、方便、快速地把巡查数据管理起来。包括无人机自动巡查;导入系统自动识别时间、位置、轨迹,照片、视频管理;对分界点、违章施工点、违法点进行标注;追溯历史巡查影像多期对比;自动生成巡检报告等功能。

根据需要设置无人自动巡检路线,无人机能迅速到达巡检作业现场,通过高空视角可全方位监控施工区域现场实时的情况,并在巡检过程中记录违法行为,根据现场拍摄情

况,及时锁定证据,数据实时传送回控制中心。可以设置路线对巡检区段进行日常自动化巡检,沿着预先设置好的路线两边固定航线航拍(或者河道左右两侧)、查寻施工现场违章情况、实时收集坝址主体工程和库区防护工程施工区域的实时信息;对巡检施工区域敏感点的定时定点拍摄等。

无人机自动巡检管理系统是基于云计算的实时巡检系统,主要应用在水利水电工程施工阶段的施工过程的巡查巡检工作,提高工作效率,提升管理水平。

6.2.5.1 总体架构设计

无人机智能巡检系统是基于 SSM 框架技术进行开发的 Java web 系统,集无人机自动巡检、成果入库、成果管理、成果自动分析等功能于一体的全流程管控平台。系统采用无人机低空遥感技术实现自动定期巡检,并实时回传现场拍摄情况。无人机自动定期巡检所获取的照片、视频导入系统时,支持自动识别时间、位置、轨迹等信息,并进行统一入库管理,便于随时提取查看。系统同时实现图像、视频自动检测异常,并支持异常标注生成巡检报告。

6.2.5.2 系统功能设计

1. 巡检任务管理

系统管理员通过新建飞行任务,在三维场景中规划航线,同时也支持本地导入航线。完成后即可将飞行任务下发至基站或移动端。

2. 巡检指挥调度

系统管理员在 web 端可以实时监控无人机状态,并指定任务。无人机将按照任务既定的航线信息自动完成飞行任务,并实时回传到 web 端,进行现场作业情况的监管。

3. 巡检成果入库

巡检成果入库主要实现照片、视频的入库,批量导入照片可以自动识别位置、时间信息,并保存到数据库中,视频导入则支持轨迹识别入库。

4. 巡检成果管理

无人机巡检成果管理包括相片、视频和影像的管理,根据项目入库名称进行分类。用户可自行选择某一期成果进行查看,照片位置将直接显示在三维场景中,点的位置与相片以及拍摄时间实时联动,并支持手动进行异常信息标注,创建工单后可作为巡检报告输出的内容。视频则直接显示飞行轨迹,播放视频过程中,无人机模型实时更新当前位置。影像则支持直接调用,叠加显示在当前三维场景中。

5. 巡检成果自动分析检测

巡检成果自动分析检测是对某期巡检获取得到的相片和视频,自动检测并标注异常。批量筛选异常后,结合人工判别,确定是否创建工单进行异常信息的入库操作。以此减少工作量提高效率,精准判别异常位置。

6. 巡检报告自动生成

巡检报告的内容来源于异常工单的创建,包括异常事项、经度、纬度、拍摄时间、工单创建时间、创建人等基本信息,以及异常标注照片和异常位置照片。用户选择一期巡检异常数据,即可按照规定的模板格式生成 word 文件和 pdf 文件,其中 word 文件支持浏览器直接下载,pdf 则直接支持在线查阅。

7. 多期巡检成果对比

多期巡检成果对比的实现是将主屏幕分割为主屏和副屏两个,用户通过选择两个不同时间下相同航线飞行的巡检成果,主屏的操作控制副屏,进行实时联动,从而实现同位置对比查看。

6.2.6 无人机 VR 全景展示系统

6.2.6.1 总体架构设计

无人机 VR 全景管理系统采用浏览器/服务器(B/S)模式进行设计,该架构特点在于其是开放式的,只要可以运行浏览器的设备都可以实现该管理系统的正常运行,有利于满足无人机 VR 全景管理系统对多客户端的需求。

6.2.6.2 系统功能设计

该系统主要包含以下四个功能模块:

(1)全景管理。将用户发布的全景作品进行统一管理,便于后期全景资料的管理和查阅,并能根据需求创建自己的管理图册。

(2)全景编辑。对生成的全景作品进行基础信息、子全景、场景热点、辅助功能等相关信息的修改,并生成访问地址和二维码以供用户使用和分享。

(3)素材管理。对上传到服务器的数据,如全景图、普通图片、音频、视频等基础数据的管理。

(4)全景发布。通过本地上传的数据或素材库里的数据,发布生成全景作品。

1. 全景管理

系统支持全景图像、视频等的统一管理功能,对用户上传的全景素材或制作的全景作品根据时间、类型进行分类管理,便于用户查阅和浏览。

本系统的全景管理模块包含全景图和全景视频两种全景作品的管理,其中以全景图的管理为首要。该模块建设的重点在于对数据库的管理,创建合适的全景管理数据表,合理设置各表属性以及相关表格之间的关系。系统基于 MySQL 数据库,创建了全景图的分类表,用户可以根据自己的需求自定义图册,将相关全景作品分类存储,方便查询管理。此外,用户还可以根据作品创建时间或作品名来检索目标全景。

2. 全景编辑

系统提供全景作品编辑的功能,允许用户根据自己的喜好,编制具有独特风格的全景浏览作品。该模块设计了五个功能区:基本信息编辑、子全景编辑、场景热点编辑、辅助功能编辑、使用与分享,每个功能区实现不同的编辑作用,以完成全景作品中每个场景的定制效果。

1)基础信息编辑

作品基础信息包括作品的标题、封面、文字介绍、拍摄时间地点等,用户可以随时修改全景作品的基础信息内容,保存后系统数据库就会实时同步更新。该功能的作用是提供全景作品的文字修饰,让浏览观众有渠道可以了解该作品的相关信息。

2)子全景编辑

子全景编辑指的是对已发布的全景作品中各个全景图片的添加和移除,该功能实现方式类似全景发布模块的选择素材数据进行全景作品创建的功能,实现流程在全景发布模块再做介绍。设计该功能的目的是,用户发布完某个全景作品后,能够通过添加素材库里的全景图片来补充遗漏的全景图,亦或通过删除功能移除不适合该作品的全景图片,从而达到全景作品随意增添场景的能力。

3)场景热点编辑

系统提供热点编辑界面,用户可以根据自己的需求,设置每个场景初始的加载视角,以及添加不同的热点展示方式和样式,包括场景分组、视角、热点、沙盘、特效、导览以及视频贴片等编辑功能模块。其中,场景视角提供场景初始视角设置、视域范围设置和垂直视角设置功能;场景热点包含7种热点样式:全景切换、超级链接、图片、文字、语音、图文、视频热点,具备热点添加和删除、内容编辑作用。

场景分组是指将同一全景作品中的不同子场景分组归类,便于直观展示各个场景之间的从属关系。而在场景沙盘功能中,用户将制作的区域平面图上传到该作品中,根据各场景的位置信息在平面图上添加对应点位,使得全景作品全局效果一目了然。场景特效,顾名思义可以帮助用户给全景添加天气效果,如雨、雪、阳光等。视频贴片则是将具有辅助效果的视频放置到对应场景的某个位置,给该位置点增加视频介绍,该视频会随着场景的变动而移动。此外,场景导览功能可以为涉及的工程项目视频宣传提供辅助作用。用户设置好预定义的全景观赏路线后,浏览观众搭配上VR眼镜,就可以通过一键导览实现虚拟现实身临其境的效果。

4)辅助功能编辑

无人机VR全景管理系统提供热点编辑之外的其他场景的效果设置功能,允许用户上传或选择已有的音乐或语音解说数据作为该全景作品的背景音乐。

系统发布全景时,自带VR浏览功能,用户可以根据需要对其进行添加或删除。提供部分功能控制按钮,允许用户根据喜好,添加或删除一些小型功能展示效果,例如是否允许系统发布该作品、是否具备场景选择能力、是否隐藏VR浏览功能等。

5)使用与分享

该部分使用的关键技术是二维码创建功能,系统采用PHP类库中的PHPqrcode接口生成可供微信识别的二维码,便于用户快速分享创建的全景作品,利于宣传。PHPqrcode是一个开源的PHP二维码生成类库,其基于libqrencode C库,提供用于创建二维码条形码图像的API,从而可以轻松生成包含相应内容的二维码。

3. 素材管理

素材管理中包含对全景素材、普通图片、音频和视频的管理,其管理方式类似于全景管理模块对全景作品的管理,用户可以根据需要将素材分层管理,且能依据作品名快速查找相应素材。同时,在全景图片和视频模块中分辨增加了上传数据功能,方便用户提前将所需的数据上传到服务器,以供后续发布作品使用。

4. 全景发布

全景发布模块是整个系统的关键部分,是全景作品的生产工厂。用户通过本地上传或选取数据库中的全景数据发布全景产品,同时系统会根据用户填写的项目名称、图册类型、拍摄日期来存储全景产品。无人机 VR 全景管理系统的全景发布流程简述如下,用户上传全景图片到服务器后,系统通过 PHP 后台程序调用 krpano 引擎将图片进行切片处理,从而生成全景作品所需的多视角多尺度的工程切片数据,并且存储到对应项目的数据库表中,这一流程实现了全景作品基础数据的获取;接着,基于预设的全景配置信息生成初始化的全景作品,并创建作品的唯一 URL 和开放该地址的任意用户访问权限,到此一个完整的全景作品生产成功;最后,前端通过 krpano 查看器让用户能在浏览器上自由观赏该作品。

1)发布本地全景

提供本地全景数据的上传功能,系统的全景图上传允许用户上传单景或多景全景图片。上传完成的全景图自动生成初始全景,用于预览和后期全景作品的制作,该全景中可以通过鼠标滚轮实现全景的放大缩小,鼠标拖动实现视角的转换,以及具备全屏、自动旋转。

2)发布素材全景

根据用户已经上传到服务器的全景数据,系统提供原有全景素材的选取功能,为制作全景作品提供数据。

3)发布全景视频

全景视频的发布过程基本同于全景图,差异之处在于全景视频不需要通过 krpano 进行切片处理,系统直接将视频嵌入到 krpano 查看器中,就可以通过前端实现视频的 360°浏览效果。

5. 后台管理

管理员可以设置系统的一些可变要素,如软件 LOGO、系统名称等。管理员可以设置使用该系统的用户账号,方便分发他人使用。而且,管理员对系统所有数据具有最高管理权限,可以随时删除用户数据。

6.2.6.3 VR 展示案例

通过无人机 VR 全景展示系统,在微信公众号和官网上形象展示不同时期的施工全貌和进度情况,提高建管部门的工作效率,对公众宣传起到良好作用。

6.2.7 实景三维可视化淹没分析系统

实景三维可视化淹没展示系统基于 ArcGIS API for JavaScript 进行二次开发,是一个集数据管理、数据展示、空间分析三大功能于一体的三维 WebGIS 平台。实现将各期的三维实景模型、正射影像、三维点云进行集中管理和实时检索,结合项目进度、质量、安全、文明施工等管理需求,对施工区域兴趣点、兴趣范围等进行三维展示,并重点对库区水位抬升情况进行科学地分析,三维展示其淹没范围。

6.2.7.1 三维场景搭建

三维场景搭建是将三维实景模型与已有的正射影像图结合,叠加显示在三维场景中,作为系统的展示底图。三维实景模型可以通过鼠标滚动、点击等操作进行放大、缩小、旋转。在页面中添加图层管理控件,可以在浏览界面选择性地显示、隐藏、移除图层,同时支持导入本地 shp 数据进行查看。

6.2.7.2 属性信息查询

系统实现兴趣点、兴趣范围等矢量数据的三维展示，并支持点击查询属性信息，查看或下载附件。

6.2.7.3 拾取高程

系统对三维实景模型的坐标信息进行脱密处理，实时获取并显示鼠标光标位置处的高程信息。

6.2.7.4 测距

系统通过绘制线段即可获得其线段长度，对于地形起伏明显的区域，长度测量时，可测得其直线距离、水平距离和竖直距离。

6.2.7.5 测面积

测面积是在当前场景中，通过绘制线段或面即可获得其当前水平投影的面积和周长。

6.2.7.6 三维飞行浏览

三维飞行浏览功能是通过添加不同位置的视点照片进行动态飞行浏览。用户可以将当前视点范围作为飞行过程中的一个视点，通过添加多个连续视点，并设置相应的飞行时间即可达到俯瞰的动态浏览效果。

6.2.7.7 分屏对比

用户可通过添加副屏的方式进行分屏操作，自主选择副屏三维场景中添加的图层。主屏与副屏的视角位置可进行实时联动，任选两期同类型数据，分别添加到主副屏中，即可实现同一位置对比查看效果。

6.2.7.8 历期影像数据提取

无人机航摄数据采用统一的命名规则托管在 ArcGIS Portal 中。历期数据提取模块主要实现的功能是：由用户选择航摄时间、数据类型和对应的航摄区域，根据用户的选择三维场景自动叠加相应的数据，供用户进行浏览查看。

6.2.7.9 淹没三维演示

三维演示淹没范围是系统的核心功能之一。用户通过输入蓄水抬升高度，推求出淹没范围随之变化的情况。并对不同蓄水高度下的淹没范围用不同的颜色进行显示，从而实现淹没范围的实时对比效果。

6.2.8 基于三维模型的土石方量计算

6.2.8.1 土方开挖计算

土方开挖计算通过绘制开挖面，得到某平整高程以上和以下的土方量和表面积，辅助施工决策。

6.2.8.2 基于三维模型的土石方量复核

在土石方量管理中，对于施工区的土石方数据外业采集，传统方式需要业主方、监理方跟施工方在现场时才能进行，由于参与人员多，对于测量任务多且范围不集中的情况下，干活效率难以提高，业主对所有的外业数据也难以监管到位。但引进三维实景模型后，可以通过 EPS 软件把施工方测出来的数据放到三维实景模型中，再通过三维视角的旋转，可以直观看出外业数据是否准确，现在的三维实景模型高程精度一般都能达到 10 cm 以内，用于检查数据完全没问题，这方便业主更好地管理。

由于施工方是由外业人员采集完数据后再交给内业人员成图的,内业人员在不了解现场环境下,成图时难免会有部分与现场情况不符。有时候,是乙方提交上来的关于边坡绿化面积的计算结果,由于现场有很多排水沟跟马道,非常不利于计算及审核。但把外业成图数据跟三维实景模型导入 EPS 软件中的话,就可以清楚地看到外业采集的数据有没有问题,也可以看出黑框中有三处的三角网有问题,那么就可以重新构建正确的三角网,从而得到更准确的绿化面积。也可以通过 EPS 软件直接在三维实景模式上面提取高程点,直接得出绿化面积,使得结果更直观。

对于一些大型项目,由于施工期长,期间往往会有人员调动,对于一些有争执的历史数据,或者外业漏测的范围,人员变动后难以证明以往数据的准确性,至于漏测的范围更是难处理,毕竟现在的地形已经变了。但引进三维实景模型进行管理后,对于这些有争执的数据或者漏测的范围都可以打开当时所建好的三维实景模型进行验证和提取数据,提高审核效率。

6.3　专项业务功能设计

6.3.1　智慧建管平台

6.3.1.1　智慧建管平台结构设计

大型水利枢纽工程建设智慧监管系统采用无人机、水下机器人、GNSS 和通信与物联网等先进技术,组成空、天、地、水一体化监控系统,获取 360°全景图、航摄视频、正射影像、三维实景模型、水下高清视频和影像、数字地形图等多种感知监测信息数据,对各项感知信息进行融合集成和综合利用,对不同时期的数据进行比较分析,建立大数据平台,为大型水利枢纽工程设计、工程移民、水土保持、施工进度安全与质量管理、工程形象展示、水下建筑物安全监测、智慧建管、智慧调度和智慧运维等方面提供技术支持,实现大型水利枢纽工程建设智慧监控的目标。

智慧监管平台包括水下机器人智能巡检系统、无人机智能巡检系统、生产建设项目水土保持管理系统、三维实景系统、智慧监控系统、VR 全景展示系统、建管数据中心等 6 个子系统和 1 个数据中心。

智慧建管总体结构设计示意如图 6-18 所示。

6.3.1.2　智慧建造子系统

大型水利枢纽工程智慧建造系统投标阶段的主要功能模块包括电子沙盘、招标管理、监理管理、进度管理、质量管理、安全管理、合同管理、投资管理、验收管理、信息管理、现场管理、物资管理、资料管理、设计管理、单元工程管理、工程指挥中心、移动端应用、BIM 应用等。

为了便于本系统平台的开发实施,打造友好的人机交互界面,优化用户体验,基于对上述功能模块具体功能的分析,紧密围绕工程建设管理进度、质量、安全、投资、物资等管理业务,以管理业务驱动 IT 信息化“落地”,对投标阶段功能模块按照管理业务进行分类并进行优化整合,将功能相近的模块进行合并调整,功能模块总数虽然有所减少,但是确

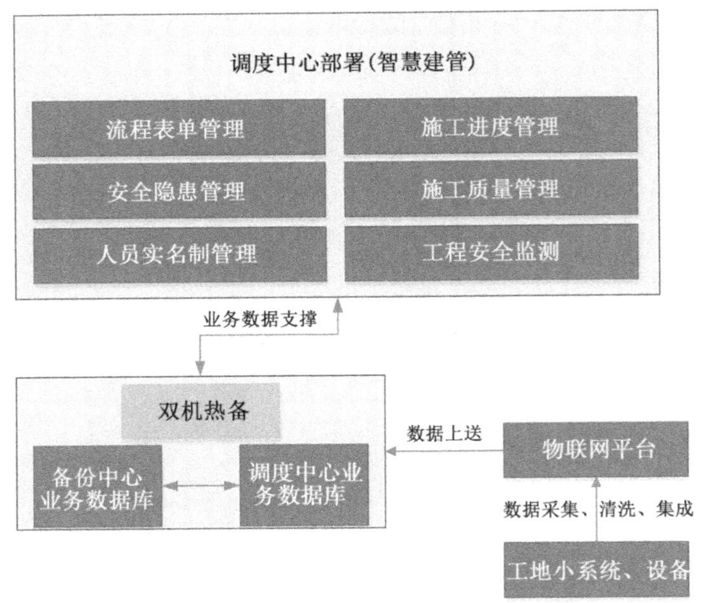

图 6-18　智慧建管总体结构设计示意图

保功能全部覆盖。具体思路如下：

为最大化地发挥水资源工程智慧建造系统的价值，便于参建各方最大限度地应用智慧建造子系统，本系统基于 Web 端、大屏端和移动端三种终端应用方式，对功能模块进行整体设计、建设和应用。

根据系统建设需要，在投标阶段功能模块设置的基础上新增门户首页、个人办公、系统设置模块，便于系统开发建设，提高用户体验。

将功能关联性较强的模块按照管理业务进行功能整合，电子沙盘、BIM 应用整合为综合展示模块，设计管理、资料管理整合为技术管理模块，验收管理、质量管理、单元工程管理整合为质量管理模块，投资管理、合同管理整合为投资管理模块，监理管理、信息管理贯穿在各个业务管理模块，不再单独设置为功能模块。

功能模块优化整合后，根据大型水利枢纽工程的管理特点，增加相关功能，例如技术管理模块新增业主发文、监理发文等功能，这样既可以减少模块数量，简洁页面，又可以方便用户使用，同时也增强了业务流程的顺畅性和完整性，能有效提高用户体验。

1. 门户首页

门户首页采用模块化设计，展示天气信息、动态新闻、任务待办，以及具体质量、安全、进度管理要素情况。通过友好的交互设计，利用图表和数据结合的方式，灵活展示项目的具体管理数据，各版块的统计图表等一系列的数据来自于各个功能模块并自动更新。门户首页展示数据精确，展示方式多样，为项目智慧建造的精细化管理提供基础条件。

2. 个人办公

个人办公模块集中了各个子系统，各个功能模块与登录系统用户相关的管理工作相关信息，主要包括待办任务、流程跟踪等功能。该模块利用数字化力量大大提升了信息共享体验与资源管理效率，帮助用户实现以事找人，促进事务快速处理。

3. 综合展示

综合展示模块集合电子沙盘、项目信息、工程影像三大子模块，完成工程管理信息与BIM模型、GIS底图深度融合的综合展示。电子沙盘通过带有建设管理信息的建筑模型，将项目整体施工进展情况轻量化发布；项目信息通过云计算的大数据分析整合能力，将主要的工程管理信息挂接于三维BIM模型中，实现基于三维模型的现场主要项目信息查询功能；工程影像用于展示工程建设过程中的全景记录。

4. 招标管理

招标管理模块主要实现招标资料全过程存档。该功能主要是对招标各个阶段的所有资料能够通过系统自动实现归档管理，包括招标公告、招标技术要求、招标文件、投标文件、中标通知书等。

招标管理模块还支持机电设备招标在线报审，包括总承包部机电设备招标技术文件、技术方案、招标计划、招标结果等文件的在线流转与审批，利用该模块可以提高机电设备招标的审批效率。

5. 移民管理

移民管理模块综合移民档案管理的特点，从档案管理的规范性和完整性出发，明确档案存放的文件编号规范，详细确立档案目录内容及相关信息化管理规范与实施方法，建立各类移民档案文件数据库及文件案卷目录表，统一移民档案数据库共享标准，实现移民信息发布、文档管理和查询新增等功能，且为连接移民管理部门、档案管理部门的信息系统和存储数据库预留数据接口。

6. 技术管理

技术管理模块包含业主文件、设计文件、监理文件、施工文件四个二级模块，主要实现工程建设过程中所产生的多种类别文件和复杂多样信息的报审、流转及管理功能。该模块支持建设单位内部管理和组织结构并支持各参建单位参与，支持参建单位间的公文流转，支持流程在线审批，支持过程、操作留痕及资料、文档归档，支持数据分层级汇总与统计。

7. 进度管理

进度管理模块包含进度展示、计划进度填报、实际进度填报三个二级模块。主要实现基于三维GIS+BIM施工模型，建立工程进度信息与三维BIM模型的关联，实时、形象、生动的工程施工面貌与实时进度信息，实现基于三维BIM模型的计划进度、实际进度整编输入、三维展示、对比分析等功能。

8. 质量管理

质量管理模块包含质量统计、质量评定、质量验收、质量消缺、表单修改、试验检测六个二级模块。主要实现颗粒度精细至单元工程层级的建设项目全过程电子化质量验收评定、质量消缺与质量问题的闭环处理、质量数据的可视化统计分析、试验检测信息的智慧化管理等功能。其中，单元工程质量评定是质量管理模块的核心功能，通过施工包维护、表单树维护、表单管理、表单配置、单元工程验评来完成电子验评工作，同时，对于有填报错误的表单，可在此发起修改审核申请，待通过审核并配置B版表单后重新填写。

9. 安全管理

安全管理模块主要包括安全统计、风险基础数据库、管控风险库、风险管控、隐患管理、安全制度六个子模块。其中,风险的动态管控流程由风险基础数据库、管控风险库、风险管控、隐患管理四个模块及 APP 端共同完成,通过四个机制、四维管控及隐患管理,对工程风险进行动态评估和管理、控制。

安全管理模块通过统一入口、多维度展示和多样化输入等手段,保证工程施工活动严格受工程监管部门监控,避免潜在安全隐患的扩大化,有效提高工程安全管理水平。对工程各区域的安全风险、事故隐患,能够进行汇总统计和整体分析,并通过统计图、数据表的方式展示,以辅助决策分析。

10. 投资管理

投资管理模块主要包括投资概况、合同管理、变更索赔管理及结算管理四个二级模块。其中,合同管理模块包括合同台账、工程量清单等功能;变更索赔管理包括立项审查、费用审批以及变更索赔台账等内容;结算管理包括工程价款支付和结算统计等内容。

投资管理模块通过对工程各合同文件关键信息的结构化,同时录入合同文件及工程量清单,并对工程建设中变更索赔、投资结算等投资管理行为进行全过程管控,实现建设期变更索赔、投资结算等投资管理流程的信息化,以统计图表形式进行变更索赔、投资结算等数据统计、对比和分析。最终,使得结算统计工作标准化、流程化、信息化,提高结算工作效率。

11. 物资管理

物资管理模块主要包括原材料检验台账、原材料使用报审、材料盘点三个二级模块。主要实现原材料检验的台账记录、原材料使用的在线报审,以及材料盘点台账记录。

12. 现场管理

现场管理模块主要包括人员管理、视频监控和环境监测三个二级模块。依托智慧工地上报的水利建设工地实时数据,接入智慧工地相关模块数据,实现对施工现场"人、机、料、法、环"五大要素的远程管控。

13. 资料管理

资料管理模块考虑使用电子签名、电子签章等方式,实现电子文件的集中管控和标准化分类管理,系统内业务模块中的文件在流程流转完毕后,系统可根据所设定的归集信息自动归集至文件库,在预归档库内可在线整理文件库中文件,进行组卷预归档,从而减少日常资料管理的工作量,极大提高项目文件的管理效率。系统支持设计图纸等文件资料与 BIM 模型进行关联,从而可以形成基于 BIM 模型的数据资产。

14. 系统设置

系统设置模块包含单元工程维护、报表及综合查询、流程管理、编码管理、组织机构/人员岗位/角色权限维护管理、系统配置管理和系统日志管理多个部分。

15. 工程指挥中心

基于 GIS+BIM 技术建立水资源配置工程的电子沙盘模型,可在沙盘模型中从视觉漫游的角度对项目进行直观的三维查看浏览。将主要的工程管理信息挂接于三维 BIM 模型中,可从宏观的角度进行项目查看浏览,实现基于三维模型的现场主要工程管控信息导航功能，帮助管理人员对项目整体形象面貌的把控。沙盘模型支持虚拟漫游，并且支持多种风格的多级展示，基于该电子沙盘可以将智慧建造系统、智慧工地系统各业务模块的数据串联起来，从而为工程建设提供指挥决策依据。

16. 移动端应用

为便于现场无纸化质量与安全管理，配合 Web 端共同完成质量验评、质量消缺、风险管控、隐患管理等工作，移动端应用主要包括质量验评和移动端云平台两大 APP。

（1）质量验评 APP 包括施工包维护、表单配置、质量验评、申请修改等功能，其内容可同步至 web 端。用户可在现场利用质量验评 APP，在线完成单元工程选择、表单下载、表单填写与提交、附件资料提交等操作，完成“无纸化”质量验评工作。

（2）移动端云平台与 Web 端智慧建造系统配合使用，可以实现智慧建造系统网页端安全管理、质量管理相关模块的关键信息、数据展示、闭环处理功能，移动端还支持 web 端文件报审的流程审批功能，并且与智慧工地形成统一的移动端平台，实现与智慧工地数据的联动。

6.3.1.3 智慧工地子系统

智慧工地平台主要实现对各个项目的各类传感器、监控、考勤等子系统的数据做汇总展示，实现远程查看项目实际面貌、关键进展数据的功能，大大提升工程项目管理的信息搜集、汇总、查看速度，解决项目信息“孤岛”问题。

智慧工地平台页面包括水资源配置项目总体级门户级工区级门户，实现数据的分层统计汇总与分级查询。

在系统架构上，智慧工地平台与智慧建造系统统一架构，合并开发交互层、应用层、数据层。为保证项目设备的稳定运行，设备层在项目现场独立设置各硬件子系统，如劳务实名制系统、监控系统、机械定位子系统、施工过程子系统等，并各子项分别独立运行；所有设备产生数据除本地存储外，通过互联网上传至智慧工地平台云端，便于汇总查看各项目数据；为保证数据一致和稳定性，智慧工地平台端只开放查阅接口，不开放对数据库的编辑。

智慧工地功能架构示意如图 6-19 所示。

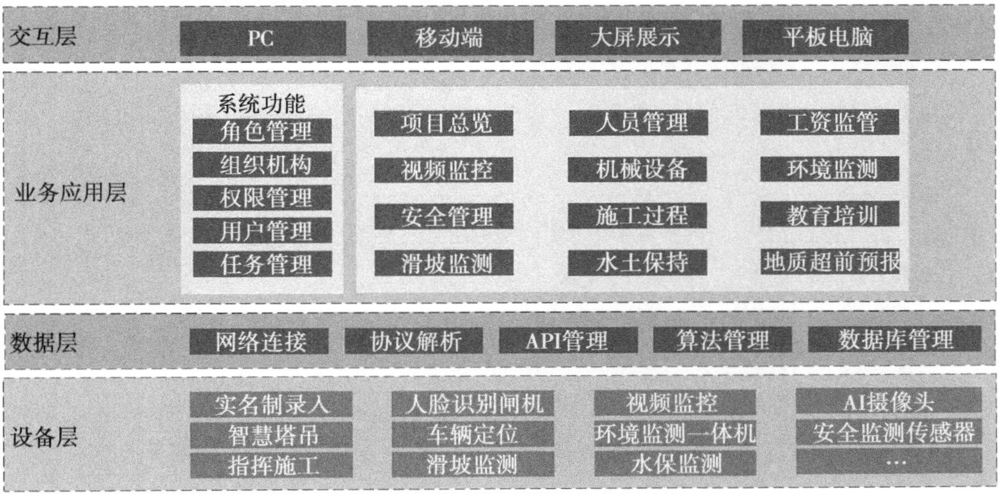

图 6-19 智慧工地功能架构示意图

部分流程性功能与智慧建造系统、云平台系统存在交叉,由信息化项目部协调统一设置业务端口,避免混淆并提升项目总体易用性。功能包括以下几部分。

1. 人员管理

劳务实名制信息录入功能,项目部集中现场核对身份证与本人匹配度,通过身份证读卡器、人脸采集摄像头录入劳务用工人员实名信息、人脸信息、特种工证书信息等,在数据库中建立劳务用工实名制数据库,为考勤、安全教育等提供后台数据支撑。

2. 工资监管

工资监管模块主要包括工资发放总额、人数统计、工资发放列表、消息公告四个子模块内容。工资监管模块与人员管理模块中劳务实名制子系统结合实施,在智慧工地平台上开设对工资发放记录提供信息查询、汇总和预警的功能。

3. 视频监控

利用视频监控设备并结合智能视频分析技术,以支持项目施工现场视频采集、远程播放及相关智能化应用。

(1)录像检查追踪,对固定点摄像机,现场指挥中心(管理所)集中设置 NVR 录像机,支持 90 d 滚动存储;可按时间或事件检索前序录像。并可按需截取输出视频,截图,作为管理依据。

(2)实时全景视频监控,在圣中水库、金刚沱两个重点项目考虑选取高点设置全景摄像头俯瞰项目全景作为实景地图。大大提升现场指挥中心对项目的全域浏览和综合管理能力。

(3)视频 AI 识别,周界入侵识别预警:对泵站、水库项目的危险区域,设置危险预警区域,通过摄像头 AI 识别预警区域周界,对违规进入抓拍和发送报警信息;安全帽佩戴识别:对现场施工主要通道加装 AI 识别算法,记录现场通过人员安全帽佩戴情况,对未佩戴安全帽的人员进行抓拍、预警。

4. 机械设备

对特种设备、起重机械等安装安全监控设备、定位装置或与视频监控系统结合,实现对特种作业及施工机械运行状态的实时监控。

目前主要涉及的机械设备有两类:一类为金刚沱泵站、圣中水库的塔吊;第二类为挖掘机、自卸车辆。

5. 环境监测

在施工现场设置环境监测一体机,实时采集现场 PM2.5、PM10、噪声、温度、风力等相关环境数据。

在固定场区采用固定式环境监测一体机,对移动工作面设置可移动环境监测一体机,实现对主要工作面的覆盖;对于现场环境问题能够实现实时声光报警。系统支持报警推送及给出设备联动信号,施工现场具备可联网控制的雾炮、喷淋等系统的,可采集设备联动信号实现设备联动。通过加装喷淋联动控制模块,可实现自动喷淋降尘。

智慧工地平台一方面接入现场环境监测一体机数据,并提供联网的天气预报、天气后报系统记录。

6. 安全管理

对现场安全管理实施动态监管,包括安全人员履职、隧洞作业面管理、安全行为识别抓拍、有毒有害气体监测、高边坡监测、深基坑监测等重大危险源监控。

(1)安全人员履职。通过为现场安全管理人员配备智能安全帽,平台可记录现场安全人员的现场工作轨迹,实现安全人员履职记录。

(2)隧洞作业面管理。结合隧洞口闸机,对进出隧洞的作业人员通过人脸识别进行劳务实名制管理,并可在平台上查看隧洞内当前作业人员人数、具体进入时间;对人员超时滞留的及时短信/电话告知作业面责任人检查。

(3)安全行为识别抓拍。系统可与视频监控系统相结合,对作业面上人员进行安全作业行为(安全帽佩戴、危险区域闯入)智能识别,能够对识别发现的问题拍照/视频留存,自动提交预警记录。

(4)有毒有害气体监测。需进行有毒有害气体监测的部位主要为隧洞施工作业面。通过传感器监测有毒有害气体,具体监测内容安装布点根据现场情况部署方案,并在该部位实施前重新复核提交专项监测方案实施。

(5)高边坡监测。具体的高边坡监测实施归属于单项内开展;智慧工地平台主要接入各项目高边坡监测的监测数据,进行数据可视化展示与预警推送。

(6)深基坑监测。具体的深基坑监测实施归属于单项内开展;智慧工地平台主要接入各项目高边坡监测的监测数据,进行数据可视化展示与预警推送。

7. 施工过程

施工过程主要应用智慧碾压、智慧灌浆两种智慧施工技术。

在水库大坝施工过程中采用智能碾压技术进行质量管控;在水库的固结灌浆、帷幕灌浆施工过程中采用智能灌浆技术进行质量管控。

8. 教育培训

系统不仅支持常规的数据录入及查询,还可以利用 VR 技术对施工人员进行沉浸式教育,模拟各类施工环境,让施工人员以亲身体验等直观方式,将施工现场常见的危险源与事故类型实物化,让受训人员来体验施工现场危险行为的发生过程和后果,感受事故发生瞬间的惊险,从而提高安全意识,增强自我保护意识,避免事故的发生。

9. 地质灾害监测

堰塘湾沟地貌上属浅切割剥蚀-侵蚀丘陵地貌,泥石流冲沟山顶高程最大为 552 m,沟口高程约 308 m,冲沟整体方向为 127°,山体自然坡度 13°~28°,其中沟口附近坡度较缓,沿沟而上自然坡度较陡。

地质灾害监测预警系统通过地质灾害监测设备,监测降雨量、位移、沉降、渗压、土壤含水率、地下水位和水温等重要参数,为准确预警提供重要的分析数据,一旦监测的数据越限,监控中心会发出报警信息,方便工作人员及时发现、排查问题,防患于未然。

地质灾害监测由监测实施单位具体完成,智慧工地平台主要接入监测数据便于查询并提供相关预警。

10. 水土保持监测

水土保持监测子系统利用高精度的卫片或航片,实施工程施工期水土保持遥感动态监测,提出水土保持报告。

智慧工地平台主要接入水土保持监测报告成果,便于查询。

11. 隧洞地质超前预报

地质超前预报子系统通过隧道洞内探测与洞外地质勘探结合,地质勘探方法与物探方法结合,长距离探测与短距离探测结合,开展多层次、多手段的综合超前地质预报,形成地质超前预报成果。

地质超前预报由具有甲级勘察设计单位实施,智慧工地平台主要实现接入监测成果。便于成果公开发布和查询。

6.3.1.4 水土保持管理系统

水土保持管理系统采用 B/S 架构,有效降低新用户使用的成本及维护成本,并在界面上针对 PC 端与移动端分别进行兼容性考虑,因此 PC 端和移动端都能便捷使用所有功能。平台总体架构采用分层设计的思想,自下而上分别为支撑层、数据层、平台层、业务层和用户层。

1. 首页

(1)登录页。

需提供系统访问控制功能,允许用户申请注册,允许已注册用户授权登录。

(2)公司介绍。

展示公司简介,包括企业规模、核心业务、特色产品、获得荣誉等信息。

(3)示范(重点)项目展示。

以图文结合的方式展示近期重点工程、获奖工程等优秀成果。

(4)法律法规标准。

提供水土保持工程项目需要遵循的法律法规和相关标准规范文件查询、浏览和下载。

2. 项目一张图

本模块定位为基础空间地理数据、遥感影像数据、项目数据和监测点等空间数据的浏览、查询、统计功能模块。

(1)地图浏览。

基于水土保持数据库,能对生产建设项目水土保持智慧监管系统的业务图层和数据图层进行合理的管理、显示、叠加。提供放大、缩小、全图显示、图例、地图标注、书签等功能。

(2)项目信息。

通过图表联动的方式,以图查表或以表落图,并自动叠加显示项目范围、防治责任范围、取土场弃渣场等空间要素;提供项目立项日期、项目建设单位、项目类型、单位关联项目等模糊条件查询功能。

(3)查询统计。

针对系统设计的各类基础数据,采用数据资源交互检索的方式,提供基础数据查询扩展接口,并基于多种空间与非空间数据配置方案,提供单一条件检索和多条件检索查询服务。

(4)专题图制作。

以专题应用为导向,通过数据选取、数据组织、数据展现、数据导出等步骤实现专题图制作与输出，专题制作流程可模块化定制并记录任务日志，以适应不同场景和多次使用需求。

(5)监测点管理。

通过项目关联查询和展示调查点、定位点的空间位置，并展示在一张图模块；可支持查询各调查点各类监测记录和处理情况；可支持定位或输入经纬度进行监测点创建、修改和删除操作。

3.项目现场管理

项目现场管理模块是以信息化手段实现对项目点工程重要过程的信息化管控，包括对施工、监理监测、验收的主要过程进行信息化管控，系统在整个项目过程中起到“上传下达”的作用，使参与项目中的各单位能够及时接收项目信息，并做出反馈，有效提升项目工作效率。

(1)施工现场情况上报。

项目施工模块功能是针对施工单位在项目实施过程中的管理。施工单位需按规定填写“项目月台账”“弃渣场 10 天记录”“表土堆放场月台账”报送监测单位，就“取料场弃渣场变更选址”上报建设单位，以征求设计、施工、监理、监测等单位意见。

施工单位在项目实施过程中按规定在系统上传机构设置文件、制度管理文件、施工合同、取料场弃渣场施工组织设计、开工报告、施工日志、项目划分表、单元工程质量评定表、施工月报、水土保持设施施工总结报告、防护工程记录和影像资料，使监督部门能够及时掌握项目情况。

(2)监测点情况上报。

根据水土保持项目相关规程及批复的水土保持方案对项目区进行水土保持监测，系统可支持查询项目下的监测点，对相关监测、监督单位在现场监测点检查过程中产生的现场签到信息、现场记录、现场监理意见及其他现场问题记录信息提供图文一体化新建、查询、浏览、修改等操作，对监测情况进行汇总，并形成整改意见发送给建设部门，建设部门以此及时对建设方案进行调整。其中，监理单位就“现场监理意见”(含整改通知一类)下达施工单位，同时转送监测单位；监测单位对监测点、调查点进行现场记录，整理监测意见，并提交监理月报，分部工程验收签证，单位工程验收鉴定书，平行检测记录，水土保持监理总结报告。

监理单位需上传机构设置文件、制度管理文件、监理合同、监理规划、实施细则、监理日志、监理月报、分部工程验收签证、单位工程验收鉴定书、平行检测记录、水土保持监理总结报告、材料进场签证、材料试验报告、其他记录和影像资料；监测单位需上传构设置文件，制度管理文件，监测合同，监测实施方案，各次调查点、定位点监测记录，各次弃渣场监测记录，各监测季度报告，各监测年度报告，各次监测意见，各次监测情况汇总表(点记录)，检查汇报材料，水土保持监测总结报告，各次监测影像，其他记录(监测技术交底、联系方式、各次现场监测通知、工作记事、各次会议通知、各次会议纪要、各次监测培训、各次监督检查等)。

(3)验收调查点情况上报。

项目验收阶段的主要工作是根据项目完工后情况与方案对比，确定水土流失防治责任范围变化情况、弃渣场设置情况及措施体系的布设情况是否与方案发生变化、水土保持措施总体布局与方案对照是否发生变化，是否完整、合理、水土保持投资等是否发生变化，变化原因分析等。根据监测阶段的测量数据，以及项目完工后的最终图形资料等，复核对比变化情况。也可利用不同历史时期的影像，对照分析不同施工时段的扰动面积变化情况。该阶段辅助项目验收汇报，使验收各参与方能够直观、系统地了解项目概况和水土流失防治情况，有助于项目通过设施验收。验收单位现场落实“验收调查点现场记录表”，从记录中导出问题形成“咨询意见”。

项目验收单位需上传机构设置文件、制度管理文件、验收报告编制合同、咨询意见、水土保持设施验收报告、水土保持设施验收鉴定书。

(4)项目台账。

汇总水土保持工作计划信息，对水土保持项目的进度、过程纪要、人员、资金管理、参与单位、主要负责人等进行统一台账管理，主要是以月、日为时间轴管理与浏览项目月台账、表土堆放场月台账、弃渣场 10 d 记录等台账信息，并支持台账创建、信息编辑和记录删除等操作。支持通过立项日期、项目建设单位、项目类型、单位关联项目等模糊条件查询功能进行查询。

4. 后台管理

(1)单位信息管理。提供用户本单位的单位名称、单位地址、单位联系人、法定代表人、单位邮编等信息修改与管理功能。

(2)图层数据管理。提供包括遥感影像数据、无人机正摄影像、工程项目范围矢量数据、防治责任范围矢量数据、取土场弃渣场 CAD 数据等上传功能。

(3)用户权限管理。提供平台管理员对不同角色用户在图层操作权限、项目流程节点权限等分配管理的功能。

5. 数据分析

(1)图层叠加分析。将各要素分区图进行叠加 ，分析项目点与周围区域范围的空间关系。

(2)图斑核查。将地图导入进行范围分析，自动标识不包含区域。

(3)填挖方统计分析。根据无人机获取的三维地形点数，模拟场规划根据无人机获取的三维地形点数，模拟场规划地形进行，成三维立体模型，以此计算填挖土方量。

(4)取土弃渣量分析。根据无人机获取的三维地形点数，模拟场规划地形进行三维建模，生成三维立体模型，自动计算取土、弃渣场的面积。

6.3.1.5　建管数据中心

建管数据中心是新一代的 ArcGIS 服务器产品，是在用户自有环境中打造 WebGIS 平台的核心产品，它提供了强大的空间数据管理、共享协作能力。它以 Web 为中心，使得任何角色任何组织在任何时间、任何地点，通过任何设备去获得地理信息、分享地理信息；以全新方式开启了地理空间信息协作和共享的新篇章。大藤峡建管数据中心可通过浏览器进行访问，允许组织成员检索、组织、存储以及分享空间信息。

系统功能模块分为：关系数据存储、切片缓存数据存储、时空大数据存储三个模块，各个模块间功能相互独立，方便后期维护和修改。

1. 关系数据存储

关系数据存储,用于存储门户的托管要素图层数据,包括从空间分析工具的输出结果中创建托管要素图层、从本地上传 shapefile 等文件并发布托管的要素服务等,发布成功后,关系数据可通过网址直接调用查看也可直接在当前界面进行查看。

2. 切片缓存数据存储

切片缓存数据存储,用于存储三维图层缓存,打造 ArcGIS 平台的三维 GIS 应用。切片缓存数据的类型包括三维点云、实景三维模型等,用户通过添加本地数据进行发布,发布完成后即可生成共享链接,通过链接均可访问该三维数据,也支持在场景查看器中直接打开。

3. 时空大数据存储

时空大数据存储,用于存储 ArcGIS GeoEvent Server 获取的实时观测数据,以及存储 GeoAnalytics Server 大数据分析的结果。

6.3.2　智慧调度平台

6.3.2.1　输水自动化监控系统

输水自动化监控系统是整个大型水利枢纽工程建设智慧监管系统的核心,担负着全线泵站、闸站及输水管线阀门等设备的运行监控任务,并对全线供电设备进行远程监控。输水自动化监控系统实现智能水量调度系统与现地闸、泵、阀站之间的有机联系,通过远程控制把调度指令下发到现地站,通过远程监测、监视把调度指令执行过程及结果上传到各级调度管理部门,实现智能水量调度系统与现地闸站之间的互动,实现水量调度控制一体化,满足实时水量调度控制的要求。输水自动化系统结构设计示意如图 6-20 所示。

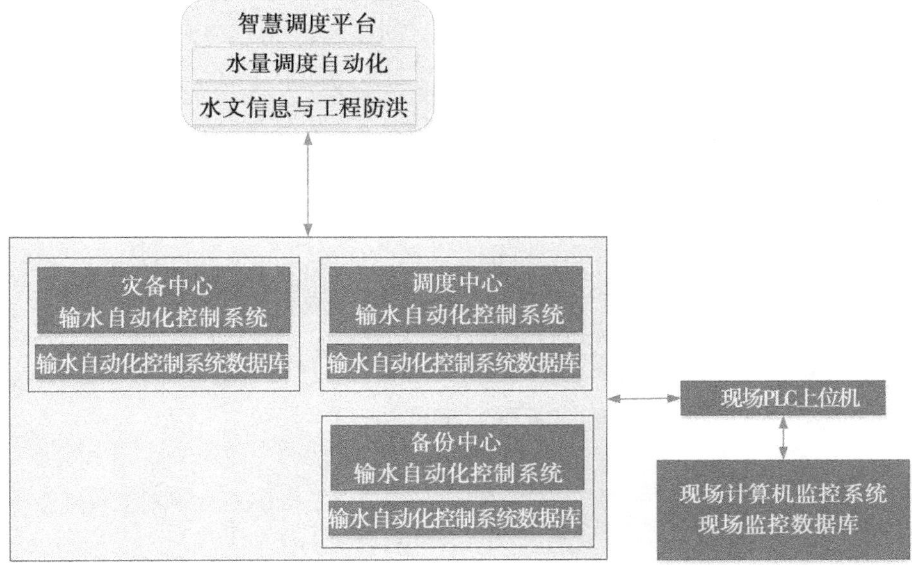

图 6-20　输水自动化系统结构设计示意图

1. 系统结构设计

系统采用统一调度控制运行模式，由调度中心直接下发调度控制指令至各泵站（包括水源泵站、加压泵站及调蓄水库二级提水泵站）、闸站和阀站等。与之相适应，大型水利枢纽工程输水自动化监控系统采用分层分布式结构，设置远程监控层和现地监控层。远程监控层设在调度中心，负责各泵站（包括水源泵站、加压泵站及调蓄水库二级提水泵站）、闸站和阀站的运行监控任务，并根据智能水量调度系统的实时指令对全线现地站设备进行控制。考虑到系统冗余，在金刚沱泵站还设有数据备份中心，当调度中心失效时，由数据备份中心完成对工程全线闸泵阀站的远程集中监控。

现地监控层为现场信息采集层和调度指令的执行层，采集并上传现场设备实时运行状态，接收远程监控层下发的控制命令，并将命令执行过程及结果上传远程监控层。大型水利枢纽工程输水自动化监控系统现地监控层由闸站现地监控系统、泵站监控系统及阀站监控系统组成。

输水自动化系统控制权限级别由高至低依次为现地监控层、调度中心层。

2. 系统功能设计

输水自动化监控系统的功能主要包括如下几部分：监测、控制、监控服务、数据存储、查询统计和管理维护。

1）数据采集与处理

自动采集和处理现地闸站、泵站及阀站设备的运行参数，主要采集的数据及处理包括以下几部分：

（1）电气量。收集由现地控制单元采集的各电气量（如电源电压，启闭机电机电流等），存入数据库。

（2）非电量。自动从各现地控制单元采集各非电量（如水位、闸门开度等），存入数据库，供数据分析和定期制表打印。

（3）数字量。自动从各现地控制单元采集各数字量，掌握主、辅设备动作情况，收集报警信息。

（4）历史数据保存及综合计算。对实时数据和历史数据按要求进行筛选整理，形成历史数据存入历史数据库。

（5）综合计算。包括：流量计算、闸门操作累计次数、闸门运行累计时间、水位最高值、最低值、平均值。

2）安全运行监视

安全运行监视包括现地闸站、泵站、阀站等运行实时监视及参数在线修改、状变监视、越限检查、过程监视、趋势分析和监控系统异常监视。

3）实时控制

操作员通过操作员工作站的显示器、键盘等，对监控对象进行下列控制，但不限于：①泵站设备控制；②闸、阀门设备控制；③电力设备监控。

4）监视、记录、报告

（1）监视。

监控系统操作员工作站用于监视现地泵站、阀站、闸站设备的运行情况。

主要的监视内容有:①泵站设备各种运行参数及运行状态;②泵站辅助设备运行情况;③闸门、阀门运行工况;④调蓄水库水情监视;⑤管线工程水情监视;⑥越复限、故障、事故的显示、报警;⑦监控系统异常监视:监控系统的硬件或软件发生事故则立即发出报警信号,并在显示器及打印机上显示记录,指示故障部位;⑧其他重要的运行参数。

(2)记录、报告。

监控系统所有监控对象的操作、报警事件及实时参数以报表的形式记录下来,并在打印机上打印。打印记录分为定时打印记录、事故故障打印记录。

记录、报告的主要内容有:①操作事件记录;②报警事件记录;③定值变更记录;④报告;⑤趋势记录;⑥闸门、泵站、阀门设备等动作及运行记录。

5)闸站设备运行维护管理

(1)积累闸站运行数据,为提高闸站运行、维护水平提供依据。

(2)累计闸站各种工况运行时间、工况变换次数、变换成功和失败次数。

(3)累计闸站正常停运时间、检修次数及时间。

(4)分类统计闸站等主设备所发生的事故、故障。

(5)其他运行管理数据的积累。

6)系统诊断和冗余切换

监控系统具备在线自诊断功能,能诊断出系统中的故障,并能定位故障部位。诊断到故障时,主、备用计算机能自动切换。

无论是主、备用计算机的切换还是系统网络上的结点发生故障,都可在操作员工作站上给出提示信息,并记入自诊断表中。

监控系统设备硬件故障诊断包括对各工作站计算机及外围设备、通信接口、通道等的运行情况进行在线和离线诊断,故障点能诊断到模块。对于冗余的系统设备,当诊断出主用设备故障时,能自动发信号并切换到备用设备。当诊断出外围设备故障时,能自动将其切除并发信号。

7)软件故障诊断

软件运行时,若遇故障能自动给出故障性质及部位,并提供相应的软件诊断工具。在系统进行在线诊断时,不能影响计算机系统对设备的监控功能。

3.系统配置方案

根据系统结构分析,输水自动化监控系统分为远程监控层和现地监控层,远程监控层包括调度中心监控系统和数据备份中心监控系统。现地监控层根据监控对象的不同分为泵站计算机监控系统(共20个泵站)、水库计算机监控系统、阀控站、高位水池及末端阀站。输水自动化监控系统预留已建、在建6座水库监控系统的接口。

远程监控中心监控系统设在调度中心和数据备份中心,两处监控系统采用完全相同的结构和配置。监控系统采用功能分布式体系结构,系统功能分布在不同的计算机节点中,所有计算机节点通过两台冗余的以太网交换机连接,构成调度中心局域网。

调度中心输水自动化监控系统配置的主要计算机节点如下:4台实时数据服务器、2台历史数据库服务器、3台操作员工作站(数据备份中心设置2台)、2台工程师工作站、1台报警工作站、4台通信服务器、1套GPS时钟同步装置及打印机等设备。

各泵站均设有 1 套独立的计算机监控系统，系统采用全开放全分布式体系结构，整个系统分成主控级和现地控制单元两层。主控级采用按功能分布结构，采用相同类型的硬件/软件平台。现地控制级采用按监控对象的分布设置现地控制单元。

泵站计算机监控系统采用单层网络结构方案，主控级各节点及现地级 LCU 均连接在该层网络上，通过该网络实现主控级与现地级，以及主控级各节点间的信息交换。该网络采用冗余交换式快速以太网结构，主控级节点端口速率不低于 1 000 Mb/s，现地级节点端口速率不低于 100 Mb/s，传输介质采用光纤。

6.3.2.2 智能水量调度系统

智能水量调度系统是大型水利枢纽工程建设智慧监管系统的核心应用系统，旨在设计建立一套“实用、先进、高效、可靠”的水量调度系统，实现水资源配置工程自动化调度运行，提供智能化调度决策服务。它建立在数据采集、通信传输、工作实体环境和数据存储管理体系上，以应用服务平台为基础，紧密结合输水自动化监控、视频监控等应用系统，以及在应用支撑平台的应用集成平台与决策会商支持下，完成水量调度的业务处理功能。智能水量调度系统总体结构示意如图 6-21 所示。

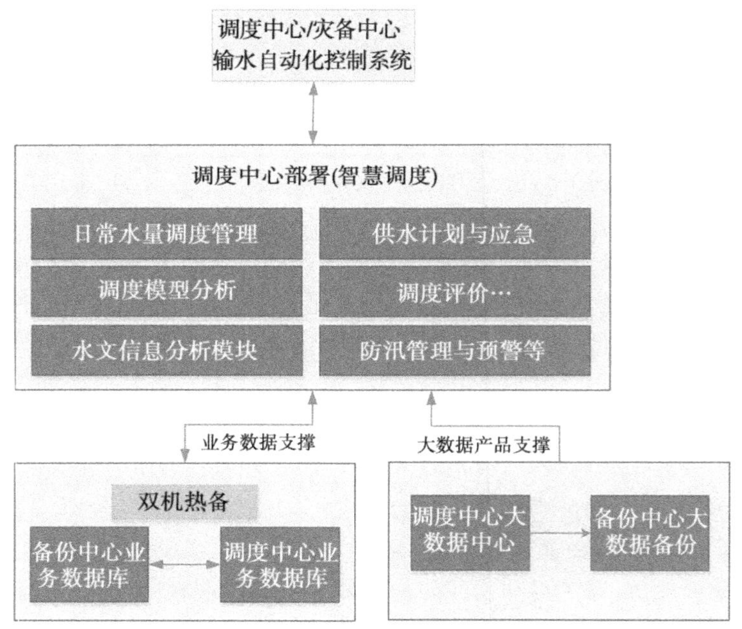

图 6-21 智能水量调度系统总体结构示意图

智能水量调度系统应具有以下功能：

(1)水量调度日常业务的运行管理及处理功能。

(2)年、月、旬等供水计划制订功能。

(3)正常运行调度计划制订及实时调度指令生成。

(4)实时调度指令控制执行。

(5)对可能突发事件的应急调度功能。

(6)水量计量及水费计算的功能。

(7)对水量调度结果的分析评价功能。

智能水量调度系统总体功能示意如图6-22所示。

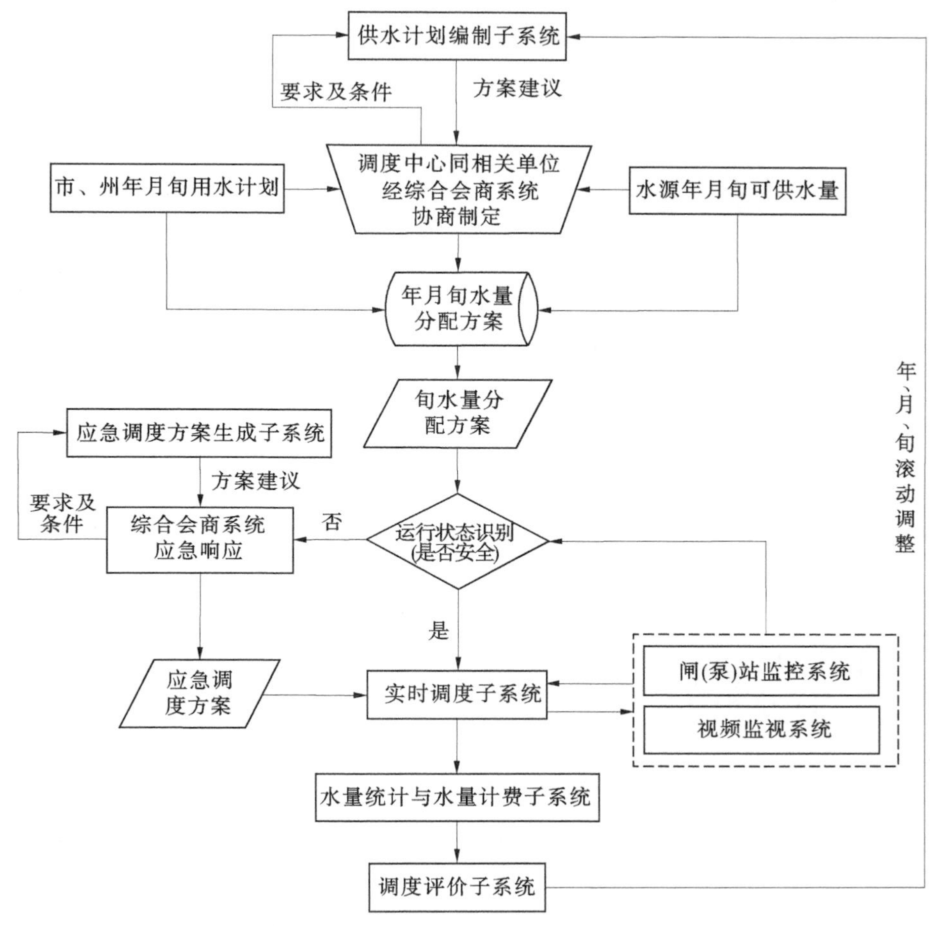

图6-22 智能水量调度系统总体功能示意图

1.模型开发与参数率定

智能水量调度系统包括三个核心模型:年内水量分配模型、实时水量调度模型和水量调度评价模型。其中,实时水量调度模型包括常态运行调度模型及应急工况运行调度模型。

模型参数的准确性是智能水量调度系统数学模型高效运用的关键。在工程初步设计、施工期、运行期的不同阶段,输水工程水力学相关参数、配套工情况不断变化。水量调度策略、应对工况、边界条件参数等都在不断变化,因此水量调度系统应具备对参数的率定、修改功能。参数包括水力学相关参数、控制器参数、模型参数等。

2.水量调度日常业务处理

水量调度日常业务处理按水资源配置工程管理机构设置及工作内容不同分为调度中心水量调度日常业务处理以及各管理处水量调度日常业务处理。

水量调度日常业务处理主要负责完成本工程全线用水计划的受理和审批,以及全线调水运行情况的监控及管理;负责全线分配规则的制定及管理;负责全线供水数据和需水数据的确定;负责方案编制请求的发送,负责调度公文的拟定和传递,负责实时和应急调度指令发布,并对分配计划、调度方案和指令进行存储备案,以备查询。调度中心负责全线引水量的统计分析和水费计算,兼有保障全线水量调度日常业务处理信息化系统安全可靠运行的重任。调度中心负责采集全线调水实时数据,并存入数据中心的水量调度相关数据库。管理处在正常情况下不参与对现地站的控制,不具有调度职能,只负责管线工程的维护管理和日常监测,在事故情况下允许管理处人员对现地站进行授权下的紧急操作。

水量调度日常业务处理过程是一个不断滚动的循环过程,为确保调度安全,整个实时调度过程,以及应急调度过程均在控制专网内执行,其他的日常业务处理事务在业务内网执行,信息服务等公众业务在业务外网执行。

3. 供水计划编制

调度中心根据水源部门提供的可供水量和沿线行政区提供的用水需求,综合考虑水源可引提水量、管道过流能力、备用水源等多重因素,依据水量分配规则,运用水量分配模型,平衡用户与供水之间的供需矛盾,经会商编制科学有效的年、月、旬供水计划。

4. 供水实时调度

供水实时调度是水资源配置工程水量调度的核心,实时水量调度由调度中心统一控制执行,通过对泵站的实时调度实现。调度中心按照旬供水计划及应急调度方案(事故工况下),调用实时控制指令生成模型,生成全线泵站实时控制指令。在调度中心授权的情况下,各管理处可生成所辖范围内泵站流量的调度指令。实时水量调度中心接受实时监测数据、发布调度指令并进行全线闭环控制。

5. 供水应急调度

根据供水调度发生的紧急情况,按照事故类型、事故级别、事故管道、需要采取的事故调度要求等,采用相应的应急调度预案,发布应急调度指令,来满足不同水量调度应急险情的要求。

6. 水量统计与水费计算

通过水量调度实时监控系统的数据进行水量统计,统计分析水资源配置工程水源泵站的逐日实时引水量过程,并对全线引水过程进行一定时段内的水量平衡,根据水量损失分摊原则进行损耗水量分摊,并按日、旬、月、年对各个水量进行分时段统计,统计结果写入水量调度数据库,为水费征收、调度评价、效益分析、信息发布、制订分配计划等提供数据支持。水费征收管理部门根据水量统计的最终结果、水价,进行水费计算,以此作为收缴水费的依据。

7. 水量调度评价

水量调度评价是对水量调度效果进行分析,通过建立评价水量调度方案实施效果的评价指标、评价方法和评价模型,从计划完成情况、供水保证程度、管道输水稳定情况、供水效率、管道输水能力等方面对年、月、旬水量调度结果进行评价,通过评价不断优化调度参数,提高引水工程效益和水利用效率,为滚动编制供水计划提供支持。

6.3.2.3 水文信息及工程防洪管理系统

水资源配置工程设置有独立的水情自动测报系统,包括片区自动测报系统及水库水情自动测报系统。信息化项目将建设的水文信息及工程防洪管理系统主要完成水文信息的发布与防洪管理两大功能,具体又分为防汛日常业务管理、汛前检查管理、水文信息查询与发布、防洪形势研判、防洪预警、防汛响应、汛后管理等模块,完成从汛前—汛中—汛后的全链条信息化管理。系统在建立防汛预案库,定期巡查,采集、接收、展示水文气象及预报数据的基础上,开发防洪形势研判、防洪预警、防洪响应、汛后管理等功能,以现代化的管理观念和工作方式,提高防洪信息综合处理能力,为安全调水提供信息支持。

水文信息及工程防洪管理信息系统的业务流程如图 6-23 所示。

1. 防汛日常业务管理

防汛日常业务管理主要实现防汛预案制订、防汛预案管理、责任分工管理等功能,满足防汛日常工作开展的需要。

1) 防汛预案制订

为应对汛期洪水,日常工作中应开展防汛预案的制订工作,系统提供预案管理、查询、查看功能。

2) 防汛预案管理

防汛预案管理负责工程防汛预案的管理,对防汛方案、防汛指令等进行存储备案。

对已有防汛预案、应急预案,建立预案分类管理体系,通过指标数字化处理后录入数据库。可根据工程属性、预案启动条件、防汛措施等来进行预案的分类和检索。根据工程属性,建立防汛预案所对应子工程所在地区、工程类型、工程名称等指标;对于可量化的预案启用条件属性,建立防汛预案启用对应相关水位、流量、降雨等指标;根据防汛措拖,建立预案启用后人员组织、应急物资、救援力量等指标,提供相关应急处理措施的汇总、分列及选取功能。通过分类管理,方便防汛人员通过不同的组合条件进行查询检索,快速形成防汛方案、应急预案。

3) 责任分工管理

建立分工合理、责任明确、权威高效的防洪责任分工,根据分工,建立防洪责任通讯录(人员、分工、联系方式),通过子工程、预警级别、涉及部门等字段进行分类与检索。

2. 汛前检查管理

1) 防汛值班管理

基于防汛值班工作,建立防汛期间值班管理数据库,主要功能包括值班日志的上报与查看、短信通知值班任务、值班排班导入与查询、报表统计导出等功能。

2) 汛前检查管理

通过调用巡视检查通用功能对汛前检查工作进行管理。每年入汛前,制定巡检任务,通过系统下发巡检通知,建立线上打卡制度。防汛检查发现的工程区域内防洪薄弱环节和风险区域纳入隐患库进行以便统一闭环整改处理,及时监督整改工程措施和非工程措施相关落实情况。

3. 水文信息查询与发布

水文信息及工程防洪管理系统可采集、接收、发布多方水文、气象数据。由水情自动

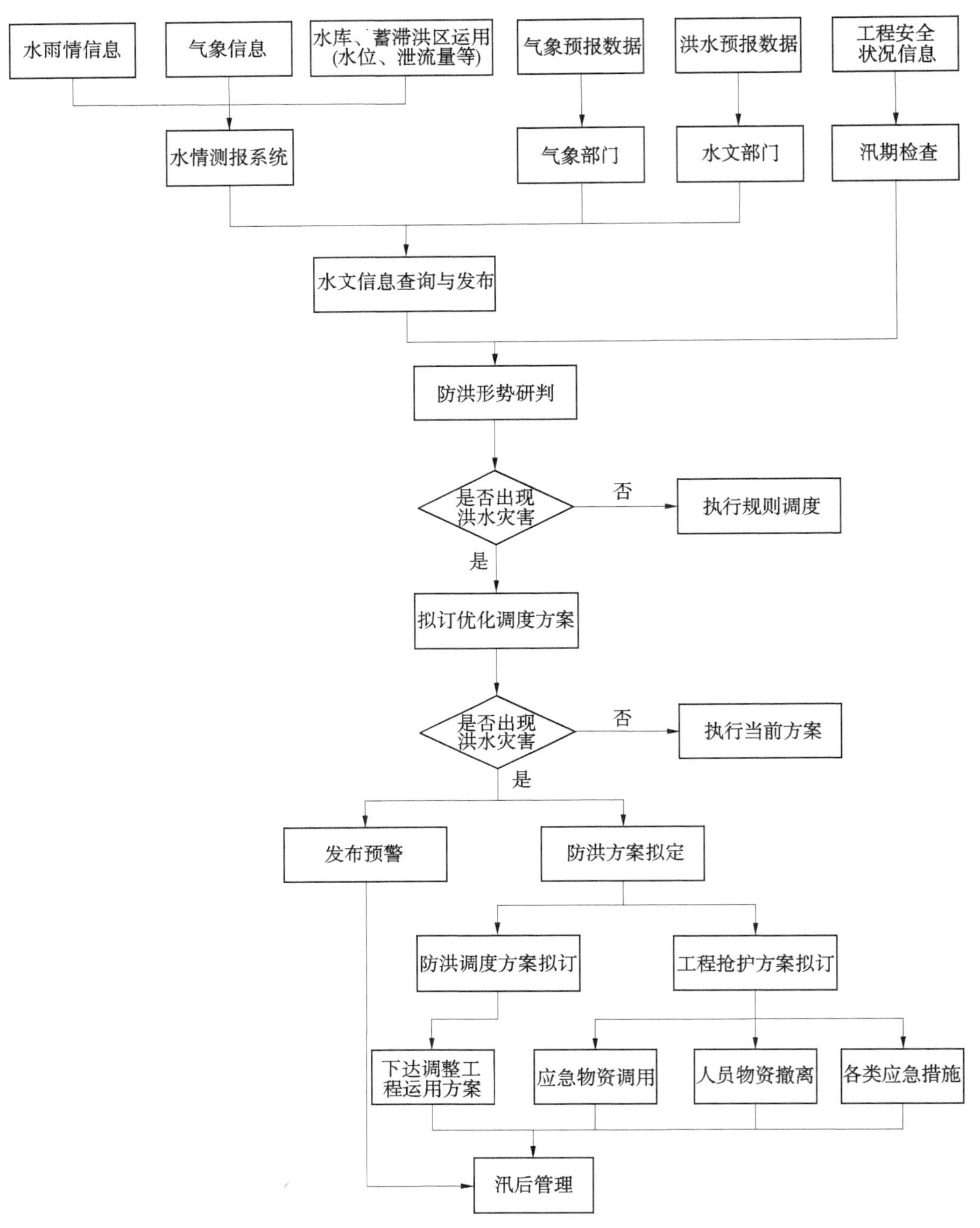

图 6-23　水文信息及工程防洪管理系统业务流程

测报系统发布的水文气象数据通过以太网通信方式被采集进入系统；由水文及气象部门发布的洪水预报及气象预报数据通过专网通信方式被接收进入系统；水文信息及工程防

洪系统在采集、接收数据后，以应用支撑平台为依托，结合地理信息系统，将各方数据进行直观化的综合信息发布展示，并为水量调度计划的编制提供数据资源。该功能实现了对防洪相关数据的发布、展示、检索，主要由历史、实时与预报数据组成，涵盖了工程相关区域内各个水文、气象测站及水工建筑物的水雨工情数据、相关部门预报数据，为防洪形势分析提供数据来源。

1）实时监测数据查询与发布

由水情自动测报系统采集的片区及圣中水库水雨情信息、库水位、泄流量数据信息可实时通过网络传输至系统，并结合地理信息系统，通过图表可视化发布。该数据采集范围集中，数据精度高，可为水库防洪提供针对性基础数据。

2）气象预报数据接入与发布

气象预报数据由气象部门提供，该系统通过专网接入数据。由于气象预报数据与实际需求预报数据间的时空尺度可能存在差异，因此气象预报数据在经过网格化处理后，方可达到各工程区域气象预报的时间与空间尺度要求。网格化处理工作不在初设报告内，该水文信息查询与发布系统只负责数据接入、提取、整理、发布展示。

3）洪水预报数据接入与发布

洪水预报数据由水文部门提供，系统通过专网接入数据。针对特定工程区域，如各流域或各水库，其洪水预报时空精度要求较高，因此洪水预报数据在经过网格化处理后，方可达到各工程区域洪水预报的时间与空间尺度要求。网格化处理工作不在初设报告内，该水文信息查询与发布系统只负责数据接入、提取、整理、发布展示。

4. 防洪形势研判

根据实时水雨情、工情数据，市水文预报部门和气象部门发布的洪水预报及气象预报数据，并参考防洪工程运用现状，进行防洪形势研判，判断预计雨量及预计来水是否超警戒，是否对工程造成威胁，判断是否可能发生洪水灾害。

1）水雨情分析

对于实时数据，主要根据提取的雨情数据，生成的点雨量图、面雨量图等图表对某区域某时段的降雨状况进行分析。同时，根据提取的水情数据，生成流量过程线、水位过程线等相关的图表信息，分析该时段的水情状况。

对于历史数据，可进行历史雨量、水位、流量等趋势分析，进行特征值统计，将各类数据走势与特征值以图表形式可视化展示与发布。

2）工情分析

主要根据全线闸站及输水建筑物的工情信息，掌握泵闸站运行状态，将泵站、水闸等监测信息以不同的统计方式推送至用户端，如内外水位、开启状态、开机台数、雨量等相关信息。结合工情简报和洪水预警，进行工情分析，确保泵闸站正常运行，并能应对预报洪水。

3）防洪形势综合研判

综合泵站、水库、管线等工程运行信息和降雨、水位、流量、气象信息，基于不同防洪方案、调度方案，通过水雨情分析和工情分析，形成防洪形势综合研判分析报告，为整体工程防洪排涝提供实时决策，以便进行精细调度、统筹调度、优化调度。

5. 防洪预警

1) 预警指标管理

根据防洪需要、预案说明,以及对原始数据的分析,对各类预警指标的预警阈值进行设定,对各类预警范围进行设定,包括最小值、最大值等,并将各类预警指标存储入系统,可随时查阅,在规定权限下可以更改。

2) 预警级别设定

根据防洪研判,将分析结果与设定的预警指标值相对比,自动比对后得出预警级别,用不同颜色或不同等级标号直观显示事件的紧急程度。

3) 预警发布

根据防洪形势研判的预警级别,以及必要情况下的会商结果,按照预警发布流程,开展预警信息发布处理,包括系统界面展示、电话发布、短信发布、终端推送等方式。系统以滚动消息、弹窗或突出颜色、声音等进行报警提示,预警内容包括工程位置、超警数据、预警级别、预警时间等信息。

6. 防汛响应

基于防洪形势研判与防洪预警,根据洪水等级、预警级别等信息,防汛响应模块推荐、推送防汛预案,调用智能水量调度系统的应急调度预案,防汛人员在确认预案后,根据预案指挥现场防汛工作的开展。

7. 汛后管理

汛后管理模块主要功能包括以下几部分:

(1) 防汛报告管理。

主要负责防汛报告的编制与存档,包括但不限于本次汛情发生时的水雨情、工情情况,防汛预案选择情况、预警发布情况、现场反馈情况、防汛总结等,对本次防汛工作进行全过程记录归档处理。

(2) 灾后检查。

对灾后检查工作进行管理,对于巡查过程中发现的问题纳入隐患库进行统一管理,督促及时整改,闭环处理。

(3) 预案评估。

针对影响较大的洪涝灾害,在汛后可线下组织会议,对预案响应进行多方评估,并在该模块对本次汛情期间所用预案进行评估结果输入,提出优化建议,审核后,可以此为依据,编辑、优化、更改防汛预案。

6.3.3 智慧运维平台

6.3.3.1 智慧运维平台结构设计

智慧运维平台架构如图 6-24 所示。

6.3.3.2 工程安全监测系统

1. 监测信息管理

集成“监测信息管理”通用功能模块,提供数据录入、查看、图形绘制、数据审核反馈功能。

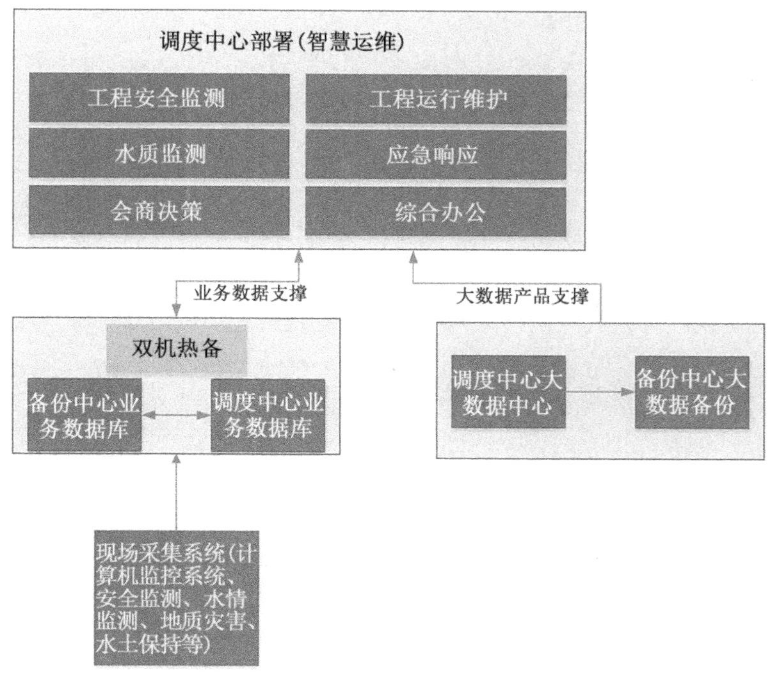

图 6-24　智慧运维平台架构

2. 监测设备管理

集成“监测信息管理”通用功能模块,提供测点管理、监测仪器模板管理功能。

3. 资料整编

资料整编主要是利用系统现有的数据(监测数据和业务数据),根据用户的需要,设定各类报告模板,通过自定义组合模板形成所需报告,提高报告整编的效率。

1)母版管理

用户可将固定的文字、表格形式制作成母版,母版可供不同监测项目使用。系统内置通用的母版,并提供新增、修改、删除、设置标签等功能。

2)模板管理

模板包括文字表格、过程线、分布图、工程信息等。其中涉及文字和表格的,可以从母版导入后进行修改。母版发生改变,关联该母版的模板也会同步改变。模板是跟具体监测点关联的。

3)表格文字模板

系统具有月报表、年报表、特殊报表的制作、显示、输出。报表采用统一格式和模板,特殊报表采用自定义格式和模板。可以人工选择测点生成各类报表,可人工任意选择测点、选择时间段生成特殊报表。月报表中包含本月特征值,并对异常值进行标注,年报表中包含本年特征值。

4)过程线模板

系统提供以下功能。

新增模板:支持人工选择测点生成过程线,可人工任意选择测点、选择时间段,支持对所有的测点应自动生成过程线。

双击过程线图或图例中的线型,可触发属性设置面板,进而设置过程线的取值规则、线型、颜色、标记等。

5)分布图模板

系统提供以下功能:

(1)新增模板:选择已完成打点的分布图底图,选择分布图种类、监测类型、生效的测点组及分析时间,系统会根据实际测值情况和设定绘制出图形。

(2)分布图设置:对图形的测点、测值线、连线、测值、坐标方向等均可在更多设置中做样式的设定。

(3)测点分组功能:分组后可单独对组进行设置。

6)报告大纲管理

通过自有组合模板形成报告大纲,系统提供以下功能:

(1)大纲管理列表展示,对每个大纲可执行编辑和删除的操作。

(2)新增工作大纲,可输入最多五级的标题,在各标题下,可以关联有关的模板。此外,大纲可设置校审核人员信息。

(3)自定义大纲可保存为预设大纲,方便下次直接调用。

7)报告管理

通过选择报告大纲和设置整编时间段,可快速生成相应类型的报告,报告分为快报、月报、年报、资料分析报告、管理工作报告,当监测数据和管理工作信息更新后,可快速生成最新成果报告。提供以下功能:

(1)报告管理列表展示,对每个报告可执行编辑和删除操作。

(2)新增报告:选择大纲、报告类型、分析时间可新增报告。

(3)报告编辑:可对报告进行浏览、编辑、修改模板、更换大纲、修改报告信息等操作。

(4)导出:支持导出 word 文档。

8)报告查询

总览页面可查询已发布的报告,同时通过赋权提供报告删除功能。

4. 数据分析

数据分析功能集成监测通用模块数据分析模块,包括数据统计和离线分析功能。

5. 异常告警

提供数据异常评判指标设置功能,当实测结果超出评判指标时,触发异常报警,向相关人员推送数据复核提醒信息。

6.3.3.3 水质监测应用系统

1. 数据查询

水质监测数据查询可集成通用安全监测系统中的监测数据查询模块。

2. 数据分析与评价

在对已有的水质数据统计、分析、判断的基础上结合水质评价模型,依据水质标准对于管道水质进行水质评价,对供水水资源进行预报。

3. 资料整编

按年度对所有水质监测数据进行自动计算和统计,对监测数据进行合理性分析,并按照水质整编规范制定数据报表格式,帮助用户快速完成水质数据整编工作。

4. 图形绘制

集成通用安全监测系统中的图形绘制模块。

6.3.3.4 工程运行维护管理

工程运行维护管理系统在GIS+BIM三维可视化管理平台的基础上,对工程日常运行维护和应急工作进行管理,提升水资源配置工程运行维护管理水平和突发事件的响应能力,保障整个工程安全运行,为工程安全运行提供网络化和可视化的工程基础信息及管理维护综合信息服务,为工程运用调度决策提供支持。

根据工程运行维护管理所涉及的具体业务,本系统的功能主要包括基础信息管理、综合监测、巡查养护、工程维修、管理考核和应急响应六大模块。不同管理智能的用户所能查看到的工程信息不同、可进行的操作有所区别,可根据职责进行权限配置。

1. 基础信息管理

对工程及所含设备设施的基础信息和资料进行管理,包括工程基本设计指标、基本几何尺寸、工程图片、图纸以及相关的设计文档等。提供信息和资料的编辑、查询、统计、整编功能。

2. 综合监测

通过调用工程安全监测、水质监测等通用模块的成果,使用户查看、查询、分析监测数据,在此基础上,提供监测数据整编、预警指标管理、接收预警信息功能。

3. 巡查养护

提供巡检和养护工作管理功能,用户可对电气工程、泵站、水库、管线、交叉建筑物等水工设备设施开展日常巡检养护、突发事件应急检查、定期检查及专项检查。

具体地,主要功能包括:制订巡检养护方案、计划,发布任务;工作人员通过移动端APP接收到任务信息后,根据任务要求开展工作,录入、拍摄巡检维护结果;录入的巡检维护结果实时上传至数据中心,供相关人员审核、查看;通过审核的巡检养护记录自动生成报告,供存档使用;此外,用户也可通过系统查询历史巡检记录、报告。

4. 工程维修

对工程维修中的编制方案及预算、组织实施、采集信息等环节提供信息支持。主要功能包括:维护方案标准化模型管理、重大工程维护辅助决策模块、工程维护方案及预算编制、工程维护方案实施计划编制、工程维护实施过程信息记录、工程维护项目验收管理。

5. 管理考核

对水利工程运行维护管理中的制定考评办法、现地工程管理检查、分级考评等环节提供信息支持,主要功能包括:工程管理考核模型、考核计划及组织管理、工程现地检查情况记录、工程管理考核分级考评。

6. 应急响应

本系统将集成“应急响应系统”,向应急准备、应急响应及事后处置总结工作提供信息支撑。具体功能见6.3.3.5节中描述。

6.3.3.5　应急响应系统

按照“平战结合”的应急管理理念，围绕“事前准备—事中响应—事后总结”的应急工作内容，结合水资源配置工程信息系统应急响应体系“健全体制、明确责任；统一领导，分级管理；常规调度与应急调度结合；全线联动科学应对；协调管理，共享互动”的指导思想，应急响应系统为引水工程应急工作全过程管理提供信息支持，系统的功能架构如图 6-25 所示。

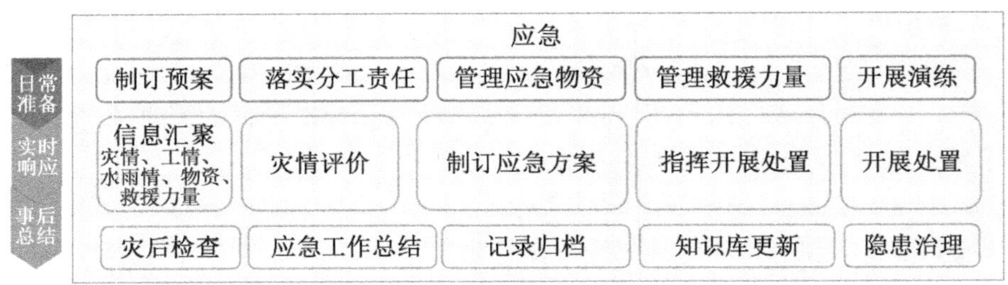

图 6-25　应急响应系统业务架构

1. 应急准备

对应急预案、应急组织机构、应急物资、应急救援力量、应急演练的管理提供信息支撑。主要功能包括：应急预案管理（编辑、查阅）、应急组织机构台账（人员、分工、联系方式）、应急物资台账（库存、出入库情况）、应急救援力量台账（联系人、人数、专长）、应急演练过程管理等。

2. 应急响应

1）信息汇聚评价

针对各类突发事件，汇聚整合应急响应决策所需要的信息，供相关单位应急工作人员便捷地查看，为应急决策及沟通协调提供参考。所涉及的信息包括以下几方面。

（1）事件信息：位置、强度等。

（2）工程安全信息：监测、监控、现场检查成果等信息。

（3）相关应急预案和现场处置方案。

（4）各级应急组织机构及应急责任人信息：姓名、联系方式。

（5）应急力量及物资信息。

（6）工程基础技术资料：竣工安全鉴定报告、布置图、剖面图、照片等。

（7）其他应急相关资料：溃坝分析报告、抗震分析报告等。对于系统中已有的信息，提供自动汇集功能。

此外，提供信息填报功能，供现场工作人员及时报告现场情况。此外，提供信息进行分析评价，辅助应急事件级别的确定。

2）制订应急方案

为应急方案的制订提供支撑功能。具体地，可根据事件类别、级别推送相应的应急预案，为应急方案的制订提供参考。也可推荐系统中相似级别类别事件的应急方案作为参考。

3）应急指挥

为应急指挥提供沟通、协商、信息共享功能，向相关单位和人员推送应急方案、应急指挥命令,现场人员可通过系统反馈、更新现场处置情况。

3. 事后处置总结

1)灾后检查管理

对灾后检查工作进行管理,记录检查时间、组织单位、参与人员及检查结果。对于检查发现的问题、隐患,纳入“工程运行维护子系统”—“工程维修”模块进行统一闭环管理。

2)记录归档

对应急过程中的方案、指挥命令、现场反馈、工作总结等记录进行管理、归档,方便日后回溯、总结经验。

3)知识库更新

应急事件结束后对档案资料进行重审、评价,并提取有用信息,提供预案、知识的编辑功能,使用户可补充修改完善知识库。

6.3.3.6　会商决策系统

会商决策系统为水资源配置工程建设和运维期的各类会商活动提供信息化支撑。功能设计需满足的应用场景包括年度引水水量分配方案会商、工程运行险情处理会商、工程安全险情会商、工程综合安全评估会商、交叉河流超标准洪水险情会商、突发水污染事故处理会商、重大管理决策会商、基础设施重大问题会商、通信故障会商等。

1. 会议管理

提供会议管理功能,包括:预约、发起会议、邀请参会人、发送会议通知等功能。

2. 用户会话

用户会话提供决策者与会商决策支持系统交互的界面,负责接收用户发出的各种请求,根据这些请求调用不同的业务子系统,并获得处理结果,再将这些处理结果输出到系统反馈给用户。

3. 信息共享

根据水资源配置工程信息系统会商主题需要,从各类应用系统的数据库中抽取分析用的数据,可分享的信息包括且不限于:工程概要类信息服务、水量调度类信息服务、闸站监控信息服务、工程安全监测信息服务、工程管理与维护信息服务、工程防洪类信息、水质监测类信息。

4. 模型分析

会商人员可调用、选择系统内各分析模型开展决策分析,分析结果可推送至相关工作人员,也可存储至系统规则、方法库中,为日后会商提供参考。

5. 会商结果管理

对会商过程产生的过程文档进行管理:第一类是会商程序性文档;第二类是技术性文档。程序性文档主要包括会商时间、主要参加人员及其管理职责、会商内容、主要会商意见、决策指令等;技术性文档主要指会商分析的最终决策方案,该方案存档备查。这些文档统筹采用基于模板的方法生成。会商管理还实现文档输出结果灵活定制和内容的自动提取及修改功能。

6.3.3.7　综合管理办公系统

综合管理办公系统以实现对水利政务信息流的传输、存储、处理、控制为主要内容,对水利政务信息进行跨平台整合集成，实现方便快捷、高效、准确、智能一体化水利政务管理。

综合管理办公系统包括面向调度中心及下属单位内部用户的政务信息系统，以及面向社会公众的工程互联网站建设两大方面。面向单位内部用户的政务系统可划分为办公自动化系统、计划合同管理信息系统、人力资源管理信息系统、财务资产管理信息系统、档案管理信息系统等子模块。其中，计划合同管理信息系统、人力资源管理信息系统、财务资产管理信息系统、档案管理信息系统采用成熟商业软件，采购的商业软件部署在大型水利枢纽工程建设智慧监管系统平台下，由应用支撑平台和数据中心提供统一的服务和接口。

综合管理办公系统主要是一个以日常办公管理事务为中心，以部门办公为重点，通过引入数据权限和功能权限对不同部门及员工进行权限划分，以实现信息、管理、服务协同工作的管理平台。

综合管理办公系统面向工程运行管理维护单位领导和全员使用，满足工程管理运行人员对综合办公与政务的需求。系统必须确保各部门及所有办公人员都可以在桌面计算机上处理日常工作，在网络上完成绝大部分公文的处理和传送工作，提高各部门之间的协作效率。系统应确保调度中心领导能够方便、及时获得各种信息和统计数据，及时了解各项工作的进展情况。

系统建设的目标是通过综合办公系统提高管理效率、提升业务水平、规范业务流程。系统在开发时，与综合办公模块实现数据和业务流程的对接，构建数据共享机制。

(1)建立内部的通信平台。建立内部的邮件系统、即时通信系统等，使得内部的通信和信息交流快捷通畅。

(2)建立信息发布平台。在内部建立一个有效的信息发布和交流场所，例如规章制度、管理办法、通知公告、新闻简报等。

(3)实现工作流程的自动化，规范各项工作，提高工程管理单位及下属单位各业务部门之间协同工作的效率。

(4)实现文档管理的自动化。使各类文档能够按权限进行保存、共享和使用，并设一个方便快捷的查询手段。

(5)实现分布式办公。支持多分支机构、跨地域的办公模式及移动办公。

(6)实现信息集成。办公自动化系统要和其他业务系统实现良好的集成，使得相关人员能够有效获得整体的信息，提高整体的反应速度和决策能力。

(7)实现政务公开。加强工作的监督力度，提高工作人员的责任感和事业心，增强单位工作人员的活力和凝聚力。

(8)通过 Web 网站建立与社会公众之间的信息互通。

1. 日常办公

针对各部门的日常事务进行管理，从而做到日常事务管理工作的制度化、标准化、规范化和网络化，保证办公自动化和工作流自动化。

系统对发文和收文的整个流程进行跟踪，详细记录公文的当前状态、发文审核的过程和领导审签、签发意见等；同时对从收发文系统归档过来的文档进行管理和查询的权限控制。

2. 部门办公

针对各部门不同的日常事务,设计了各部门办公系统,使各部门人员进入自己部门后能方便、准确、及时地进行本部门各类事务的计划和安排,使部门办公更加规范化、合理化。

3. 个人办公

个人办公是把与工作人员日常工作相关的功能事务进行有效管理,为工作人员日常办公提供绿色通道,提高工作效率。内容包括待办事宜、日程安排、个人收藏、电子邮箱、通讯录管理。

4. 公众信息服务

公众信息服务主要是为大家提供相关规章制度、政策法规、科技信息、新闻信息、内部刊物等信息、其他实用信息等,具体内容包括政策法规、政务流程、新闻信息、通知公告等。

6.4 系统运行环境设计

6.4.1 硬件环境

硬件环境建设见表 6-4。

表 6-4 硬件环境建设

序号	项目名称	主要性能指标	数量	单位	说明
1	GPU 计算服务	NVIDIA® TeslaK80GPU 用于水动力模型及洪水实时预报计算	4	台	
2	GPU 计算服务	NVIDIA® TeslaV100GPU 用于人工智能训练	4	台	
3	GPU 图形服务	NVIDIA® GeForceGTX 系列显卡 用于三维图形渲染	6	台	
4	高速存储设备	100TB 以上大容量高速存储设备	2	台	互为备份
5	现有水文水动力模型整合	在集成整合源系统模型基础上,定制统一的模型集成规范要求,在模型结构、算法、输入输出等方面升级改造	1	项	
6	水文水动力模型	按照系统需求,补充缺少的水文水动力模型,开发集成	1	项	

续表 6-4

序号	项目名称	主要性能指标	数量	单位	说明
7	江河湖泊监管模型	开发模型并集成	1	项	
8	遥感干旱监测模型	开发模型并集成	1	项	
9	水生态监测调度模型	开发模型并集成	1	项	
10	水土流失评估模型	开发模型并集成	1	项	
11	水环境预测模型	开发模型并集成	1	项	
12	学习算法库建设	在开源智能学习算法架构基础上进行定制开发并集成	1	项	

6.4.2 软件环境

软件环境建设见表 6-5。

表 6-5　软件环境建设

序号	项目名称	主要性能指标	数量	单位	说明
1	统一接口	开发服务调用统一接口	1	套	定制软件
2	位置识别	开发位置识别服务	1	套	定制软件
3	图像识别	开发图像识别服务	1	套	定制软件
4	语音识别	开发语音识别服务	1	套	定制软件
5	通用报送工具	开发通用报送工具，实现功能数据报送表单配置、数据报送任务管理、数据报送进度管理、数据报表填报、数据报送成果展现及统计等	1	套	定制软件
6	文件管理工具	开发文件管理工具，实现文件上传、预览、批量迁移	1	套	定制软件
7	大数据可视化工具	实现各类数据的展示	1	套	定制软件
8	空间信息服务	升级服务，包括 GIS 服务升级和遥感数据服务，将数据结果以服务接口的方式进行展示	2	套	定制开发

续表 6-5

序号	项目名称	主要性能指标	数量	单位	说明
9	统一用户管理	系统管理员对各类用户的信息进行查询、增加、修改、失效、删除等管理功能	1	套	定制开发
10	统一身份认证	单点登录	1	套	定制开发
11	全文检索引擎	扩大搜索范围,包括监测数据、视频数据等数据资源池全部数据,整合视频和影像数据的专业搜索工具的输出结果	1	套	定制软件
12	信息提醒服务	增加消息订阅和消息推送模块,升级告警服务	1	套	定制软件

7　系统数据库设计

数据资源管理中心的设计和建设,要以标准体系建设为基础,通过采用数据库技术、分布式存储技术、数据存储备份技术、大数据及数据仓库技术以及数据产品等,设计并建设各类基础数据库、专用数据库及元数据库,建成为各应用系统服务的数据服务中心,在适当的时间和应用场景提供能够对内对外提供服务的数据产品,建立协调的运行机制和科学的管理模式,形成水资源配置工程信息系统数据存储管理体系,充分满足应用支撑平台建设及数据交换和共享服务的需求,对业务内网和业务外网的各应用系统功能提供全面数据支撑,对控制专网中的监控系统数据也以接入智能水量调度系统所用数据库的方式进行数据处理及保存,最终形成独特的数据即服务体系(DaaS)。

7.1　数据分类及数据量分析

水资源配置工程信息系统所用数据内容涉及面广,从水文、地质、工程安全的实时监测信息,到整个工程沿线的人文、自然、工程地质及社会经济信息。水资源配置工程信息量大,包括工情、水情采集信息,视频数据、管理数据等,其中工程视频图像、三维地理信息、遥感影像、档案资料、电子邮件以及各种多媒体数据存储量很大,且随系统投入运行后,将会积累越来越多的历史数据,应该说是海量数据。因此,为保证整个系统的稳定运行,确保信息共享的高效和信息安全,需要建立整个系统的数据存储与管理体系。

7.1.1　数据分类

水资源配置工程信息系统需要使用的数据类型,从大的类别上可以分为三类:专用数据库、公用数据库和元数据库,其各自的功能及内容需求分述如下。

7.1.1.1　专用数据库

大型水利枢纽工程信息系统专用数据库是一个具有多极结构、广域分布的数据库系统,其数据来源于各级管理单位、现地采集站以及市内其他兄弟单位等。数据库内容从应用方向上包括了 BIM 模型、水量调度,工程安全监测、水质监测、工程防洪、行政管理以及基础空间信息、视频、图像等各类媒体信息。

大型水利枢纽工程信息系统所包含数据种类多,而且涉及面广,从水量、水质、工程到流域经济、空间信息等。按照水资源配置主要业务的划分,大型水利枢纽工程专用数据可分为几大类:①水量调度业务数据;②监控自动化业务数据;③视频监视数据;④工程安全监测数据;⑤水质监测数据;⑥水情水文监测数据;⑦工程防洪数据;⑧电子政务数据;⑨BIM 模型数据。

7.1.1.2　公用数据库

公用数据库主要包括公用基础信息数据库和空间地理基础信息数据库。由于其公用性,其数据可以被多个应用系统分享公用,达到数据资源充分共享的目的。

1. 公用基础信息数据库

公用基础信息数据库存储共用基础类信息,包括单位机构设置、基本人员、工程基础信息等。公用基础信息数据库表汇总见表 7-1。

表 7-1 公用基础信息数据库表汇总

序号	表中文名字
1	管理单位属性表
2	人员信息基础信息表
3	闸阀基础信息表
4	泵站基础信息表
5	分(退)水口基础信息表
6	隧洞基础信息表
7	管道一般信息基础信息表
8	河流基础信息表
9	水库基础信息表

2. 空间基础地理信息数据库

空间基础地理信息数据库主要包括多比例尺的沿线地区基础地理信息,其中包含二维和三维的基本图库及各专业应用的专题图库。基本图库包括沿线各地区地理地质图、水利工程分布、水系、居民点、植被图等。专题图库包括各项具体业务工作的图形,如在管理机构布置、重要泵站、闸阀、分水口、交叉建筑物分布图等。基础地理数据包括沿线地区 1:25 万、1:10 万电子地图数据,重要管涵段 1:1万数字电子地图数据等;遥感影像应用成果数据,如参考底图数据、专题栅格图数据、专题矢量图数据、应用成果图数据等。整个空间基础地理信息库的覆盖范围是沿线(管道、暗涵)。

7.1.1.3 元数据库

元数据类包括元数据信息、标示信息、数据质量信息、维护信息、参照系信息、内容信息、地理覆盖范围信息、分发信息、限制信息、核心数据信息等相关数据。

元数据信息数据库表汇总见表 7-2。

表 7-2 元数据信息数据库表汇总

序号	表名
1	水利信息元数据
2	标识
3	空间数据标识
4	模式及技术
5	表描述信息

续表 7-2

序号	表名
6	字段描述信息表
7	元数据历史信息表
8	元数据字段历史信息表
9	数据质量
10	维护信息
11	要素信息
12	空间范围信息
13	时间范围信息
14	分发者信息
15	在线资源信息
16	限制与安全信息
17	数据映射信息表

7.1.2　数据量估算

经初步分析，大型水利枢纽工程整个工程数据的采集与存储量是非常大的，随着工程的建成运行，调度中心和数据备份中心的数据存储量都将超过 TB 级。采用数据中心、数据备份中心分布式的数据存储管理体系，以及现代高性能的数据库管理系统，完全可以满足整个工程数据的存储需求，保证系统的查询及响应速度。正确估算出系统建成后各种数据的数据量大小及每年增加的数据量是数据库存储设计的基础，对于本系统各种类型数据量的估算如下：

7.1.2.1　专用业务数据

(1)综合管理办公系统内，根据现有资料进行预估，行政管理与办公信息数据初始数据量约为 260 GB，档案图书信息初始数据量约为 2 TB，互联网站数据量约为 1 TB。

(2)智能水量调度管理业务由于主要数据是调度指令，属于简单文本类数据，量很少，预估系统初始数据量约 130 MB。每年增量约 100 MB。

(3)工程安全监测系统的数据相对而言较多，大量工程建筑及设备信息存放其中，因此其初始数据量会较大，预估约为 15 GB，每年增量约 10 GB。

(4)闸泵阀自动化监控系统虽然是独立的专用系统，且独立于控制专网内部署，但是其历史数据可以作为大数据的重要来源，因此此处也进行考虑，数据量初始时刻预估约 200 GB，每年增量约 100 GB。

(5)水质水情水文数据情况比较复杂，来源也广泛，为统计时方便，预估初始数据量约为 1 GB。每年增量约 100 MB。

(6)工程防洪数据和社会经济数据的初始数据量不超过 10 GB。每年增量约

100 GB。

7.1.2.2 公用图形数据

(1)地理信息数据按年初始总量约为 4 TB 计算,存放于数据中心。每年增量 200 GB。

(2)水资源配置整个工程所有泵(闸)站的视频数据量非常大,根据这种情况,泵(闸)站视频监视数据的实时存储主要在管理处,调度中心采用变量存储。且为了保证一定的可追溯性(比如可回看各段 7×24 h 内视频数据,以判断比如水质污染原因、范围等问题),需给视频监控配置相对较大的存储空间,初步预估为 50 TB 存储容量。

7.1.2.3 元数据

因为元数据是描述数据的数据,其数据量相对很小且固定,因此在此处不参与到总数据量的分析中。

而视频监控系统需要专用的存储,因此其各类型的存储配置单独列出,其调度中心部分数据存储设备可以统一布设在数据资源管理中心,具体使用方式上也可以统一进存储资源池后再根据视频监控系统需求进行存储资源的划分。

7.1.2.4 数据量估算汇总

根据以上数据分析,系统建成后,考虑数据备份及 5 年的数据存储量,视频监控外需求为 50 TB,其他数据量按 18.9 TB 计算,共计 68.9 TB,以保证系统正常稳定运行。

7.2 数据存储与管理系统分析

为确保业务应用系统安全可靠的运行,数据是至关重要的,数据存储与管理的主要功能是提供资源(主要是数据资源)的存储、管理、共享与服务。数据存储与管理应具有数据库管理、数据存储与管理、数据备份与恢复等功能。

7.2.1 数据库管理功能需求

根据大型水利枢纽工程信息系统各业务系统应用需求,在调度中心和数据备份中心需要同时建立数据库系统运行环境。各级部门要统一考虑数据库系统运行环境,充分利用数据库系统资源,集中部署,集中建设,尽量避免重复建设,并结合应用系统建设需要,配置必要的软硬件系统。

按照数据库管理的要求,数据库管理系统设计应采用支持空间地理信息管理的关系型数据库系统,建立数据库管理系统,所需要的主要功能包括建库管理、数据维护管理、代码维护、数据库用户管理、数据安全管理等功能。同时,宜选用 UNIX 服务器或高性能 PC 作为数据库服务器,采用双机热备运行方式,保障数据库系统的运行。

要实现数据资源的共享和利用,必须针对大型水利枢纽工程信息系统的运行特点,建立分布式的统一数据资源管理平台,将数据资源集成在一起,为各类业务人员提供统一的数据资源目录服务,形成统一的可以方便查询与管理的标准化的虚拟数据库,方便不同用户对数据的高效率使用,辅助管理者决策,提高决策的正确率和及时性。

7.2.2 数据存储与管理功能需求

由于大型水利枢纽工程信息系统包括大量的调度、监测等实时数据；日常政务办公生成大量的文本、图像、图形、音频、视频等多媒体数据等，随着调度业务的发展，数据存储容量将会增加很快，这就要求利用先进的、具备高性能和高可用性的、扩展能力强的大容量存储设备和软件，构建功能完善数据存储与管理平台，集中化、智能化、图形化的存储与管理所有业务数据；还要考虑提高数据传输能力，提供快速的数据访问服务。

要保证存储系统具备强大的零停机在线扩充升级能力，兼容更先进的存储技术，使存储网络具备灵活的可扩展性，包括存储容量和存储系统性能的扩展，使存储系统可随着应用需求的改变而改变，不会造成系统投资的浪费。数据存储平台可以实现高性能的数据存取和安全备份，满足大规模用户并发性数据读写的要求，使复杂的数据业务存储网络易于维护和管理，通过完善的备份恢复机制，以确保数据不会丢失，并保证为用户提供 7×24 h 的连续访问。同时要考虑采用先进成熟的技术，尽量降低维护成本。

7.2.3 数据的备份与恢复功能需求

大型水利枢纽工程信息系统调度业务要求全年不间断运转，对自动化调度系统运行提出很高的要求，需要在建立数据存储系统的同时，建立包括本地备份和远程数据备份中心容灾备份的完备的数据安全保护机制。要根据设备条件、存储空间和业务需求，定制当前最高效、最安全级别的备份策略，在保证数据安全的前提下尽可能使数据库的正常服务不受影响，定期或不定期的对数据库进行增量备份或完备备份等功能，实现数据的自动备份，减少维护人员手工操作。并且当灾难发生时可以在最短的时间内进行恢复，尤其对泵(闸)站监控和调度业务等关键业务数据要优先恢复运行，根据《信息安全技术 信息系统灾难恢复规范》(GB/T 20988—2007)的要求，针对不同灾难恢复等级采用不同的灾难恢复策略。

同时，还需要建立数据远程容灾系统，利用通信网实现关键业务数据的远程备份和快速恢复。对于调度中心水量调度和自动化监控系统，要建立应用系统和服务器的冗余配置，以保证在调度中心关键业务的不间断运行。

7.2.4 系统性能需求

在初步设计阶段，对数据库系统的性能需求主要是依据系统业务需求和管理运行模式，通过对数据分类进行分析，用实体联系的分析方法对数据对象进行分析分解，一般应达到第三范式。但同时还应考虑到数据存取及系统响应速度的需求，合理增加冗余列、派生列或者重新组表的方式，降低连接操作的需求，减低外码和索引数目，从而提高查询速度。

在此基础上，对数据逻辑结构进行优化设计，使之在满足需求条件的情况下，系统性能达到最佳，使系统开销达到最小。在数据库的实施过程中，要合理使用分区、索引及存档功能，在应用系统软件开发中适当编写访问数据的 SQL 语句，并对数据库的响应时间和吞吐量进行权衡，提高数据库的可用性、数据库的访问命中率及内存的使用效率；今后在数据库运行实施阶段,还要采取操作系统级和数据库级的一些优化措施来使系统性能达到最佳。

对于数据存储平台的选择条件,首先要具有处理速度高、存取速度快和可扩展性强等特点,同时要具有良好的开放性,应选择带宽性能、I/O 性能好,控制器处理能力强,高速缓存容量大的数据存储设备,磁盘存储设备内部结构与运行方式对业务应用服务器性能基本上无影响,可对整个业务系统实现完全的冗余和备份。存储平台架构的建设要求数据的冗余存储,控制和数据通道的冗余配置,保证系统无单点故障发生。还需建设一套高可靠性和高性能的容灾备份方案,以确保业务数据的安全性和调度业务的连续性和整体可用性。

7.3 数据库系统

数据库系统主要是对基础数据库和专业数据库的管理,数据库系统主要功能有数据库模式定义、数据库建设、数据更新维护、数据库用户管理、代码维护、数据库性能优化管理、元数据管理等。数据库的物理分布要结合应用系统建设、数据分类结果及数据维护特点来进行,原则上按照数据中心和数据备份中心设置,同类数据尽量集中,并根据应用系统的运行要求保持适当的数据冗余存储。

7.3.1 代码标准及制定原则

7.3.1.1 编码原则

(1)有国家标准、行业标准的,用国家标准、行业标准。

(2)没有国家标准,也没有行业标准的,如其他相关数据库已有编码,尽可能使用已有的编码。

(3)采用自行标准,应尽可能缩小编制范围并在数据结构上考虑将其独立出来,以方便修改和完善,在制定过程中,如其他相关数据库已有编码的,尽可能使用已有编码或在已有编码的基础上改造。

(4)在数据库建设过程中应根据使用和实际情况逐步补充和完善各类代码。

7.3.1.2 编码方案

(1)水库:采用《水利工程基础信息代码编制规定》(SL 213—1998)。

(2)河流:采用《中国河流名称代码》(SL 249—1999)。

(3)各类闸门:按照《水利工程基础信息代码编制规定》(SL 213—1998)自行编制。

(4)输水工程及各类建筑:参照《水利工程基础信息代码编制规定》(SL 213—1998)自行编制。

(5)各级水调机构:自行编制。采用行政区划加水调标志位编码。行政区划采用《中华人民共和国行政区划代码》(GB/T 2260—1999)。

(6)水质监测站:按水质监测标准自行编制。

7.3.2 数据库管理系统

数据库管理系统的主要功能包括数据库建库管理、数据输入、数据查询输出、数据维护管理、代码维护、数据库安全管理、数据库备份恢复、数据库外部接口等,是数据更新、数据库建立和维护的主要工具,也是在系统运行过程中进行原始数据处理和查询的主要手段。其中,数据库的外部数据接口将在后期完成。

7.3.2.1 数据库建库管理

数据库的建库管理主要是针对数据库类型,建立数据库管理档案,包括数据库的分类、数据库主题、建库标准、建库方案、责任单位、服务对象、物理位置、备份手段、数据增量等内容。

7.3.2.2 数据输入

为各区的引水数据、用水计划,工程安全评估与日常维护,水质分析与评价,水库的运行计划等提供一套数据录入界面,并设置数据有效性检查、数据完整性和一致性检查等功能,防止不合理的、非法的数据入库。

7.3.2.3 数据查询输出

数据的查询输出提供各类数据的查询操作和显示界面,用于查询数据库中的数据。在查询界面中预先设置常用的查询条件,提高输入查询条件的速度,同时为用户临时确定查询条件(较复杂的条件)提供输入操作窗口。数据输出的主要功能包括屏幕显示、报表生成和打印、不同格式的文件输出等。

7.3.2.4 数据维护管理

数据的维护管理主要完成对数据库的管理功能,包括数据库的更新、添加、修改、删除、复制、格式转换等功能。根据水资源配置调度监控、工程安全监测、水质监测及工程防洪等不同应用的需求,数据本身是分布式存在的。数据库服务器分布在数据中心、数据备份中心,应按照统一的数据采集标准与更新机制来进行各类数据的生产、维护和更新。数据输入具有数据的有效性检查、数据完整性和一致性检查等功能,防止不合理的、非法的数据入库。

7.3.2.5 代码维护

通过增、删、改操作对单位、站点、控制点、工程编码等各类数据标准进行定义和维护。代码定义要严格按照编码方案的要求进行;代码删除分为物理删除和逻辑删除两种操作,物理删除将错误的代码从数据库中清除,逻辑删除则将当前废弃的代码加上无效标志,使其只可作为历史数据的查询条件。

7.3.2.6 数据库安全管理

数据库安全管理包括对象层访问权限的控制和数据库系统的访问机制。该模块主要功能包括定义系统新用户、对数据库的访问权限进行授权和分组、设定用户密码及其有效访问期限、设定安全报警模式及内容。为了保证数据的安全性,数据库用户只应该被授予完成工作所必须的权限,即“最小权限”原则。实现数据安全的方法包括系统权限和访问权限,也可通过设置角色或视图来实现。对于数据库的其他安全措施将采用数据库系统提供的工具进行,如数据库审计等。

7.3.2.7 数据库的备份与恢复管理

数据的日常备份策略的定制,根据用户的设备条件、存储空间和业务需求,定制当前最高效、最安全的备份策略,在保证数据安全的前提下尽可能使数据库的正常服务不受影响。数据库的备份与恢复管理采用两种方式:利用数据库系统提供的备份和恢复工具,对数据库进行定期或不定期的增量备份或完全备份;通过数据中心的数据备份及管理系统对数据库进行在线备份,对数据库、表空间、数据文件和归档日志等进行完全备份。

7.3.3 数据库管理系统选型

目前主流的大型关系型数据库主要有 MySQL、Postgresql、Oracle、MSSQL 四种,主流关系型数据库比较见表 7-3。

表 7-3 主流关系型数据库比较对照表

序号	数据库	优点	缺点
1	MySQL	开源、文档全、性能良好、可靠度高、可扩展性强、兼容性较好、复杂查询功能较为强大、维护成本低,便于快速开发,在国内外有广泛的应用,适用于大型的应用软件平台开发	无明显缺点
2	Postgresql	开源、文档全、性能良好、可靠度高、可扩展性强、复杂查询功能强大,在国外有广泛的应用,但国内的应用较少	无明显缺点
3	Oracle	文档全、性能强大、可靠度较高、可扩展性强、兼容性较好、复杂查询功能强大,维护成本高,在国内银行行业应用较多,其他行业应用很少	无明显缺点
4	MSSQL	文档全、性能强大、可靠度较高、可扩展性强、复杂查询功能强大,维护成本高,在国内应用一般	兼容性差、只适用于 Windows 平台
5	国产数据库	性能一般、可靠性一般、兼容性好,应用较少	技术成熟度不高

以上数据库在性能和可靠度方面均能满足本项目的业务需求,从技术成熟度、应用广泛性及开发人员熟悉程度上,为加快开发进度和提高开发质量,选择 MySQL 数据库作为本项目应用平台数据库管理系统。

7.3.4 数据库运行环境配置

数据中心和数据备份中心的综合数据库设计采用大型数据库管理系统数据库,同时选用安全性和稳定性较好的、多进程、多用户的操作系统平台;针对操作系统选择厂商专有的系统,数据库服务器的硬件平台采用内置先进 CPU 芯片的服务器,两台数据库服务器运行方式为双机热备。管理处采用中型数据库管理系统,硬件上选取可以高效运行此类数据库的服务器平台。

7.3.5 数据库的组成与内容

数据库主要由专用数据库、公用数据库和元数据库三类组成，具体的结构组成如图 7-1 所示。

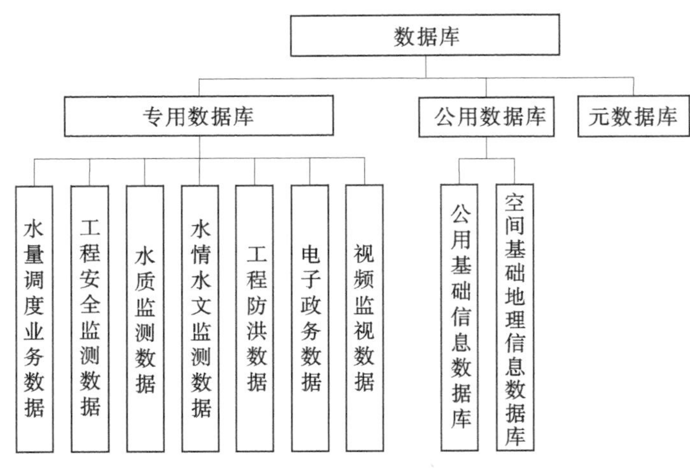

图 7-1　数据库的组成

公用数据库和元数据库已在前面章节进行了介绍，这里逐条详细介绍一下专用数据库的组成及内容。

7.3.5.1　水量调度业务数据库

水量调度业务数据库包括了水调业务日常处理信息和各种调度方案信息：主要工程静态属性、水量分配计划、需水用户、水源地供水计划，以及沿线地区的年月旬用水需求计划、分配各区年度用水指标、年月旬日调度方案和调度指令、应急调度方案与指令、实际用水统计、调度分析评价成果、沿线闸泵站实时运行信息等。

7.3.5.2　工程安全监测数据库

工程安全监测数据库主要包括泵站、管路沿线及建筑物的基础信息，工程运行和安全实时监测信息，以及工程运行管理维护等信息。主要数据内容有工程描述信息、隧洞及输配水建筑物安全监测的数据(位移、渗流、结构及环境量等)、人工巡视检查结果、工程安全状况评估分析成果、工程维护管理规程及工程维护管理方案息等。

7.3.5.3　水质监测数据库

水质监测数据库主要包括监测成果数据库、文件资料数据库、图片影像数据库和专题图库。监测成果数据库主要内容为站网管理数据、固定实验室数据、自动监测数据、移动监测数据、水质评价数据、整汇编数据等；文件资料数据库包括规范标准数据、法律法规数据、水污染事故数据、水污染应急预案等；图片影像数据库包括图片数据、影像数据等。

7.3.5.4　水情水文监测数据库

水情水文监测数据库主要是大型水利枢纽工程沿线广大区域水文站的水文信息，包括附近沿线河流的水位、有无汛期、径流量、流速及含沙量等相关信息。

7.3.5.5 工程防洪数据库

工程防洪数据库主要包括交叉河流水文站的水文信息、附近的气象信息和防洪工程信息，以及凌情信息；交叉河流水文站、管线各个采集点的属性信息，包括地理位置、隧道深度、管理单位及联系人等，以及有关的历史资料信息。

7.3.5.6 电子政务数据库

电子政务数据库主要包括大型水利枢纽工程调度中心和各管理处的日常政务办公管理、取水许可、Internet 网站等信息。电子政务数据库根据业务办公的不同还分为综合办公数据库、计划合同管理数据库、财务管理数据库、人力资源管理数据库、档案图书管理数据库等数据库。

7.3.5.7 视频监视数据库

视频监视数据库主要功能是对用户信息和用户基本资料、权限等进行管理，对系统中的摄像机系统、云台控制系统、网络视频接入系统进行分类、分级管理。对录像文件、用户日志进行管理。

7.4 数据库维护系统

7.4.1 公用及专用数据库维护系统

7.4.1.1 系统功能总体结构

公用及专用数据库维护系统的主要功能包括建库管理、数据库状态监控、数据资源管理、数据维护管理、代码维护、数据库安全管理、数据库外部数据接口等，是数据更新、数据库建立和维护的主要工具，也是在系统运行过程中进行原始数据处理和查询的主要手段。数据库系统设计采用实体主导型，数据库维护管理系统开发可采用 WEB 或 C/S 方式，其中数据库的外部数据接口可在后期根据应用需求情况完成。

数据库管理系统功能结构如图 7-2 所示。

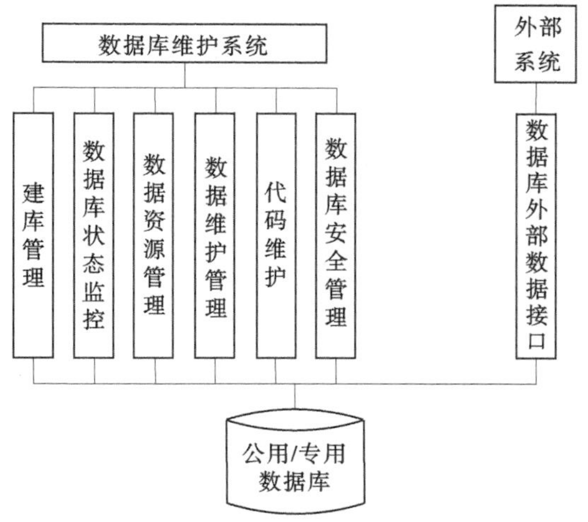

图 7-2 数据库管理系统功能结构

7.4.1.2　系统功能设计

1. 数据库建库管理

数据库的建库管理主要是针对数据库类型，建立数据库管理档案，包括数据库的分类、数据库主题、建库标准、建库方案、责任单位、服务对象、物理位置、备份手段、数据增量等内容。

2. 数据库状态监控

监控数据库进程，随时查看、清理死进程，释放系统资源。

监控和管理表空间的容量，及时调整容量大小，优化性能。

数据存储空间、库表空间增长状况和剩余空间检查，根据固定时间数据的增长量推算当前存储空间接近饱和的时间点，并根据实际情况及时添加存储空间，防止因磁盘空间枯竭导致服务终止。

对数据库数据文件、日志文件、控制文件状态进行检查，确认文件的数量、文件大小和最终更改的时间，避免因文件失败导致例程失败或数据丢失。

压缩数据碎片数量，避免因数据反复存取和删除导致表空间浪费。

检查日志文件的归档情况，确保日志文件正常归档，保证对数据库的完全恢复条件，避免数据丢失。

3. 数据维护管理

数据维护管理主要完成对数据库数据的维护管理功能，包括数据库的更新、添加、修改、删除及查询等功能。

所有数据的更新维护都遵循“权威数据，权威部门维护”的原则。数据的维护由调度中心或直属的责任部门负责，由他们按照统一的数据标准与格式来进行数据的生产、维护和更新。各部门数据的使用者在使用过程中产生的新数据由使用者负责管理、维护和更新。数据输入具有数据的有效性检查、数据完整性和一致性检查等功能，防止不合理的、非法的数据入库。

数据维护管理功能结构如图 7-3 所示。

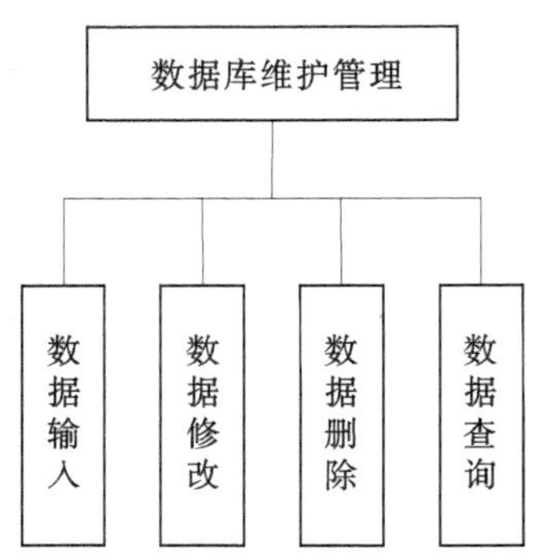

图 7-3　数据维护管理功能结构

数据输入：提供一套数据录入界面，并设置数据有效性检查、数据完整性和一致性检查等功能，防止不合理的、非法的数据入库，保证数据的一致性。

数据修改：主要完成对已入数据库的各类数据进行修改更新功能。

数据删除：对已入数据库的各类错误数据和无效数据进行删除，删除时分两种方式，即物理删除和逻辑删除两种操作，物理删除将错误或无效的数据从数据库中清除，逻辑删除则将当前要删除的数据加上无效标志，使其只可作为历史数据的查询条件。

数据查询：提供各类数据的查询操作和显示界面，用于查询数据库中的数据。在查询界面中预先设置常用的查询条件，提高输入查询条件的速度，同时为用户临时确定查询条件(较复杂的条件)提供输入操作窗口。数据输出的主要功能包括屏幕显示、不同格式的文件输出等。

4. 代码维护

通过增、删、改操作对各类数据标准进行定义和维护。代码定义要严格按照编码设计方案及相关的国家标准体系的要求进行；代码删除分为物理删除和逻辑删除两种操作，物理删除将错误的代码从数据库中清除，逻辑删除则将当前废弃的代码加上无效标志，使其只可作为历史数据的查询条件。

5. 数据库的安全(公用及专用数据库维护系统)

从以下几个方面确保数据库的安全：

(1)用户授权。采取用户授权、口令管理、安全审计。通过访问控制以加强数据库数据的保密性，数据库用户设置角色有调度中心、处、科领导等，也可以由系统管理员设定；对各种角色有不同访问控制：拒绝访问者、读者、作者、编辑者、管理者等；每种访问控制拥有相应的权限，权限有管理、编辑、删除、创建。

(2)加强备份。必须制定合理、可行的备份策略(定时备份、增量备份)，配备相应的备份设备，做好数据备份工作。

(3)用具有完整的容错机制来保证系统的可靠性。选用数据库系统软件时考虑采用支持联机备份与恢复，由独立的后台进程完成的产品。使联机备份能保证在做备份时，不影响前台工作进行的速度，并且该后台进程能保证对整个数据库做出完整的备份。当局部发生故障时，进行局部修复，不影响同一数据库中其他用户的工作，更不影响网络中其他节点的日常工作。还能将整个数据库恢复到某一时间，还原数据库的某一历史状态。

(4)数据库完整性控制机制。选用数据库系统软件时考虑采用具有完整性控制机制的产品，以能做到完整性约束、自动对表中字段的取值进行正确与否的判断、自动的引用完整性约束、可自动对多张表进行相互制约的控制等；以能保证数据库中数据的正确性和相容性。

(5)数据库一致性。

(6)并发控制。在多用户并发工作的情况下，写/写冲突及读/写冲突是主要的影响实时操作效果的因素。选用数据库系统软件时考虑采用具有较好的用户管理手段、有效的内存缓冲区管理、优化的I/O进程控制、有效的系统封锁处理、快速的网络管理功能等的产品，保证这种并发的存取和修改不破坏数据的完整性，确保这些事务能正确地运行并取得正确的结果。

为了保证数据的安全性，数据库用户只应该被授予那些完成工作必须的权限，即“最小权限”原则。在设置好用户权限的同时，对用户账号的密码进行加密处理，确保在任何地方都不会出现密码的明文。

6. 数据资源管理

数据资源管理主要目的是充分利用 DBMS 管理系统的功能，控制数据库对操作系统资源的开销，避免因为低效率的操作系统而导致数据库系统出问题。利用数据库资源管理器可以实现以下系统资源管理功能：

(1)不管系统装载量和用户数目多少，都可以保证某些用户占据最少量的系统处理资源。

(2)限制用户组的成员执行任何操作的并行度。

(3)根据操作系统性能的不同，控制数据库进程打开数据文件的最大个数，避免系统内存被不必要的消耗掉。

7. 系统维护

(1)数据库服务的启动和停止，以及主机的开启和关闭。

(2)数据库参数文件内容调整、网络连接方式的更改和调整。

(3)数据库必要补丁的安装。

(4)数据恢复，由于业务需求而将数据库恢复到先前的时间点。

(5)数据库由低版本向高版本迁移。

(6)数据库主机操作系统升级迁移。

7.4.2　元数据库维护系统

元数据存储与管理系统具体包括元数据汇交、元数据编辑和元数据查询等。

7.4.2.1　元数据汇交

按照相关的数据质量标准或者数据审核专家组的具体要求，利用基于工业标准的关系型数据库、分布式数据库技术、网络技术和安全技术，主要采用集中式管理模式，设计合理的数据组织结构，合理分布各数据库的负载，开发基于网络的元数据汇交体系，规范元数据汇交的流程，确保数据的一致性、完整性和正确性，为元数据汇交及数据共享建立先进的技术平台。

在元数据汇交体系中，各数据生产单位通过网络将各自的数据与元数据汇交到调度中心；数据汇交可分为两个部分：数据汇交管理支撑部分和数据汇交技术支撑部分。通过汇交可以为数据共享提供数据基础。

7.4.2.2　元数据编辑

元数据编辑包括元数据存储和元数据更新两部分。

1. 元数据存储

元数据的存储是基于关系数据库的集中存储模式，元数据库的建设采用在调度中心建立统一的元数据库方式。

元数据库的设计思想以元数据实体集为核心表，数据集标识信息为辅助表，其他相关表则嵌于这两个表下，形成以父节点、子节点、孙节点为结构的基本树结构。数据库的设计原则是最终形成以元数据实体集为根节点的标准树结构，子节点有且唯一具有一个父节点。

元数据库设计中，元数据以 XML 进行编码表示，以关系化的方式进行存储。在关系型数据库中不仅存储元数据的结构/模式信息，而且存储数据内容信息。对于前者，元数据库以独立的存储表对其进行存储，记录数据 XML 的结构定义信息，即 Schema。按以上数据库设计建立各种物理存储的关系表，包括元数据基本信息表、模式基本表、扩展表等。其中，元数据基本信息表以元数据实体集为核心表，数据集标识信息为辅助表，其他表则嵌于这两个表下，形成以父、子、孙节点为结构的基本树结构。

2. 元数据更新

元数据的更新主要指对元数据内容的添加、删除、更新等。基于关系数据库的元数据库可充分利用关系数据库管理系统本身的安全性、高效性、用户权限管理等特性实现部分基本的管理功能。但其他面向用户的高级功能则只能通过构建专用的元数据管理系统得以实现。元数据管理系统是面向应用、实现共享元数据的核心，起到沟通元数据生成者、管理者和使用者的作用，也起到连接元数据获取、存储、管理、更新的桥梁作用。

7.4.2.3 元数据查询

随着大型水利枢纽工程建设智慧监管系统建设的进一步深入，会有大量的可用数据资源，但是用户如何快速准确地获取满足需求的资源却是一件极为棘手的事情。因此，为了充分发挥现有数据的作用，提高其利用效率，使更多的数据生成者和数据使用者节省昂贵的成本，在元数据查询方面就需要一种框架机制来有效地实现数据的查询检索。

目录服务体系是实现数据资源共享基础建设中的一个重要部分，是实现数据资源共享的第一步，是不可缺少的一个重要环节；它也是数据提供者和数据使用者的纽带。它首先提供信息资源的查找、浏览、定位功能。通过目录服务体系的信息定位可以为数据共享交换获取信息资源提供获取位置和方式。

目录服务是以元数据为核心的目录查询，它通过按照元数据标准的核心元素将信息以动态分类的形式展现给用户。用户通过浏览门户网站提供的元数据搜索功能来快速确定自己所需的信息范围。

8　计算机网络与通信系统

8.1　计算机网络

8.1.1　组网架构图

根据实际需求，建设三张物理网络来承载不同的业务及应用系统。同时，考虑到业务内网上承载的部分业务系统需要与控制专网上承载现地站监控系统进行一定的数据交互，业务内网与业务外网之间也存在互访的需求，因而在控制专网与业务内网之间通过正反向隔离装置进行数据隔离，同时，为保证信息系统内部数据和应用的安全，在业务内网与业务外网间通过部署网间专用信息隔离设备来保障整个信息化系统的安全。

计算机网络分为广域网络和局域网络，广域网络采用星形结构，局域网一般采用总线结构、星形结构。针对本项目组建的计算机网络按广域网和局域网来分别建设，各通信站点之间的广域网通过自建通信传输通道和租用公网通道相结合进行搭建，各通信站点内部局域网采用星形结构组网。

本系统在完成网络组建的同时，为了保证业务数据的安全，整体上采用两地三中心的设计思路设立控制中心、数据存储中心、数据备份中心实现业务系统的数据备份，其中控制中心和数据存储中心通过内外网络打通形成互联互通的实时备份和容灾，数据备份中心采用租赁的专线进行远距离的容灾备份，三个中心可以独立运营承载部分业务保证业务的永续性。

组网架构如图 8-1 所示。

8.1.2　系统概述

大型水利枢纽工程建设智慧监管系统的主要目标是提高水量调度和过程管理水平，以应用为牵引，在应用支撑平台的基础上，开发以智能水量调度及输水自动化监控系统为核心，包括工程安全管理、水质监测、工程防洪等应用系统及电子政务系统，并通过综合决策会商系统和信息服务系统为决策提供全方位技术支持。从系统总体上来看，计算机网络系统需要为以下 3 类数据应用提供承载服务：

(1)为输水自动化监控系统信息服务提供数据承载服务，负责各个现地闸站及泵站、阀站关键信息的传输，这类信息在控制网的应用中起到关键的作用。任何决策指令都是以监控信息为依据。

(2)包括为应用系统提供数据承载服务和计算机网络、通信系统等各专业网络信息承载服务，其中应用系统负责实现水量调度及泵闸监视、工程安全监测与管理、水质监测、工程防洪等功能，数据种类较多、数据量大，对网络时延和抖动要求较高，需要确保数据安

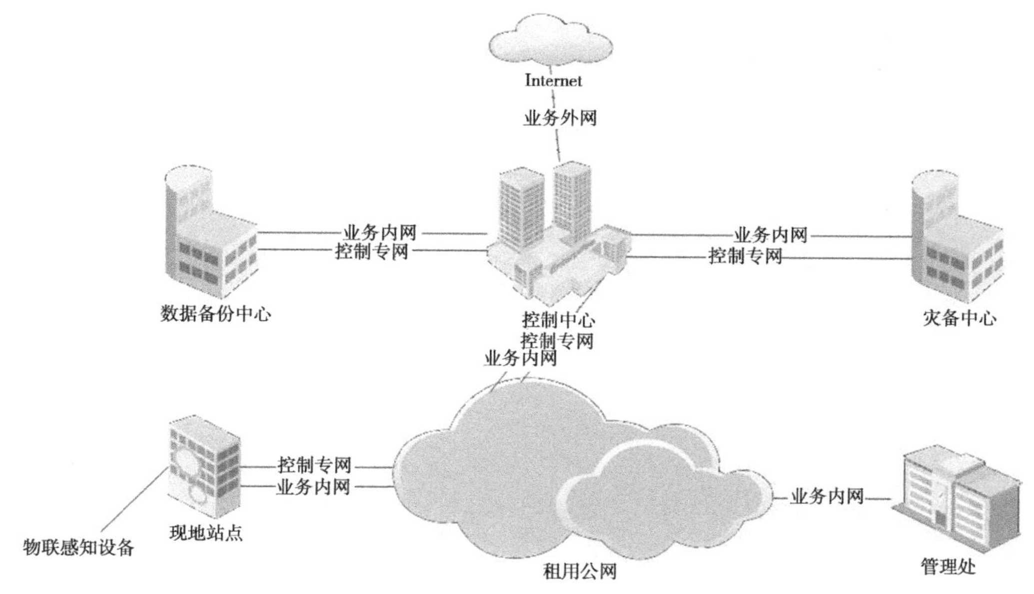

图 8-1 组网架构

全可靠、低时延传输。

(3) Internet 服务,为中心、管理处、管理所提供外部 Internet 接入服务。大型水利枢纽工程建设智慧监管系统在对内实现科学高效管理的基础上,同时对外提供信息服务平台。

由于上述 3 类应用的承载需求特性各不相同,为了保证各类应用的安全可靠承载,应根据不同类别的应用承载需求,进行差异化处理,以最大程度地满足工程建设、运行、维护需求。

对(1)类应用来说,由于需要负责各个泵站闸泵阀相关信息的采集、传输,因而实时性最强、安全要求也最高,需要与外界网络隔离,按网络安全规定采取专网,简称控制专网。

对(2)类应用来说,其实时性和安全性要求要稍弱于(1)类应用,但是这类服务属于内部应用系统,且所需网络带宽较大,需要与外界公众互联网隔离,应建设一张独立的计算机网络系统,简称业务内网。

对(3)类应用来说,由于这部分服务需要与外界 Internet 建立直接连接,可能会受到来自 Internet 的网络攻击,因而存在一定的安全风险,不能与(1)、(2)类应用共用计算机网络系统,而应该与(1)、(2)类应用的计算机网络系统进行隔离,如采用防火墙和入侵检测系统来防止违法和危险访问,保证业务内网的信息安全,这张网即业务外网。

因此,需要建设 3 张独立的物理网络来承载不同的业务及应用系统,如图 8-2 所示。

为依据大型水利枢纽工程水量统一调度、泵站设备集中控制相结合的调度及控制模式来设计,设置集中控制层和现地执行层两级,控制专网计算机网络应覆盖上述两级调控机构。由于管理处和管理所不承担调度控制职能,且采用租用公网方式接入工程通信网络,为提高控制专网的安全性,控制专网不考虑延伸至管理处和管理所。

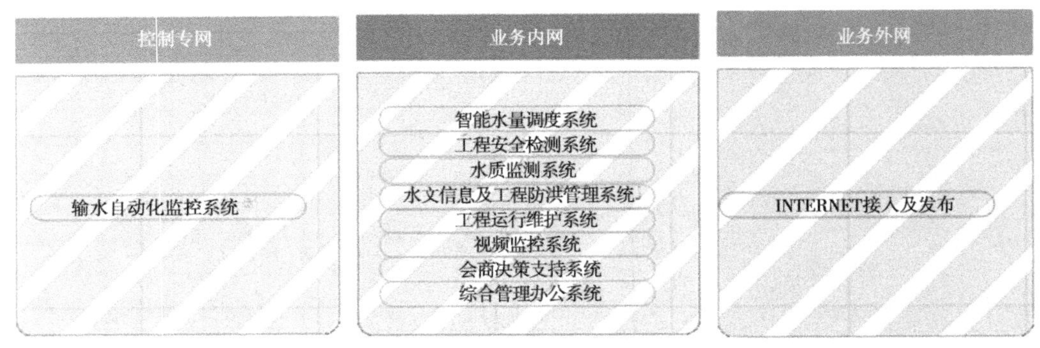

图 8-2 应用系统承载示意图

8.1.3 方案设计原则

本次网络建设解决方案的整体目标为保障内部业务系统的建设和开展，以及以后整个内部业务多元化的发展。

随着计算机和通信技术的结合与飞速发展，网络信息化蔓延到了社会的每一个角落，计算机网络技术已无处不在。IT 业务普及的同时，也带来了网络信息安全的诸多问题，包括如何有效防范非法入侵者的攻击，如何建立建全密码安全体系、如何确保系统和数据的安全，对网络整体的安全要求也越来越高。随着数据中心对设备虚拟化、连接虚拟化、SDN 和对设备自动化部署管理、灵活调度等技术的高要求，因此整体网络建设遵从如下设计要求：

(1)系统的实用性和集成性。

系统能够将各种先进的、市面广泛使用的软硬件设备有效地集成在一起，使系统的各个组成部分能充分发挥作用，各网络设施协调一致地高效运行。

(2)标准性和开放性。

支持标准性和开放性的系统，在网络中采用的硬件设备及软件产品，支持国际行业标准或事实上的标准，能和不同厂家的开放性产品在同一网络中共存；通信中采用国际标准的通信协议以保证不同的操作系统、不同的网络系统和不同的网络设备之间能顺利通信。

(3)先进性和安全性。

网络采用国内外领先的网络产品和相关技术，支持业界常见的网络应用协议，支持现有业务和将来增加的新业务，保证骨干网上各类业务可靠传输和服务质量，满足未来 5~10 年业务快速发展的需求。同时在系统实施时保证现有系统的安全稳定运行。

(4)成熟性和高可靠性。

作为信息系统基础的网络结构和网络设备的配置及带宽能够充分地满足网络通信的需要。网络硬件体系结构在实际应用中能经过较长时间的考验，在运行速度和性能上都应该是稳定可靠的、完善的、实用的，并得到最多的第三方开发商和用户在全球范围内的广泛支持和使用。

可靠性也是衡量一个应用系统的重要标准之一。在确保系统网络环境中单独设备稳定、可靠运行的前提下，还考虑网络整体的容错能力、安全性及稳定性，以确保出现问题和故障时能迅速地修复。因此,采取一定的预防措施,如对关键应用和主干设备考虑有适当的冗余,达到每周 7×24 h 工作的要求。

(5)可维护性和可管理性。

网络所选网络设备支持 SNMP、RMON、SMON 等协议,管理员通过网管工作站就能方便地进行网络管理、维护甚至修复。在设计和实现应用系统时,充分考虑整个系统的维护便利性,以便系统在万一发生故障时能提供有效手段及时进行恢复,尽量减少损失。

(6)适应性和灵活性。

网络能随着网络性能及安全需求的变化而变化,要做到高适应性、易修改性。因此,充分考虑今后业务和网络安全协调发展的需求,从而避免因只满足了系统安全要求,而给业务发展带来障碍的情况发生。

(7)可扩充性和兼容性。

网络的拓扑结构具有可扩展性,即网络连接在系统结构、系统容量与处理能力、物理联接、产品支持等方面具有扩充与升级换代的可能,采用的产品遵循通用的工业标准,以便不同类型的设备能方便灵活地接入网络并满足系统规模扩充的要求。

为了实现系统能够在应用发生变化的情况下保护原有开发投资,在设计系统时,将系统按功能做成模块化的,然后根据实际需求增加和删减功能模块。

8.1.4 层次化设计

整个网络为了便于运维,将网络按照经典的三层结构(接入层、汇聚层、核心层)进行部署。通过分层部署可以使网络具有很好的扩展性(无需干扰其他区域就能根据需要增加容量),可以提升网络的可用性(隔离故障域降低故障对网络的影响),可以简化网络的管理。

8.1.4.1 接入层

接入层提供 Layer2 的网络接入,通过 VLAN 划分实现接入的隔离,接入层完成以下功能:

(1)联设备、视频监控、打印机等有线终端的高性能接入。

(2)能分区的接入层相对独立,连接到对应功能区的汇聚层。

(3)接入层下不能再挂接任何网络设备,包括 HUB、SOHO 路由器等。

8.1.4.2 汇聚层

汇聚层作为接入层和核心层的分界层,完成各功能分区 IP 地址或环形链路主要路由区域的汇聚,汇聚层完成以下功能:

(1)不同业务功能的汇聚。

(2)本功能区 VLAN 间的路由。

(3)广播域或组播域的边界。

(4)在汇聚层实施功能区内、功能区之间的安全访问策略。

8.1.4.3 核心层

核心层提供各区域间的高速三层交换,核心层完成以下功能:

(1)采用万兆光纤与各区域汇聚设备形成互联,形成万兆骨干网络。

(2)核心层不进行终端、服务器系统的连接。

(3)核心层不实施影响高速交换性能的ACL等功能。

8.1.5 控制专网设计

8.1.5.1 控制专网网络流量流向设计

控制专网主要承载输水自动化监控系统及实时水量调度业务,其带宽需求较小,但对网络安全可靠及时延要求较高。根据各现地站监控内容,以及应具有的监测、启闭、存储等功能,把每个现地站所辖闸泵阀设备抽象成监控对象,负责为远程监控系统提供监控服务。

输水自动化监控系统采用分布监控服务的系统信息服务体系。泵(闸)站远程监控系统存储数据分为两类:指令数据和特征数据。对于这两种数据,分别在现地监控站和调度中心进行数据存储。

为保证控制专网的安全性和可靠性,必须严格限制其与业务内网之间的数据传输流量及内容,基于这个原则,将智能水量调度系统置于业务内网,而没有放在控制专网,其考虑主要是智能水量调度系统是大型水利枢纽工程信息系统的核心系统,除进行调度计划及指令发布外,还要负责和其他各应用系统的信息交互和综合,如果置于控制专网,将会造成控制专网和业务内网间的数据流量及类型不可控的情况,而将其置于业务内网,就只需要在监控系统和水量调度系统间传输调度指令数据和现地闸泵阀设备的状态特征数据两类,易于通过正反向隔离装置设备进行数据传输的管控。

8.1.5.2 控制专网设计

控制专网采取分层结构进行建设,即分为核心层、接入层。核心层设在调度中心和数据备份中心。与输水工程SDH环网通信节点布设位置一致,接入层共设29个节点(22个泵站和7个水库现地集中控制站)。核心层和接入层局域网均采用冗余以太网结构。核心层每个局域网设置核心交换机和核心路由器,核心交换机负责连接系统内功能节点计算机,核心路由器负责与广域网的连接。控制专网接入层各节点与对应的29个泵站现地集中控制站和一个水库现地集中控制系统采用一对一接入方式,无需交换机进行内部数据交换,因此每个站点配置边界路由器做接入和冗余同时全局再增加配置路由器做冗余保证站点数据传输的可靠性,同时配置1台接入交换机接入服务器和工作站等终端设备。由于控制专网在3个中心的接入设备数量比较少,因此在3个中心所有的接入终端统一接入到核心交换机,由2台核心交换机做双机虚拟化部署,可实现跨设备端口捆绑增加服务器的连接可靠性和带宽;调度中心、数据存储中心和数据备份中心进行网络和数据访问安全的统一规划,3个中心的出口路由器下均部署防火墙进行数据防护,同时,为了打通控制专网与业务内网之间的数据传输通道,在3个中心的防火墙上均旁挂安全正反向隔离装置,通过正反向隔离装置与业务中心3个中心安全设备进行连接,另外3个中心均部署数据库审计系统随时查看和监控数据库的访问情况;在调度中心全局部署1套综合网管实现统一的网络和服务器资源管理。

控制专网承载输水自动化监控系统业务,覆盖大型水利枢纽工程调度中心、各水源泵站、加压站、水库二级提水泵站、输水管线和在线调蓄水库,负责传送各个现地闸站、泵站及阀站现地设施相关信息至调度中心和数据备份中心,这类信息在大型水利枢纽工程的生产运行中起到至关重要的作用。

8.1.6 业务内网设计

8.1.6.1 业务内网网络流量流向设计

业务内网承载了主要的应用系统数据信息,其中数据量比较大的主要是视频监控系统,因为其需要传输高清视频信息,因此带宽占用较大。对于现有的业务内网而言,不论自建 SDH 光环网还是租用公网,所有的数据出口统一在调度中心,因此在流量统计的时候,最大流量点在调度中心,包括管理处所观看的管辖范围内视频数据都要从现地站由自建网传输至调度中心,再通过调度中心出口经租用公网传输至其显示终端。

对于视频监控而言,现地站采用基于 H. 265 的视频压缩技术,满足全高清 1 080 P 情况下,平均码率为 6 Mbit/s,因此每一路视频信号,以应用层 6 Mbit/s 的计算机网络带宽进行考虑。调度中心考虑 4 路输入视频信号,管理处按 8 路输入视频信号考虑,各管理所按照 8 路考虑输入视频信号,因此考虑极端情况下,调度中心需要传输的视频监控数据共 4+3×8+9×8=100(路);各管理处 8 路,管理所 8 路考虑,此外,对于控制专网及业务外网的数据传输,从类型上分析,主要有以下几部分。

(1)业务内网与控制专网间数据传输。

业务内网中主要是智能水量调度系统与控制专网中输水自动化监控系统进行数据传输,其中智能水量调度系统通过发送实时调度指令给输水自动化监控系统,而输水自动化监控系统则将指令执行结果的现地设备特征数据反馈给智能水量调度系统,这两类数据都是文本类数据,数据量很小,带宽需求都在 kbit/s 数量级,因此这里不再专门统计流量。

(2)业务内网与业务外网间数据传输。

业务内网与业务外网间的数据传输,主要是各业务内网应用系统对外进行信息发布时同业务外网中 Internet 接入与发布系统间进行数据交换时产生。其数据类型主要是文本数据及图片数据,与视频类数据相比,数据量小,带宽占用很小,不需要进行单独带宽统计。

(3)传输的安全性问题会在信息系统安全设计章节中进行专门考虑。

业务内网主要承载智能水量调度系统、视频监控系统、水文信息和工程防洪管理系统、工程安全监测系统、水质监测系统、工程运行维护管理系统、会商决策支持系统、应急响应系统、三维 GIS+BIM 可视化仿真系统及综合办公等应用系统业务,业务范围覆盖调度中心及数据备份中心、管理处、管理所三级管理机构,以及 29 个现地集中控制站。

8.1.6.2 业务内网设计

业务内网采取分层结构进行建设,即分为核心层和接入层。

由于在数据备份中心设置水量调度自动化业务,业务内网核心层设置在调度中心和数据备份中心。核心层局域网采用冗余以太网结构,每个局域网设置核心交换机、汇聚交换机和核心路由器,核心交换机负责连接业务内网应用支撑平台各应用服务器,汇聚交换机负责连接磁盘阵列、磁带库等数据存储类设备,核心路由器负责与广域网的连接和路由。数据备份中心因只连接自建 SDH 环网,因此只配 1 台路由器。

分别设置核心交换机、核心路由器、汇聚交换机、数据中心交换机和 FC 存储交换机。核心交换机负责连接业务内网各类应用,数据中心交换机负责连接服务器及磁盘阵列存储机头的设备管理,核心路由器负责与广域网的连接和路由,汇聚交换机负责连接工作站和打印机等终端接入,FC 存储交换机负责连接服务器的 HBA 卡和 SAN 存储。网络安全方面同样配置两台核心防火墙同时增加 IPS 做入侵防护旁挂与核心防火墙边上。同时,在网络中部署安全态势感知系统提供安全可视化提升全局安全认知能力,并且和控制专网一样部署数据库审计系统,业务服务器前端增加 web 应用防火墙提升对于服务平台的安全防护,同时增加一套漏洞扫描系统实时监测系统漏洞确保业务的安全可控。业务内网数据业务种类繁多,因此配置两台 NTP 服务器用于时钟的统一。在数据中心业务上业务内网采用虚拟化平台进行整体业务平台的部署,采用标准的计算资源池和存储资源池进行规划,统一分配业务资源,存储资源池采用标准的 SAN 组网结构做存储资源的虚拟化,计算资源按照业务类型区分配置高性能应用服务器及高性能数据库服务器,配置含 GPU 的图形工作站(超算平台)用于 BIM 和 GIS 业务的处理,同时考虑大数据平台应用的扩展,配置的服务器提供资源的冗余。数据存储中心因只连接自建 SDH 环网,因此只配 1 台核心路由器,同时减少防火墙的部署,相应的 IPS 则旁挂于核心交换机,服务器资源相应地进行减少,服务器直接连接核心交换机取消数据中心交换机和 WEB 应用防火墙,其他结构与调度中心基本一致。数据存储中心和数据备份中心结构和配置基本保持一致。

除按输水工程 SDH 环网通信节点布设位置在输水干线沿线设置了 29 个接入层节点(22 个泵站和 7 个水库现地集中控制站)外,业务内网在 3 个管理处,以及 9 个管理所设置了接入层节点。接入层局域网采用单以太网结构,每个局域网设置 1 台汇聚交换机和 1 台核心路由器,汇聚交换机负责连接业务内网各应用系统终端计算机,核心路由器负责与广域网的连接和路由。

8.1.7 业务外网设计

8.1.7.1 业务外网网络流量流向设计

业务外网与业务内网间的数据传输是业务外网中 Internet 接入与发布系统与各业务内网应用系统对外进行信息发布时进行数据交换产生。其数据类型主要是文本数据及图片数据,与视频类数据相比,数据量小,带宽占用很小,不需要进行单独带宽统计。

8.1.7.2 业务外网设计

业务外网主要承载 Internet 信息发布及日常办公 Internet 接入等业务,仅在调度中心布设。

业务外网设置 1 台核心交换机和 1 台核心路由器。核心交换机通过 GE 光口连接至 web 服务器、Mail 服务器等 Internet 接入及发布设备,业务外网通过 Internet 接入路由器和 Internet 连接。业务外网网络架构如图 8-3 所示。

8.1.8 关键技术详解

8.1.8.1 CLOS 多级平面交换架构

本项目中,控制网核心使用面向数据中心型交换机,CLOS 多级多平面交换架构可以

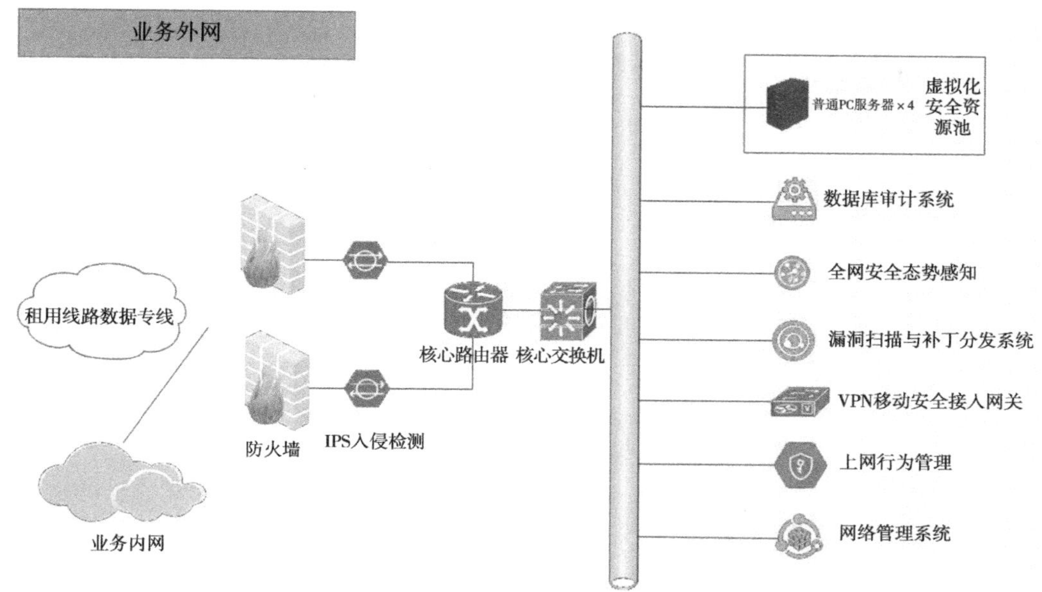

图 8-3 业务外网网络架构

提供持续的带宽升级能力率。

在硬件结构上,不同的功能由物理上相互独立的单元来分别完成,如不同的接口板可提供不同类型的接口,实现不同的业务等。在软件方面,同样采用模块化的设计思想,不同的模块实现不同的功能,可降低软件的复杂程度,有利于软件功能升级等。同时,功能模块化也有利于设备的维护和升级工作。

核心交换机有两个核心的处理平面,即控制平面和业务处理平面。控制平面主要由主控板、接口板上的控制单元构成,完成协议处理、路由表维护、数据配置和设备管理等控制功能;业务处理平面主要由接口板上的高速业务处理单元(ASIC 芯片)和集成在交换网板板上的交换网构成,具备业务处理、报文交换和报文转发等功能。

控制通道:接口板、网板通过高速差分线分别连到主备控制板上的管理模块。实现双主控 1+1、多交换网 N+1 或 N+M 的热备份,提高系统的可靠性。

业务通道:交换网芯片内置于交换网板,接口板通过高速差分线分别连到交换网板上的交换网。

控制平面和业务处理平面相互独立,互不影响,如图 8-4 所示。

核心交换机采用当前业界最先进的交换机交换结构,即多级 CLOS、分布式大缓存的交换结构:基于 Credit 分配和 Pull 方式的分布式业务调度,Pull 方式支持 Ingress 方向的分布式缓存,有效共享和利用分布在各线卡上的缓存。

通过交换网完成接口板之间无阻塞的报文交换,提供 Tb 级的交换容量,采用 VOQ 技术防止头阻塞,不会出现系统资源争用的情况,真正实现无阻塞交换。

8.1.8.2 智能弹性架构技术虚拟化

内网中采用两台数据中心系列核心交换机来实现虚拟化,对于汇聚交换机,也采用了虚拟化技术将两台汇聚交换机设备进行虚拟化部署,保障可靠性的同时,提供汇聚层的高

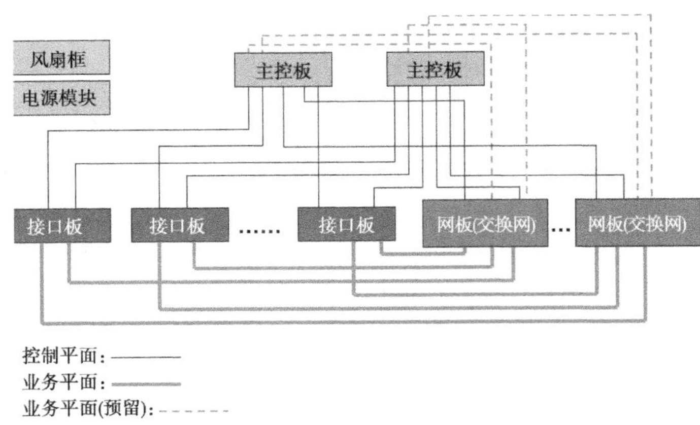

图 8-4　控制平面及业务处理平面描述

可靠性。将多台物理设备虚拟化成一台逻辑设备，从而实现多台设备的协同工作、统一管理和不间断维护。

虚拟化有以下优势：

(1)简化管理。

虚拟化形成之后，用户通过任意成员设备的任意端口均可以登录虚拟化系统，对虚拟化内所有成员设备进行统一管理。而不用物理连接到每台成员设备上分别对它们进行配置和管理。用户对虚拟化系统作为一个整体的虚拟设备进行管理，因此需要管理的设备数目减少了，网络的规划过程、组建过程、维护过程都将大大简化，可以有效地节省管理成本。

(2)简化网络运行，提高运营效率。

虚拟化形成的虚拟设备中运行的各种控制协议也是作为单一设备统一运行的，例如路由协议会作为单一设备统一计算。另外，作为单一设备运行后，原来组网中需要通过设备间协议交互完成的功能，将不再需要，例如常见使用 MSTP、VRRP 等协议来支持链路冗余、网关备份，使用虚拟化后接入设备直接连接到单一的虚拟设备，不再需要使用 MSTP、VRRP 协议。总之，虚拟化技术省去了设备间大量协议报文的交互，简化了网络运行，缩短了网络动荡时的收敛时间。

(3)强大的扩展能力，保护投资。

随着网络和计算机的日益应用广泛，使用网络规模不是一成不变的，网络规模会随着组织规模的不断增长而增长。在最初规划网络的时候，一般都将会预留一定的容量以便于扩充和升级。但是如果预留的容量太大，对于初期紧张的资金将是一种浪费；预留的容量太小，将来升级时不免会捉襟见肘。这一直是困扰网络规划者的一个难题。

有了虚拟化，网络的扩容和升级将变得简单和快捷。通过增加成员设备，可以轻松自如地扩展虚拟化系统的端口数、带宽和处理能力。用户在网络建设初期可以只购买当前需要的网络设备，不需要为将来的网络需求预先买单。当用户进行网络升级时，不需要替换掉原有设备，只需要增加新成员设备既可。用户的投资可以得到最大限度的保护。

(4)高可靠性。

虚拟化的高可靠性体现在多个方面,例如:成员设备之间虚拟化物理端口支持聚合功能,虚拟化系统和上、下层设备之间的物理连接也支持聚合功能,这样通过多链路备份提高了虚拟化系统的可靠性;虚拟化系统由多台成员设备组成,采用 1:N 备份,1 台 Master 设备负责虚拟化系统的运行、管理和维护,多台 Slave 设备在作为备份的同时也可以处理业务,一旦 Master 设备故障,系统会迅速自动选举新的 Master,转发流量和大部分业务都不会出现中断。由于 Slave 设备并不是专门的备份设备,也同时处理业务,因此用户没有为备份而专门花费资金。在将框式分布式设备进行虚拟化时,虚拟化中同时保留框式设备内部的 1:1备份,与虚拟化设备间的 1:N 备份这两种冗余功能,使得单个主控板异常时,此框式设备由于存在另外的主控板,所有板、卡均可以继续正常工作,进一步提高了系统可用性。

(5)高性能。

由于虚拟化设备是由多个支持虚拟化特性的单机设备虚拟而成的,虚拟化设备的交换容量和端口数量就是虚拟化内部所有单机设备交换容量和端口数量的总和。因此,虚拟化技术能够通过多个单机设备的虚拟化,轻易地将设备的核心交换能力、用户端口的密度扩大数倍,从而大幅度提高了设备的性能。

8.1.9 基础网络管理

8.1.9.1 全面的资源管理

实现网络中路由器、交换机及安全设备等资源的集中化管理。灵活快捷地自动发现算法:基于发现算法,不仅提供了快速自动发现方式,还提供了 5 种高级自动发现方式,包括路由方式、ARP 方式、IPsec VPN 方式、网段方式、PPP 方式等,能快速、准确地发现网络资源。

直观的设备面板管理:支持设备面板管理,所见即所得的显示设备的资产组成和运行状态。

8.1.9.2 灵活的拓扑功能

多种网络拓扑视图:除传统的 IP 拓扑视图外,还提供全网络的拓扑视图和自定义拓扑视图,使用户可以根据自己的组织结构、地域情况、甚至楼层情况清晰灵活地绘制出客户化的网络拓扑。在全网络拓扑视图中,用户可以随意组织和定制子图。

增强的二层拓扑:传统实现的拓扑都是基于 IP 的三层拓扑,在此基础上更支持二层拓扑,实现了同一个 VLAN 或者网段内部 PC 与网络设备、二层网络设备之间的互连关系,更方便直观地体现了网络中设备的互联关系。

8.1.9.3 智能的告警管理

直观的故障列表:智能管理中心能自动汇总全网中故障设备,形成故障设备列表,使管理员能快速、清晰地找到需要关注的故障设备。

智能的告警关联:提供对重复告警、突发的大流量告警、未知告警的自动过滤,用户还可以自定义过滤规则,以有效压缩海量网络告警,使得管理员直接关注真正的网络故障。

告警根源分析和影响度分析:提供基于拓扑的区域告警根源分析,提供告警关联分析,提供告警分组分析,有效屏蔽故障引起的海量表象告警,方便用户快速定位、查找故障根源，确认故障影响的范围。

丰富的告警转发机制：除提供告警声光提示、转 E-mail、转短信等方式外，还可以针对不同的告警定义不同的提示内容及对应维护参考，当再次出现同类告警后能直接对应到相应的维护参考。

结合拓扑直观的设备故障状态监控：与传统的网管告警和拓扑状态互相分离做法不同，使用显著的颜色把故障状态直观地反映在拓扑中的设备和链路图标上，用户仅需要查看拓扑，即可知道网络的整体运行状态。

8.1.9.4 易用的性能管理

一目了然的网络性能指标：CPU 利用率、内存利用率、带宽利用率、设备响应性能、设备不可达等是网络性能管理中用户最关注的几项，可通过列表，使用户能一目了然地看到当前网络中的性能瓶颈问题。

性能视图：用户可灵活定制性能数据浏览视图，分析网络运行趋势。性能视图支持多指标、多实例数据组合的展示，支持明细表格、柱图、折线图、柱状图、面积图、汇总数据多种性能监控数据展示方式。

性能与告警的深度结合：支持对每一个性能指标设置两级阈值，发送不同级别的告警。用户可以根据告警信息直接了解到设备监视指标的性能情况，有助于用户随时了解网络的运行状态，预测流量发展趋势，合理优化网络。

8.2 通信系统

通信系统是大型水利枢纽工程的基础设施之一，也是工程信息化系统的重要组成部分，是各类调度指令下达和各类业务信息传输的公共平台。

为实现调度中心、管理处和管理所之间的语音交换、数据传输、视频监控以及办公自动化等业务功能需求提供高速、可靠的传输通道。

8.2.1 光传输系统设计

8.2.1.1 传输方案选择

当下建立通信专网的主要媒介有有线光纤和无线微波、卫星等方式。由于微波通信需要视通的特性，而引水干线通过丘陵山区，沿线闸泵阀站布置位置相对低洼，要实现微波通信需要建设大量的中继站，此外，野外微波站需要建设配套的机房、供电、道路等配套设施，且其传输容量也受到无线波道传输容量的限制，与光纤通信相比已不具有任何优势，国内基本上不建设长距离的微波干线，微波通信也仅仅用于局部无法架设光缆需要点对点链路扩展的地方。卫星通信具有覆盖范围广泛，但就目前运行的卫星系统，普遍存在带宽不够宽、时延长、租赁费用高、设站地点要求开阔等特点，一般是作为较小带宽的备用手段。大型水利枢纽工程应结合工程本身建筑物的建设，建立适于工程本身的专用通信网。全线采用小于 10 MPa 的有压或无压隧洞，相当于为通信工程开辟了 1 条安全的通信走廊，适合建立工程骨干光纤网，并且安全性和可靠性很高。

除了通信专网，还有公网可以用于水资源调配工程。由于公用网不能提供语音调度业务,需要业主另建语音调度系统。因此,租用公网主要解决的是电路组网问题。公网优劣分析如下。

1. 优势

(1)系统建设初期投资少,主要建设费用由运营商负责。

(2)不涉及具体工程建设,建设管理费用低。

(3)不需要通信系统的运行维护人员。

(4)适于管理机构之间的通信链接。

2. 劣势

(1)网络扩容性差。

(2)电路调度不灵活,受外界控制。

(3)租用电路以星形结构提供,网络安全可靠性差。

(4)由于沿线各闸站分散,需建设大量线路就近接入,运营商可能进行一次成本分摊。

(5)长期租费,运营成本高。

综上所述,通信系统传输网的建设可以采用自建专网与租用电信公用网相结合的方式。建设初期专网未建立起来时,采用电信公用网完成信息化数据传输。

通信系统主要包括语音通信、传输通信、通信电源等。由于语音通信网首先要实现调水工程中的语音调度职能,而公用语音通信不具备调度网中需求,因此语音网需采用专用交换机形式自建。

8.2.1.2 业务类型

1. 语音通信业务

语音通信业务是负责完成大型水利枢纽工程各管理机构、泵闸站之间的语音通信联络,以及各管理机构、工程闸站对外部语音通信的需要。

调度电话业务应覆盖调度中心和现地泵站,行政电话业务应覆盖到调度中心、管理处、管理所和现地主设备机旁。

2. 信息自动化系统业务

信息自动化系统业务按功能需求主要包括输水自动化监控系统、水量调度自动化系统、视频监控系统、水文信息与工程防洪管理系统、工程安全监测信息管理系统、水质监测应用系统、工程运行维护管理系统、决策会商支持系统、应急响应系统、三维 GIS+BIM 可视化仿真系统、综合管理办公系统等 11 个方面。上述各个系统对通信通道的要求是不同,有些信息系统对实时性要求较高,有些系统对带宽的要求较大,有些系统的要求则相对宽松一些。

通信系统为信息自动化系统提供一个以数据交换和传输相结合的网络体系,主要提供数据的传输通道,将各系统信息进行上传下达。根据业务性质分为控制网、业务网。根据调度管理机构职能,控制网业务只覆盖到调度中心和管理所。业务网需覆盖到调度中心、管理处和管理所。

计算机网络将为输水自动化监控、水量调度、工程安全监测、水质监测、工程运行管理及办公自动化等各个子系统提供接口,各子系统根据其业务性质和需求,可划分不同的

VLAN 子网。

3. 视频业务

为了保障现地闸站的安全运行,视频监控业务主要根据需要上传现地闸站图像信息,使调度中心等各级管理机构能够实时全天候监视输水工程调水运行情况,向运行值班人员提供泵站、闸门、阀门等机电设备现场运行图景,以取得设备运行的全面信息。

8.2.1.3 业务带宽需求

1. 语音带宽

基于软交换常用的语音编码方式有 G.711、G.729 和 G.723,3 种编码方式的带宽要求分别为 90.4 kb/s、34.4 kb/s 和 22.9 kb/s。采用 G.711 的编码格式,可以保证与传统的电话语音质量一致,加上其他开销,基本上每一路语音的带宽在 100 kb/s 以内。

视频格式目前主要是基于 H.264,带宽基本最大不超过 400 kb/s,再加上其他开销,基本上每一路可视语音的带宽在 512 kb/s 以内。

语音带宽总需求只需考虑站间中继带宽需求,站内呼叫不占用传输网带宽。管理间的语音业务较少,主要是管理所与调度中心、管理处之间的语音占用传输网。

按照每个管理所用户线规模,估算中继用户量和 2 路视频电话,其带宽不超过 2 Mb/s,每个管理所按照 1 个 2 Mb/s 考虑,则所有管理所/泵站的语音带宽为:9×2 Mb/s=18 Mb/s。

考虑到管理处与管理所,数据备份中心与调度中心的通信将不会经过专用传输网的传送,其带宽需求不会影响传输网的带宽需求,因此此带宽不计入带宽需求中。因此,语音通信总带宽为 100 Mb/s,即 22 个 2 Mb/s 数字电路。

2. 信息自动化系统

计算机网络根据业务性质分为控制网、业务网。计算机网络将为输水自动化监控、水量调度、工程安全监测、水质监测、工程运行管理及办公自动化等各个子系统提供接口,各子系统根据其业务性质和需求,可划分不同的 VLAN 子网。

根据调度管理机构职能,控制网业务覆盖到调度中心、数据备份中心、泵站及闸阀,管理处、管理所不考虑。业务网将覆盖到调度中心、数据备份中心、管理处、管理所和泵站及管路。

控制网按照每个点 2 Mb/s 带宽计算、业务网按照每个点 10 Mb/s 计算。计算机网络带宽需求初估为:

每个现地站考虑采用 TDM 网络和分组网络各提供一个链路,带宽分别按 1 个 2 Mb/s 考虑。网络总带宽为 9×2 Mb/s×2=36 Mb/s,折合 22 个 2 Mb/s 数字电路。

业务网为 MSTP 数据电路形式,网络总带宽为 9×10 Mb/s =90 Mb/s,按照每个 10 Mb/s 为 5 个 2 Mb/s 捆绑,即相当于 55 个 2 Mb/s 数字电路。

3. 视频监控业务

视频监控系统主要考虑上传和下载的视频数量所占用的传输网的最大带宽。

按照数据备份中心、管理站最大下载的视频监控信号的数量分别为 16 路、4 路统计,则视频下载的最大数量为:16 路×1 处+4 路×11 处=60 路;管理站每站最大上传 3 路视频信号,则视频上传的最大数量为:11×3=33(路)。由于各管理机构接收视频数量小于现地站上传的视频数量,因此网络上传输的视频最多为60路,每路视频按照6 Mb/s带宽计算,因此视频信号在传输网上占用的总带宽为:60×6=360(Mb/s),相当于180个2 Mb/s数字电路。

4. 调度中心带宽需求

根据调度中心的功能要求,数据备份中心的控制业务信息需要同时上送至调度中心,控制网带宽需求为29×2=58(Mb/s),相当于29个E1数字电路。

数据备份中心与调度中心之间需要建立2×100 Mb/s带宽通道,实现各类业务的数据备份。

总公司可经数据备份中心调用8路视频监控信息。

5. 网络带宽总需求

综上分析,传输网传送的语音信号、信息系统数据(控制网、业务网)和视频监控数据,数据备份中心带宽的总量为100 Mb/s+44 Mb/s+110 Mb/s+360 Mb/s+100 Mb/s=714 Mb/s,相当于(50+22+55+180+50)=457个2 Mb/s数字电路。

考虑到光传输网的保护,网络中可能开辟的其他业务需求,如工程安全监测等,并为工程输水量达到最终规模时,通信业务量的增加预留扩展,建议选用10 Gb/s传输容量通信设备。

8.2.1.4　各机构和管理所接口

1. 调度中心

1)语音业务

调度中心设置语音交换设备,应兼具调度、行政管理等功能。该交换机应满足调度中心与管理处、管理所交换机之间的中继需求,还应满足工程对外联络的需求。

与工程范围内接入网管设备之间采用SIP中继,物理接口为以太网接口,其中至各管理所通过内部传输网实现,至总公司、管理处等管理机构需通过租赁运营商数据链路实现;调度中心对公网运营商、水利局等机构交换机按照2 Mb/s数字中继方式,接口为G.703 E1接口。

2)信息自动化业务

通信系统为计算机网络提供一个以数据交换和传输相结合的网络体系,主要提供数据的传输通道,将采集到的各种信息进行上传下达。计算机网络根据业务性质分为控制网、业务网。计算机网络将为输水自动化监控、水量调度、工程安全监测、水质监测、工程运行管理及办公自动化等各个子系统提供接口,各子系统根据其业务性质和需求,可划分不同的VLAN子网。

根据调度管理机构职能,控制网业务只覆盖到调度中心水源泵站和管理所,接口形式为以太网接口,通过内部传输网实现。业务网将覆盖到调度中心、管理处和管理所,接口形式为以太网接口,通过内部传输网和运营商数据链路实现。

3)视频业务

视频监控业务主要取决于各管理机构需要其管辖的闸站上传的视频的总路数。根据监控系统的总体需求,调度中心最多可以展现8路画面信息,数据备份中心可以展现16路画面信息,管理处可以展现2路画面,管理所可以展现4路画面信息,上述视频信息均需经调度中心转到各管理分支机构。

调度中心视频输出只有16路,因此采用以太网接口即可满足要求。

2. 管理处

管理处通信业务主要包括语音通信业务、视频监控业务等。

1)语音通信业务

管理处设置网关或交换机设备,对公网带宽为2 Mb/s,接口形式为G.703数字同轴接口;对工程内部通信网到调度中心为以太网接口,即10/100 Mb/s RJ45以太网接口。

2)视频监控业务

按照视频监控业务需求,管理处最多可以查看管辖范围内管理所4路图像信息,因此视频业务带宽为4×6 Mb/s=24 Mb/s。接口形式为100 Mb/s RJ45以太网接口。

3)管理处带宽总需求和接口形式

根据以上初步统计,管理处的上下行总带宽最大为2+24=26(Mb/s)。其接口形式为G.703数字同轴接口和40 Mb/s RJ45以太网接口。

3. 管理所

管理所通信业务主要包括语音通信业务、自动化管理业务、视频监控业务等。

1)语音通信业务

管理所设置IAD设备或交换机,其带宽为1个2 Mb/s。接口形式为G.703数字同轴接口,或10/100 Mb/s RJ45以太网接口。

2)自动化管理业务

管理所自动化管理系统只涉及业务网,每个站点按照10 Mb/s带宽考虑。接口形式为10/100 Mb/s RJ45以太网接口。

3)视频监控业务

按照视频监控业务需求,管理所最多可以查看管辖范围内4路1 080 P图像信息,视频业务带宽为4×6 Mb/s=24 Mb/s。接口形式为100 Mb/s RJ45以太网接口。

4)管理所带宽总需求和接口形式

根据以上初步统计,管理所的上下行总带宽最大为2+10+24=36(Mb/s)。其接口形式为G.703数字同轴接口和40 Mb/s RJ45以太网接口。

8.2.1.5 系统总体设计

通信传输系统是水资源调配工程各种业务信息的公用传送平台,这些业务主要包括调度中心、数据备份中心、管理处、管理所等各级管理机构之间的语音、数据、图像等各种信息,通信传输系统的任务就是为这些业务提供高速可靠的传输手段。

本工程传输网为语音通信网、计算机网络、视频监控等各类业务提供通道,计算机网又分为控制网和业务网,其中控制网、业务内网按核心网和接入网两级结构组建,业务外网按调度中心一级结构组建。

光传输设备通常可提供光接口、电接口,各类接口用途分别为:

(1)2 Mb/s电接口,可用于计算机网络、语音交换机中继、视频会议等系统。

(2)10/100 Mb/s电接口:可用于计算机网络、语音交换机中继,视频监控、安全监测等系统。

(3)1 000 Mb/s 光接口:用于计算机网络。

将根据实际需要配置上述接口。

主要业务既有用于传统电路交换制式下对实时性要求较高的业务,又有对分组要求的业务,因此传送网采用增强性 MSTP 技术。

根据大型水利枢纽工程的分布情况,南片区以灾备中心为核心层接点,采用光纤环网组成核心层主干网络,管道延伸终端泵站采用多个星型光纤网接在核心层节点上;北片区比较分散,新建光纤专网不具备条件,故租用公网接入总公司核心层;总公司与灾备中心之间租用不同运营商的 100 M 公网链路。灾备中心核心节点需设置两套光传输设备,且需与相邻核心节点设备、接入节点设备连接,考虑备用需求,采用 24 芯光纤。

8.2.1.6 主要设备配置

1. 核心层设备配置

核心层光传输设备机柜、子机框将配置 PDU 单元、主控交叉、时钟板、10 Gb/s 光通道业务处理板和光收发模块、2.5 Gb/s 光通道业务处理板和光收发模块、10 Gb/s/2.5 Gb/s 功放板、10 Gb/s/2.5Gb/色散补偿、2 M 支路处理接口板、GE/FE 处理接口板及电源模块等。2.5 Gb/s 板卡只有跨接接入层环网的站点配置。

2. 接入层设备配置

接入层光传输设备机柜、子机框将配置 PDU 单元、主控交叉、时钟板、2.5 Gb/s 光通道业务处理板和光收发模块、2 M 支路处理接口板、GE/FE 处理接口板以及电源模块等。

3. SDH 设备光接口配置

SDH 通信传输系统主要有 ADM 设备和网管设备等,结合本工程实际光接口参数,SDH 光传输系统的核心环光接口配置类型有 L-64.2,接入环光接口配置类型有 S-16.1、S-16.2 和 L-16.2。

8.2.1.7 网络同步系统设计

通信平台将设置 2 套时钟同步设备,分别布置在调度中心和数据备份中心,作为通信传输平台的主同步时钟和备用同步时钟。布置有主时钟设备的调度中心 SDH 传输设备由 BITS 引入外同步时钟信号作为主用时钟信号,由 SDH 线路接收的同步时钟信号作为备用时钟信号。布置备用时钟设备的数据备份中心 SDH 传输设备由 SDH 线路接收的同步时钟信号作为主用时钟信号,由 BITS 引入外同步时钟信号作为备用时钟信号。其他 MSTP 设备从线路侧获取主备用同步时钟信号。

8.2.1.8 网管系统设计

本工程在调度中心配置 1 套子网级网管系统,负责管理光传输网络,控制和协调所有网元的活动,主要面向通道和电路的管理,同时对单个网元进行监测与配置。网管具有网络管理及自诊断功能,能够对网络进行安全管理、故障管理、性能监视、系统管理、配置管理。

各站点的光传输设备支持 SNCP 保护及 MPLS-TP 分组环网保护,对 SDH 业务采用 SDH 保护,分组业务采用分组环网保护,对网内传输的各种信息进行隔离及相应的环路保护,提高了系统的安全性及可靠性,并且向通信集中监测告警设备实时输出本网管采集的主要告警信息内容。

1. 功能需求

根据用户权限，进行安全管理、用户及网络集中管理。系统应能进行有效的设备故障检测，监测网络运行状态并能输出故障报警信息。传输设备监控应能够监测到板卡，能够直接将故障定位到单板。

2. 网管系统配置

网管系统配置客户机和服务器，既可以以客户机-服务器的结构在不同的计算机上运行，也可以在相同的计算机上运行，使每个服务器可以访问多个客户机。服务器和客户计算机可以是个人计算机，也可以是自主可控工作站，且不同操作系统上屏幕显示完全相同。最多可以有 32 个客户机同时访问服务器。访问服务器的客户机的数量不仅与许可证分配的权限有关，也与服务器的硬件有关。

软件平台配置国产 Linux 单机系统软件等。

8.2.2 语音通信系统设计

遵循“安全、先进、经济、适用”的建设原则。在确保安全、满足需要的前提下，语音通信系统的建设力求经济、适用。

语音交换网内语音交换设备配置和组网模式按调度、行政功能合一配置，但调度、行政用户之间相互独立。

以专网通信平台为主，充分利用公网电路，做到专网和公网相结合。

系统语音控制设备采取冗余配置，形成互为保护的分布式结构，以实现多重容灾保护。

语音交换网统一在调度中心出局接入水利专网及当地电信公网。

语音交换设备的用户板和中继板卡按初期配置，预留终期板卡位置；控制部分按满容量冗余配置。

电话号码资源统一规划，并结合水利专网号码分配特点。

语音通信系统采用软交换制式，基于软交换体系的下一代网络分层模型从功能上自下往上依次分为接入层、传送层、控制层、业务层。

语音通信系统的主要功能：①本地、长途语音及传真业务；②支持电路交换机的补充业务；③提供调度业务；④支持点对点视频业务；⑤支持电话会议功能；⑥统一电话号码簿；⑦语音邮箱；⑧语音留言。

语音通信系统架构如图 8-5 所示。

8.2.3 通信电源系统设计

遵照《通信电源设备安装工程设计规范》（GB 51194—2016）的规定，结合本工程实际，提出设备系统配置原则如下：

（1）要求不间断供应直流供电时，应设置高频开关电源及蓄电池组。

（2）高频开关电源整流模块数可按近期负荷配置，但满架容量应考虑远期负荷发展。

（3）蓄电池组的容量应按近期负荷配置，依据蓄电池的寿命，适当考虑远期发展。

（4）通信交流电源引入，其功率和交流引入电缆均按远期考虑。

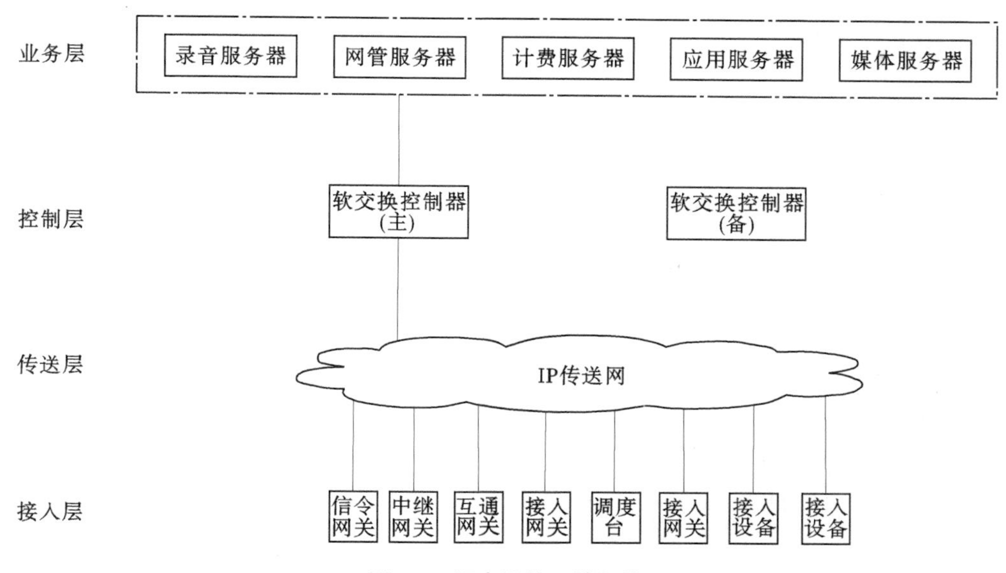

图 8-5 语音通信系统架构

(5)通信设备及配套的网络设备所需的不间断交流电源应由通信电源设备供给。

通信电源系统采用分散布置集中供给方式,即通信电源按通信站点的分布而设置,每个通信站点的通信设备集中由 1 套或 2 套通信用高频开关直流电源供电。

高频开关电源主要包括交流配电单元、充电单元、直流配电单元及监控单元等。管理站和现地泵站高频开关电源与现地控制设备合并考虑。

调度中心和灾备中心各设置 2 套通信电源,单组蓄电池计算容量 $Q=977$ Ah,取整 $Q=1\ 000$ Ah,配置 2 组,每组 24 只 2 V 电池。

管理站设置 1 套通信电源,单组蓄电池总计算容量 $Q=486$ Ah,取整 $Q=500$ Ah,配置 2 组,每组 24 只 2 V 电池。

管理处和现地泵站分别设置 1 套通信电源,单组蓄电池计算容量 $Q=179$ Ah,取整 $Q=200$ Ah,配置 2 组,每组 24 只 2 V 电池。

逆变器配置:额定容量 3 000 VA/2 000 VA/1 000 VA;额定输出功率 2 400 W/1 600 W/800 W;交流输入压-48VDC,输入电流 63 A/42 A/21 A。

高频开关通信电源具有:①系统保护性能;②遥信、遥测、遥控性能;③告警性能和电气与机械联锁、手动自动转换、输出保护等控制方式。

8.2.4 应急通信系统设计

采用卫星移动电话、无线对讲和公网通信来满足本工程语音通信的应急要求。

在管理机构通信站点配置公网固定电话,在调度中心、管理处和金刚沱泵站分别配置 1 套手持卫星电话,以防地面通信中断后调度中心与管理所之间可用手持卫星电话通信。

其余每个管理所配置 2 对无线对讲机,以满足生产维护人员沿管道巡视和应急抢修的需要。

8.2.5 光缆网络设计

8.2.5.1 节点选择和位置

根据大型水利枢纽工程管理机构办公地点的设置，总公司设置在渝北区，灾备中心设置在金刚沱泵站，各管理处和管理站分别设置在各行政区，沿线管道和泵站是工程通信的主要站点。

根据南北片区的分布情况，北片区以离散型站点为主通信；南片区则相对集中且有管路相连，选择其中 11 个重要泵站连成主干网，作为核心层节点，其余泵站作为接入层接入与之相邻的节点。

8.2.5.2 光缆路由

考虑到光纤传输系统的质量和安全可靠性，光缆线路应建成环型结构，同一环上的光缆应尽量采用不同的物理路由。因此，在管线两侧分别布放光缆。

核心层光缆在管线左右两侧各敷设 1 根光缆。考虑到接入层站点分散，数量较多，为此设置接入层专用光缆 1 根，为了使接入层亦组成物理上的环网结构，采用与对侧核心层光缆中不同纤芯的方式组建接入层传输环，此方案安全性相比核心层有所降低，但有效地降低工程投资；经过论证对比和综合考虑采用左侧核心层、接入层光缆合设为 1 条的建设方案。

为减少光纤成端活接头造成的传输衰耗，将管线左侧光缆在核心层传输节点内全部成端，在其他现地通信站点即接入层传输节点内将 24 芯光纤的 1～12 芯直熔，13～24 芯成端。

通信电缆系统以现地通信站点为中心采用点到多点的星型拓扑结构。

8.2.5.3 光(电)缆建筑形式

光(电)缆建筑形式有管道、直埋和架空等，具体对比见表 8-1。

表 8-1 光(电)缆建筑形式对比

序号	建筑方式	优缺点	适用环境
1	硅芯管敷设	敷设高效、适应性强、延长光缆寿命、可以重复利用且安全性较高；与直埋方式比较工程投资较大	长途干线光缆、二级干线光缆及本地城域网光缆工程
2	集束硅芯管敷设(微管、微缆)	管孔利用率高、技术先进、可以重复利用且安全性较好；对弯曲半径等施工工艺要求较高，微缆及集束硅芯管成本均远高于普通光缆和硅芯管，后期运行维护难度大于普通光缆和硅芯管，工程投资较大	在管道资源紧张或管道建设受路权限制且建设成本较高的城区段有少量应用，在干线光缆工程中尚未得到批量应用

续表 8-1

序号	建筑方式	优缺点	适用环境
3	传统管道敷设	光缆敷设方便快捷、安全性较高、可以重复使用、适合后期扩容；与其他建筑方式比较工程投资较大	二级干线光缆及本地城域网光缆工程
4	直埋敷设	光缆敷设方便、一次性工程投资较高；安全性较差、路由资源浪费、运行维护及后期扩容困难	早期长途干线光缆、二级干线光缆工程应用较多，目前在长途及本地光缆工程中已经很少采用
5	架空敷设	工程投资相对较小、光缆敷设方便、建设周期短；安全性较差、有碍观瞻	早期的二级干线光缆工程、本地网市区范围以外光缆工程应用较多，市区内基本已禁止使用

结合本工程管线建筑物形式，建议采用以下几种方式：

(1)无压隧洞段，采用顶部两侧明敷的方式。

(2)暗涵建筑物，在混凝土暗涵顶部结构上面(暗涵浅埋)或上方(暗涵深埋)设置PVC 内穿硅芯管并混凝土包封的方式敷设光缆。

(3)有压管道，采用在输水管道底部结构外侧设置硅芯管并混凝土包封的方式敷设光缆。

部分涉及引水管顶管施工的区域，光缆施工还需考虑定向钻等特殊施工方案。

9　基础设施建设

9.1　概　述

系统运行实体环境是支撑全程业务运行、满足通信网络管理中心、数据存储中心、调度中心等对环境需求的集成体,因此在合理的分配和利用资金的前提下,建设一个安全、稳定和高可靠的环境是大型水利枢纽工程信息系统运行的重要保证,是整个系统建设的重要内容。实体环境建设的目标是满足系统设备的运行需要,建立为系统设备运行服务的监测系统、空调系统、消防系统、电源系统、防雷接地保护系统等,保证系统设备安全、可靠运行,为运行管理人员和系统设备提供良好的操作平台和运行环境,从而保证系统业务的正常运行。

大型水利枢纽工程信息自动化系统需在调度中心、数据备份中心、管理处和管理所等处设置数据、传输等设备的综合机房以及其他生产用房,以便于整个系统的运行和调度。

大屏幕显示系统:为了便于调度人员监视现场设备及建筑物的运行状况,及时应对供水突发事件和大型安全事故,大型水利枢纽工程信息自动化系统在调度中心、各管理处和管理所的供水调度大厅、运行值班室、会商中心等部位设置大屏幕显示系统。

视频会议系统具有异地视频会议和异地视频会商功能,是决策支持系统的硬件基础,决策支持系统需要异地视频会议系统提供会商环境才能进行异地会商。视频会议系统的建设思路是:采用先进的建设方案,将异地视频会议系统建设为一个具有电信级的可靠性、技术先进、图像稳定清晰、功能完善、使用灵活方便的多媒体视讯平台,为大型水利枢纽工程运行管理工作,提供电视会议、异地视频会商及远程可视技术交流、方案讨论、远程教学等多种多媒体服务,提高大型水利枢纽工程运行管理工作的信息化水平和效率。

本项目 UPS 电源系统将按调度中心、公司总部数据备份中心、管理处及管理所进行设计及配置。UPS 采用模块机的模式,根据后续需求可叠加。

为保证大型水利枢纽工程信息系统安全稳定运行,其布置于调度中心、数据备份中心、管理处、管理所的设备的供电采用 UPS 电源供电。由于大型水利枢纽工程信息系统的主要设备均集中在调度中心及数据备份中心,而在管理处及管理所布置的设备数据存储、计算的重要性也较高,因此也配置对应的 UPS 电源方案。

结构化综合布线系统作为大型水利枢纽工程各级管理机构办公楼自动化工程的基础设施,它的建设将为各级管理机构办公楼计算机网络系统、通信系统的数据、语音的传输提供了物理平台,为用户内部之间及内部与外界的交流与通信提供手段。通过统一规划建设一套实用灵活、管理方便、满足未来使用要求的数据及语音传输的基础设施平台。

9.2 调度中心

9.2.1 概述

调度中心作为整个大型水利枢纽工程的调度、控制、管理中心,是信息系统应用集中部署的核心部位,根据调度中心在信息系统中的功能定位及设备配置情况,需在调度中心设置调度监控大厅、调度会商中心、安全监测及应急处理中心、设备机房及辅助生产用房,以支持整个大型水利枢纽工程的正常运行和调度管理。

9.2.2 布局描述

9.2.2.1 供水调度监控中心

供水调度监控中心大厅是全线输水自动化监控系统运行人员值班及各类信息汇聚的场所,也是大型水利枢纽工程对外展示的窗口。运行人员通过监控中心配置的大屏幕显示系统及操作员站等人机接口设备可以实时监视全线调水设施(闸、泵、阀)的运行状况,并对重要设备进行远方控制,同时也可对供水调度计划及执行状况,工程沿线枢纽建筑物信息、水雨情及水质信息及视频监控图像信息等进行综合监视。供水调度监控大厅配置的主要设备有:大屏幕显示系统、集中操作控制台、运行环境支持系统。

大屏幕显示系统采用不小于 2.72 m×9.6 m 规格 P1.5 的 LED 小间距显示屏系统,主要由 LED 显示单元拼接墙及相关外围设备(LED 网络柜、发送卡、LED 屏配电柜、安装支架、安装基础、底座、线缆)等组成。在距显示屏中心 8 m 左右的位置扇形摆放长约 12 m 的值班运行人员控制台。控制台上放置输水自动化监控系统站、视频监视终端及专项自动化系统监视终端等。供水调度监控中心包括值班监控区、交接班区、参观区及附属用房,用房面积约 300 m^2,层净高不小于 7 m。

9.2.2.2 调度会商中心

调度会商中心是进行水资源配置管理与供水调度的指挥中心和枢纽,也是水资源配置信息化建设对外宣传的窗口。调度会商中心是以水量调度控制及会商需求为主,视频会议、学术交流、接待参观等为辅的重要场所。调度会商中心包括会商室、音响区、设备区,面积约 150 m^2。

9.2.2.3 安全监测及应急处理中心

安全监测及应急处理中心是输水建筑物工程安全状况、调水水质状况等的日常监测及出现险情时的应急处理的场所,在区域划分上分为工程安全监测室和应急处置室。工程安全监测室布置监控台、监测终端、视频监视终端等设备,用房面积约 60 m^2。应急处置配置:1 块 80" 的液晶显示屏、应急响应系统、会议电视系统、后台控制设备等,用房面积约 40 m^2。

9.2.2.4 设备机房

调度中心根据机房功能需求,设备机房分为服务器及网络机房、通信机房、UPS 电源室等。服务器及网络机房主要布置信息系统及各专项业务子系统的服务器、网络交换机、数据存储设备,以及安全防护设备等,设备均组柜安装。机房按照安全防护体系要求划分为安全Ⅰ区、安全Ⅱ区和安全Ⅲ区,机房内设备按安全等级不同分置于不同的安全区中,用房面积约 200 m²;通信机房主要安装通信设备、通信网管设备和通信电源设备等,用房面积约为 80 m²;UPS 电源室包括蓄电池室和 UPS 盘柜室,用房面积约为 80 m²。

9.2.2.5 辅助生产用房

除上述用房外,在调度中心还设置工程师室、资料室、仪器仪表及备件室。工程师室是对信息自动化系统进行系统开发、维护和管理的场所,用房面积约 30 m²。此外,资料室及仪器仪表室用房面积约 30 m²。设大型水利枢纽工程运行调度数据备份中心,主要对信息自动化系统中的输水自动化监控功能进行数据备份,配置必要的灾备设施。

9.2.3 调度中心与数据备份中心的整体设计

9.2.3.1 机房环境设计

(1)机房温湿度要求见表 9-1。

表 9-1　机房温湿度要求

房间名称	机房设备要求温湿度范围		
	温度/℃		相对湿度/%
	夏季	冬季	
机房	18~28	18~28	40~70
供水调度大厅	15~30	15~30	40~70
电源室	15~30	15~30	40~70
其他功能房间	15~30	15~30	40~70

(2)尘埃:机房在静态条件下,粒度≥0.5 μm,个数≤18 000 粒/dm³。

(3)噪声:在计算机系统停机情况下,机房中心位置<65 dB。

(4)机房内绝缘体的静电电位为 30 lx。

(5)照度:主机房>500 lx,无眩光;辅助机房>400 lx,眩光限制等级为Ⅰ级;应急照明>30 lx。

(6)接地:接地电阻<1 Ω;零地电位差<1 V。

(7)机房内无线电干扰场强,在频率为 0.15~1 000 MHz 时,不应大于 126 dB。

(8)机房内磁场干扰环境场强不应大于 800 A/m。

(9)在停机条件下机房地板表面垂直及水平向的振动加速度值,不应大于 500 mm/s²。

9.2.3.2 机房工程装饰设计

1. 装修总体要求

机房环境装修根据国家规范,机房室内装饰应选用气密性好、不起尘、易清洁,并在温、湿度变化作用下变形小的材料,并应符合下列要求:

墙壁和顶棚应平整,减少积灰面,并应避免眩光。并且具有较好的防静电、吸音和屏蔽效果。应铺设防静电活动地板。防静电活动地板应符合现行国家标准《计算机机房用活动地板技术条件》(GB 6650)的要求,敷设高度应按实际需要确定。防静电活动地板下的地表和四壁装饰可采用水泥砂浆抹灰。地表材料应平整,耐磨。当活动地板下的空间为静压箱时,四壁及地面均应选用不起尘、不易积灰、易于清洁的饰面材料。吊顶宜选用不起尘的吸声材料,如吊顶以上作为敷设管线用时,其四壁应抹灰,楼板底面应清理干净;当吊顶以上空间为静压箱时,则顶部和四壁均应抹灰,并刷不易脱落的涂料,其管道的饰面,亦应选用不起尘的材料。

机房作为信息服务的核心和数据处理、传输中心,要达到7×24 h不间断工作,规划设计必须考虑要有一定的扩容能力、冗错功能,场地环境要求严格,整体安全系数要高,因此应选择中档偏上的装修档次。

机房区的吊顶、地面、墙壁和立柱都要进行表面装饰,装饰选用的材料必须全部采用符合国际标准或国内优质标准。所有材料应具备环保、阻燃、无毒、防火性能好;安全耐用,不易变形,美观不变色;不起尘,易清洁,吸音效果好;防静电、抗电磁干扰等性能。

2. 吊顶装修设计

吊顶是机房中重要的组成部分。吊顶上部安装着强电、弱电、线槽和管线,也安装着消防的一些温感、烟感探头和动力环境监控的一些设备。在吊顶面层上安装着嵌入式灯具、风口、消防报警探测器。机房要求机房吊顶必须防火、防尘、美观和易于拆装。因而在机房中广泛使用微孔金属吊顶。

机房吊顶采用规格为600 mm×600 mm,安装高度为不低于2 800 mm,为达到机房保温效果,在机房内应放有精密空调,此部分机电方或大楼整体进行考虑,如有空调需机房区域内吊顶内安装一层保温层。

灯具宜选用亮度高、无眩光、照度均匀、噪声低、与吊顶配套的反射式高档电镀格栅式日光灯组,走廊及附属用房局部等采用金属筒灯。方形吊顶建议配嵌入式三管格栅灯具,灯具尺寸600 mm×600 mm。灯具与吊顶尺寸配套。考虑照度均匀,灯具采用均布模式。吊顶顶板上需要安装灯具、风口、烟感、温感探头。因此,设计上要综合考虑,使各系统管路纵横交错,排列有序。吊顶周边均采用L形修边角。周边顶板应精确下料,并与L形修边角衔接,连接紧密、平直。

3. 防静电地板设计

在各机房的工程技术设施中,活动地板是一个很重要的组成部分。活动地板铺设在机房的建筑地面上,活动地板上安装机房的主要计算机设备及其他电子设备,而在活动地板与建筑地面之间的空间内可以敷设连接各设备的各种管线。活动地板具有可拆卸的特点,因此所有设备的导线电缆的连接,管路的连接及检修更换都很方便,敷设路线距离最短,因而可减少信号在传输过程中的损耗。活动地板可迅速地安装与拆卸,方便设备的布局与调整。为设备的增容和设备的更新换代提供了有利的条件。

活动地板安装过程中,地板与墙面交界处,活动地板需精确切割下料。切割边需封胶处理后安装。地板安装后,用不锈钢板踢脚板压边装饰。不锈钢板踢脚板及墙面彩钢板互相衬托,协调一致,效果极佳。

4. 墙面装修设计

机房墙面、地面及梁面上刷防霉、防潮漆,涂防水油膏,进行防尘处理,确保洁净度高、不产生粉尘、耐久性高,不产生龟裂、眩光,同时起到防水、防潮、防霉的效果。

机房四周有三面墙面采用优质彩钢板饰面,采用轻钢龙骨做骨架,骨架内可走管穿线;使用优质彩钢板饰面,彩钢板表面应平整光滑,整体性能良好,具有防水、防火、防潮、保温、隔音、屏蔽、防尘、密封防鼠、易清洗、变形小等性能。

彩钢板内填充岩棉做保温处理,以保证空调效果。踢脚采用不锈钢,高度不低于100 mm。

5. 机房照明设计

计算机机房的照明供电属于辅助供电系统的范畴,但它具有一定的特殊性和独立性。机房照明的好坏不仅会影响计算机操作人员和软、硬件维修人员的工作效率和身心健康,而且还会影响计算机的可靠运行。因此,合理地选择照明方式、灯具类型、布局及一些相关器材等在装修电气工程中不可忽视。

机房照明设计包括平面和系统。首先要认真进行机房照明的需求分析,如机房照明设计要求光线要柔和,适合人体的生理需要,不能因照明电源产生干扰而影响计算机的工作。照度值按《数据中心设计规范》(GB 50174—2017)选择。主机房内在离地面 0.8 m 处,照度不应低于 300 lx;辅助机房内照度不应低于 150 lx;应急照明应大于 30 lx。在主机房内基本工作间无眩光,眩光限制等级为Ⅰ级;第一类辅助房间眩光限制等级为 D 级,可以有轻微眩光;第二、第三类辅助房司眩光限制等级为Ⅲ级,允许有眩光感觉等。在灯具选择及布置时,除根据机房电气设计规范对照度的要求外,还应充分结合自然采光及墙面反射率等因素来计算确定灯具数量。一般机房照明功率密度(W/m^2)的现行值可按 16 W/m^2 点计算。各功能房间采用嵌入式格栅荧光灯具。在灯的布置上,根据安装高度(吊顶高度)决定灯具间隔。在保证照度的前提下,充分考虑照度均匀性和有效抑制眩光等因素。成排安装的灯具,光带应平直、整齐。工作区内一般照明的均匀度(最低照度与平均照度之比)不宜小于 0.7。非工作区的照度不宜低于工作区平均照度的 1/5。

建议使用节能性日光灯照明,采用无眩光多隔栅灯棚,采用灯具规格为 600 mm×600 mm 的格栅灯具。其中应急照明直接用 600 mm×600 mm 的格栅灯具通过继电器装置,停电以后用 UPS 供电,即可达到应急的作用。

9.2.3.3 **UPS 电源设计**

机房用电负荷为一级负荷。低压配电系统采用 380 V/220VTN-S 系统。计算机供电系统:机房的计算机配电系统设计为“双路市电互投+柴油发电机+UPS 不间断电源”的供电方式;机房的空调及照明系统设计为“双路市电互投+柴油发电机”的供电方式。

调度中心电源配置两套 120 kVA 的 UPS,数据备份中心配置两套 60 kVA 的 UPS,每套 UPS 均配置一套满足 4 h 断电使用的蓄电池组,每个中心均整体采用双重配置的架构,两套 UPS 以并行方式工作,任何一套 UPS 故障,均不影响大型水利枢纽工程信息系统所有设备的正常运行。

UPS 电源的供电对象包括:应用支撑平台服务器、数据存储设备、计算机网络设备、信息安全设备、视频会议通信设备、视频监控系统主站设备等,初步估算调度中心 UPS 电源用电设备功耗统计如表 9-2 所示。

表 9-2 UPS 电源用电设备功耗统计

单位:W

序号	用电系统	调度中心	数据备份中心
1	应用系统	14 000	8 000
2	数据存储中心	24 700	12 700
3	计算机网络系统	4 250	2 600
4	信息安全	19 100	12 000
5	视频会议通信系统	14 990	10 000
6	视频监控系统及其他	4 000	2 500
合计		81 040	47 800

UPS 电源采用双开关、双单机、双总线结构,并结合配电和负荷管理单元以及可异步切换的静态切换开关(STS)实现双电源对单电源负载的双路供电,采用冗余电源的设备由两段母线供电。UPS 内部直流稳压电源应有过压过流保护及电源故障信号,电源输入回路应有隔离变压器和抑制噪声的滤波器。UPS 电源采用 2 回 380VAC 进线电源,2 回交流进线电源取自 1 路市电和 1 路柴油发电机电源经切换后的交流母线上。UPS 电源根据供电对象分布区域配置负荷电源柜,每个负荷电源柜内布置 3 条分支母线,其中 2 条分支母线供主备冗余配置的设备使用,第 3 条经静态切换开关切换后的分支母线供单电源设备或其他有影响的用网用电设施使用。

UPS 的容量应在考虑所有供电设备交流用电容量同时,需预留一定备用容量,在此基础上,取 1.25 的设计安全系数,选择单台 UPS 的最终容量,计算公式为:

$$S \geqslant K \cdot P/\cos\varphi$$

式中:K 为安全系数,取 1.25;P 为设备用电功率,W;$\cos\varphi$ 为负载的功率因数,通常取 0.8。

根据上述计算,在调度中心配置的 UPS 容量为 120 kVA,相应在数据备份中心配置容量为 80 kVA 的 UPS。每套 UPS 配置的蓄电池容量按交流输入电源失去后蓄电池能持续供电 4 h 计算。UPS 电源具有外部通信接口,UPS 电源系统的开关位置、进线电源电压、母线电压、UPS 装置工作状态、电池电压、馈线电流等信息通过数据通信接入机房动力与环境监测系统,从而实现对其运行状态的监视。

9.2.3.4 综合布线设计

调度中心综合布线建设主要内容为:计算机网络布线、有线电话线路布线和各系统设备的视频信号线、电源线、控制线等,要求在布线时统一考虑、强弱分开、综合布线。根据大型水利枢纽工程信息自动化系统的应用需求,控制网、业务内网和业务外网物理分开使用。根据控制网的特殊要求,只为有权限的人员开通,需在实际工程实施中根据实际需求布置控制网信息点。调度中心内每个办公座位配置一组(业务网、外网各一)的信息点,一组高清通信线缆,每两个办公座位配置一个语音信息点,并根据需要再开通。结构化布线系统应采用星形的物理结构。垂直干线的星形结构中心在机房内,辐射向各个区域,传输介质使用大对数非屏蔽双绞线铜缆和多模光缆。各区域内的信息点位采用水平双绞线。

9.2.3.5 空调系统设计

调度中心作为大型水利枢纽工程供水调度指挥的枢纽，必须全年度确保每天 24 h 做到在任意时段均可投入使用，与此相关的硬件设备要求能够全年度每天 24 h 运转。由于调度中心(含设备间)为全封闭式的房屋结构，空气流动性差，对工作人员身心健康不利。应选用先进的空调系统设备，并按照各功能区的不同需求，建立恒温、恒湿和新风换气的空间环境，以满足人员、设备全天候对环境温度和空气质量的要求(此部分详设由建设方统筹考虑，机房需配置精密空调)。

9.2.3.6 消防报警系统设计

1. 消防系统

机房消防系统需配置不小于 6 m^2 的单独房间，鉴于调度中心配置有先进电子设备，为避免自动喷淋灭火系统因正常或非正常喷淋对电子设备的损坏，在供水调度大厅、服务器及网络设备中心、通信机房及音响设备间采用七氟丙烷气体灭火系统，系统采用有管网式组合分配系统。按建筑功能划分，设计分为 4 个独立的防护区。以最大的一个防护区失火来计算灭火剂用量。设计灭火浓度 8%，喷射时间 7 s，浸渍时间 5 min，设计压力为 4.2 MPa。管道应符合《输送流体用无缝钢管》(GB/T 8163)的要求，并应进行内外镀锌处理，小于等于 DN80 的管径采用螺纹连接，大于 DN80 的管径宜采用法兰连接。机房火灾危险类别不应低于丙类，耐火等级不应低于二级；蓄电池室火灾危险类别不应低于丁类，耐火等级不应低于二级。电源室设置 2 个磷酸铵盐干粉灭火器。

2. 报警系统

机房内设置烟感探测器、温感探测器、警铃等，在机房门口设置气体灭火输入输出模块、紧急启停控制盘、手自动转换开关、放气指示灯及声光报警装置等。在公共区设烟感探测器。并在机房及公共区设置消防广播。机房区内消防报警系统作为大楼的一部分，所有机房区消防报警、控制线路均接入大楼报警系统。火灾自动报警系统应与空调、通风系统等联动。

9.2.3.7 机房动力环境监控系统设计

机房动力环境监控系统主要监测设备包括：配电系统、UPS 系统、精密空调系统、机房温湿度、漏水检测系统、消防监控系统、门禁管理系统、视频监控系统。

1. 系统总体架构

机房动力环境监控系统总体架构分为物理设备层、网络层、系统层、数据层、应用支撑层、应用层和接入层等。

1)物理设备层

物理设备层是机房动环监控系统的数据采集源，所有的数据都来源于物理设备生成的数据。本层包含所有被监控的智能设备及各类传感设备，如变配电设备、机房动力设备、楼宇设备、安防和消防设备等；要求采用现场总线，具备可靠性、抗干扰能力。要求能够支持常用标准通信接口，包括 BACnet、Lonworks、Modbus、RFID、SNMP 等各种协议，以便对第三方设备及系统的集成。

2）网络层

网络层采用 Ethernet 技术，支持 TCP/IP 传输协议，网络传输速度不小于 10 Mb/s。可提供与其他系统进行通信的标准数据接口，如 OPC、DDE、SNMP 等。物理设备层的被监控设备从各应用系统提供原始的采集数据，分布式组成现场总线网络。

3）系统层

系统层包括系统服务和系统基础设施。系统服务包括系统基础服务及安全管理基础服务，系统基础设施包括承载运行各类服务器及存储设备。

4）数据层

数据层包括能效数据、资产数据、安防数据、UPS 数据、照明数据、报表和历史数据、工单数据及参数和配置数据，是数据进行长期存储的场所，所有系统中产生的状态、报警数据及各种日志均存储在此层。

5）应用支撑层

应用支撑层为应用层提供基础支撑，包括登录、授权、参数管理、日志以及 Web 服务、数据集成服务、门户管理。

6）应用层

应用层包括集中监控管理，其作为人机交互的主要部分完成所有的数据可视化展示工作，其所有展示结果来源于应用支撑层对数据层数据的调用、分析或再处理。

7）接入层

接入层包括移动设备接入、客户端、Intranet/Internet 接入、短信、电话语音报警等的接入。

2. 系统组成

机房动力环境监控系统主要由监控服务器、嵌入式主机、采控模块及智能设备等部分组成。在机房动力环境监控系统中，机房动力环境监控子系统的嵌入式主机负责各区域的现场监控，将现场设备的各种信息进行存储、实时处理、分析和输出，或将控制命令发往前端智能模块，同时将信息上传至服务器。监控系统平台负责各子系统的统一管理，对数据进行分析，完成各种统计报表，并在平台上实现各种高端管理应用，如报表管理功能、告警管理功能、数据管理功能等。用户可在该平台上通过客户端轻松地了解机房动力和环境的运行状况。

机房动力环境监控对象主要包括配电柜监控系统、UPS 监测、精密空调监控、温湿度监测、漏水检测、视频监控、门禁系统等。

1）配电柜监控

通过配电柜串行接口，将每一个串口总线回路的配电柜电量采集设备采用手拉手的接法将监控信号接起来连至区域汇总采集箱，最终接至嵌入式数据采集终端。嵌入式数据采集终端通过实时不间断的轮询采集将信息传送给监控平台进行显示、报警。主要实现配电柜的输出相电压、电流、频率、输出功率（有功、无功、视在、谐波率、功率因素等）；监测输出电压、电流、频率超限，过载，负载不平衡，交流电源失效等告警信息。监测配电柜各路开关的输出电压、电流、状态。

2) UPS 监测

监控实现:设备支持 RS232/485 或 SNMP 协议通信接口。将每一个串口总线回路的 UPS 智能接口汇聚接至嵌入式数据采集终端。嵌入式数据采集终端通过实时不间断的轮询采集将信息传送给监控平台进行显示、报警。

3) 精密空调监控

监测精密空调运行状态,用图形和颜色变化来显示空调的工作情况,故障时进行报警。能够实现空调的制冷器运行状态、压缩机高压故障、过滤网阻塞等的监测与报警。可以通过本监控系统在远端监控室内控制空调机的启、停,以及改变温度与湿度的设定值。此外,能够实时显示并保存各空调通信协议所提供的能远程监测的运行参数、各部件状态及报警情况。

4) 温湿度监测

在机房内的重要区域安装温湿度传感器,带有 RS485 接口。按实际情况划分区域,将每一个区域内的温湿度传感接至嵌入式主机。嵌入式主机通过实时不间断的轮询采集将信息传送给监控平台进行显示、报警。

5) 漏水检测

漏水绳敷设在精密空调或易漏水的区域,通过开关量采集模块采集漏水的告警状态触点连至区域汇总采集箱,最终接至嵌入式主机。嵌入式主机通过实时不间断地轮询采集将信息传送给监控平台进行显示、报警。实时显示并记录漏水线缆感应到的漏水状态、位置及控制器的状态。当空调或其沿线水管漏水时,监控主系统发出报警,并有相应的图示和文本框显示漏水发生的位置。监控内容:实时检测并记录漏水报警变化情况。

6) 视频监控

实时显示各个重要监控区域的监控图像,以定时录像、手动录像、移动侦测录像等方式保持录像资料;通过开关量报警信号的输入实现和其他安防系统的联动录像。

7) 门禁系统

调度中心设备机房是大型水利枢纽工程的重要设施之一,所以对进出机房人员的管理就非常重要,为了有效地控制机房区域人员的流动与安全,在设备机房建设一套门禁系统,可有效地控制人员在机房内各房间的流动。

9.2.4　计算平台基础设施

根据需求进行分析,大型水利枢纽工程建设智慧监管系统计算平台的基础设施主要包括服务器主机、数据存储与备份、容灾备份等,是实现计算平台的基础物理资源。计算平台基础设施的建设不仅支撑本层计算平台虚拟软件的运行,还在计算平台虚拟化软件的统一整合和管理下,为信息系统上层的数据服务中心、应用支撑平台和应用系统提供动态、快捷的运行支撑环境。

对于工程信息化系统,计算平台基础设施的建设还为后续的业务应用迁移和整合提供了丰富的计算、存储、网络等资源。计算平台基础设施采用集中模式进行部署,借鉴云计算技术构建,具有灵活的可伸缩性,为后续的业务应用系统的新建和迁移提供灵活、可配动态运行环境。

9.2.4.1　建设内容

计算平台中心基础设施的主要建设内容包括云平台、服务器主机系统、存储系统、容灾备份系统等。

1. 虚拟化资源池

利用现有服务器及存储资源，依据平台容量规划，结合新购硬件设备，共同建设一个虚拟化资源池，迁移业务系统至服务器虚拟化平台中，实现硬件资源的弹性分配、动态调整，软件资源的共享，而达到提高服务器资源的使用率，提高业务的连续性方便管理，提高IT运维服务水平的目的。

建设统一管理平台，对下层不同的资源（服务器、存储、网络）进行统一管理，可以对目前资源情况能实时监控、实时调度。通过技术一次规划，按需部署，降低规划难度，规避投资风险，柔性十足，便利的扩减容机制，可随时调整以匹配业务或IT的变化等，实现业务快速上线，缩短部署周期。

结合大型水利枢纽工程项目部门规范建设一套运维机制，提高运维水平，减少运维成本。通过平台HA、热迁移功能，能够有效减少设备故障时间，确保核心业务的连续性，避免传统IT、单点故障导致的业务不可用。

2. 服务器主机系统

从数据中心的系统运行功能上划分，服务器主机系统的服务器类型包括管理服务器、数据库服务器和应用服务器三类。

大型水利枢纽工程建设智慧监管系统中有云计算平台管理服务器；数据库服务器有ODS缓冲区数据库服务器和主数据库服务器；应用服务器有业务应用服务器、自动采集与工程监控服务器、数据交换服务器、数据交换管理服务器、数据备份管理服务器及系统支撑服务器等。其中，数据库服务器物理机部署，通过数据库高可用软件确保高可用；应用服务器都进行虚拟化和云化，通过虚拟化内置高可用技术确保没有单点故障。

在控制专网和业务内网都构建数据库和应用虚拟化系统；在业务外网构建单独虚拟化系统。

3. 存储系统

控制专网和业务内网都构建3个存储设备：SSD实时存储阵列、归档数据库存储和虚拟化存储。初步规划SSD实时数据存储可用500 TB；归档数据库存储200 TB，可以在线查看历史数据；虚拟化存储80 TB可用。按照需求进行扩展。

业务外网由于业务并不多，配置1套机架服务器系统就可以满足，规划4台机架服务器，上面按照虚拟化软件，计算和存储融合部署，不需要单独的磁盘阵列。

4. 备份系统

在控制专网和业务内网都建设1套备份存储，通过其他存储内部快照备份技术实现快速的备份和还原，还可以实现本地备份，再复制到异地的二次备份技术，实现1份主数据，2份备份数据。

5. 计算平台客户端设备

为使得计算平台能够充分发挥其功能，必须配套若干客户端设备，如图形工作站，各种客户端电脑以及打印机，实现用户对各类应用的访问、查询、录入、打印等人机接口功能。

9.2.4.2　数据中心服务器区交换网络虚拟化(IRF2)设计

引入虚拟化设计方式之后,在不改变传统设计的网络物理拓扑、保证现有布线方式的前提下,以 IRF2 的技术实现网络各层的横向整合,即将交换网络每一层的两台、多台物理设备使用 IRF2 技术形成一个统一的交换架构,减少了逻辑的设备数量,如图 9-1 所示。

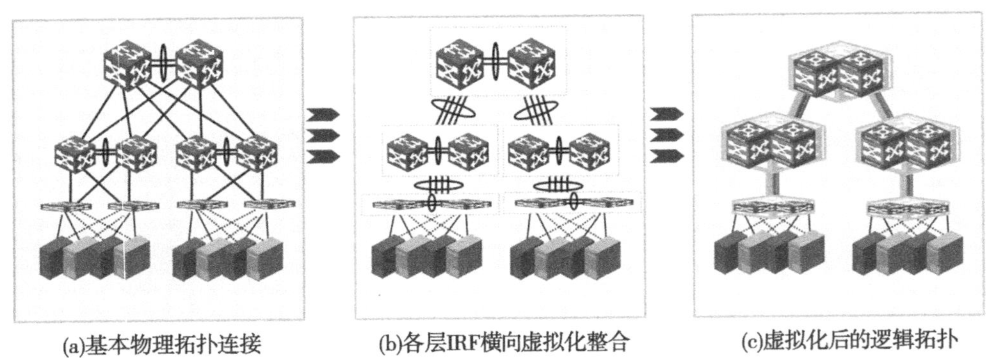

(a)基本物理拓扑连接　(b)各层IRF横向虚拟化整合　(c)虚拟化后的逻辑拓扑

图 9-1　IRF2 对网络横向虚拟化整合

在虚拟化整合过程中,被整合设备的互联电缆成为 IRF2 的内部互联电缆,对 IRF2 系统外部就不可见了。原来两台设备之间的捆绑互联端口归属的 VLAN 三层接口网段均能被其他设备可达(如 ping 通),而归属到 IRF2 系统内部后,不对互联电缆接口进行 IP 配置,因此隔离于 IRF2 外部网络。

虚拟化整合后的 IRF2 系统,对外表现为单台物理设备,因此在保持基本网络互联条件下[如图 9-1(a)所示],可将一对 IRF2 系统之间的多条线缆进行链路捆绑聚合动作[如图 9-1(b)所示],从而将不同网络层之间的网状互联简化成单条逻辑链路[如图 9-1(c)所示]。

9.2.4.3　服务器主机系统建设

从信息系统计算平台的系统运行功能上划分,服务器主机系统的服务器类型包括管理服务器、数据库服务器和应用服务器三类。依据"计算平台虚拟化"部分的"计算资源规划",信息化系统项目两个中心共计需要购置 2 台普通服务器和 25 台高性能服务器以满足项目建设要求。

1. 服务器主机选型

大型水利枢纽工程建设智慧监管系统的服务器主机选型主要集中在普通服务器和高性能服务器上。目前,服务器从技术上主要分小型机和 PC 服务器两种,从外形上分主要是机架式、塔式等,在方案设计中需要综合考虑处理能力、稳定性、可靠性、扩展性、安全性、经济、节能等多种因素,寻求最合理的服务器设计方案。

采用了精简指令集处理器和 UNIX 专用操作系统的小型机服务器在处理能力、安全性、稳定性、可靠性、扩展性等方面都具有明显优势,但是成本高且不支持更加灵活和动态的虚拟化。

PC 服务器虽然在以上方面不如小型机,但在购置成本和对虚拟化的支持上有较大优势,部署灵活,不易造成浪费。由于企业级应用中间件自身具备负载均衡集群部署能力,集群节点数量又可渐变扩充，因此正好可以弥补 PC 服务器在可靠性和扩展性上的先天不足，是信息化系统中普通服务器和高性能服务器的理想选型方案。在外形上，由于大型水利枢纽工程建设智慧监管系统服务器都将部署于专用机房的标准机柜中，塔式服务器并不适合实际情况，因此建议采用机架式 PC 服务器。

2. 服务器性能指标估算

大型水利枢纽工程信息系统属于联机事务处理型系统（OLTP）。业界公认用于衡量 OLTP 计算机性能的指标主要为 TPC 标准。TPC 标准反映的是被测系统的 CPU、存储子系统、磁盘子系统和和部分网络性能，主要包括：TPC-C（tpmC）按有效期间内测量每分钟处理的平均交易次数，至少要运行 12 min。

事实上，各主机设备厂家公布的其产品 TPC-C 测试值是在一种比较优化和理想的状态测量出来的，测试时所采运行的应用简单，并且都是一些小事务处理。这些主机设备在实际应用中所能提供的事务处理能力跟厂家公布的数值会有较大出入，跟系统的硬件配置和软件设计与配置也有很大的关系。

为了保证系统能长期稳定地运行，服务器的处理能力都要留有一定裕量，一般要求系统主机资源利用率不大于 70%。因此，在本项目中，将以 TPC-C 等性能测试基准程序为指导，分析业务模型，给出本项目性能需求分析。

大型水利枢纽工程建设智慧监管系统以虚拟化硬件服务器的方式为各个业务应用系统、支撑平台、数据中心提供支撑环境。服务器性能计算主要包含业务应用系统访问、应用支撑平台服务、数据中心存储与访问等三部分。

用户通过前端的业务应用系统访问服务器预估其操作产生的平均每分钟事务数（包含未来五年内设计指标）为 600 用户×50 个＝30 000 个，考虑到服务器 CPU 保留 30%冗余处理能力，业务应用系统操作复杂度综合系数以 9 为标准，即通过前端访问应用系统对数据库服务器产生的 tpmC 为 30 000×9＝270 000。应用服务器由系统访问产生的 tpmC 为 27 万，由应用支撑平台其他组件及后台程序产生的 tpmC 估算为 20 万，以系统主机资源利用率不大于 70% 做标准，应用服务器 tpmC 应满足（270 000＋200 000）/70%＝350 000。大型水利枢纽工程建设智慧监管系统预计新建或利用现有测点 3 万个，按照各种不同类型采集设备和不同采集频率，极端情况下会在 1 min 内进行所有测点的数据采集，若每个数据采集平均产生 10 个事务。则数据采集对数据库服务器产生的 tpmC 为 30 000×10＝300 000。

同时，应用服务器中的业务请求也会对数据服务器产生事务，按照 1∶2进行测算，则数据库服务器的总事务数为 270 000×2+300 000＝840 000，以系统主机资源利用率不大于 70%做标准，数据服务器 tpmC 应满足 840 000/70%＝1 200 000。综上所述，大型水利枢纽工程建设智慧监管系统应用服务器 tpmC 为 35 万，系统数据服务器 tpmC 为 120 万。依据此 tpmC 值及 tpmC 在线数据库内设备参数进行分析，对大型水利枢纽工程信息系统的服务器基础配置的关键配置性能指标要求见表 9-3。

表 9-3 计算平台服务器主机关键性能指标要求

序号	服务器类型	关键性能指标参数
1	高性能 PC 应用服务器	CPU 2 颗,主频≥2.2 GHz, 核数≥10 核;内存≥256 G
2	高性能 PC 数据库服务器	CPU 2 颗,主频≥2.2 GHz, 核数≥12 核;内存≥256 G
3	管理服务器	CPU 2 颗,主频≥2.2 GHz, 核数≥12 核;内存≥256 G
4	业务外网的机架服务器	CPU 2 颗,主频≥2.2 GHz, 核数≥10 核;内存≥256 G

3. 服务器主机部署

具体的部署情况如下:

(1)业务专网调度中心:3 台管理服务器、4 台虚拟化服务器、6 台数据库服务器。

(2)业务内网调度中心:1 台管理服务器、16 台虚拟化服务器、6 台数据库服务器。

(3)业务外网调度中心:部分机架服务器。

所有的服务器都使用万兆网络连接核心交换机或万兆接入交换机,确保有两台万兆交换机的连接,实现网络的冗余。

数据库服务器和虚拟化服务器都配置冗余的 16 GHBA 卡,连接光纤交换机,与存储设备联通,所有的链路都有冗余。

9.2.4.4 计算平台终端设备

用户终端包括用于水调业务、GIS+BIM 业务等专项业务工程师使用的图形工作站,也包括用于普通用户的计算机设备及打印设备。由于信息系统跨越业务内网和业务外网,考虑系统的信息安全问题,两网之间的数据需要进行信息的隔离,除需为业务工程师配置专用图形工作站外,还需为业务内网及业务外网的用户配置不同数量的办公用计算机。

9.2.4.5 数据存储与备份系统

调度中心的数据存储系统分为控制专网和业务内网,业务外网的存储通过超融合部署,不需要单独的存储设备。

首先,在控制专网建设 1 套大容量的监控存储,存储摄像头数据,采用 7.2 K 盘即可。预计可用 150 TB,使用 NAS 存储。

其次,控制内网的存储设备和业务内网类似,在调度中心都会规划 3 个存储:

(1)实时 SSD 数据库存储:存储实时数据库数据,IO 要求最高,配全 SSD 盘,扩展性要求高,可靠性要求最高。预计可用 500 TB。

(2)历史数据库归档存储:存储历史数据库,IO 要求一般,但要能快速查阅历史数据,配 10K SAS 盘。预计可用 200 TB。

(3)虚拟化存储:主要存储应用虚拟机的数据,这类数据类型众多,建议配部分 SSD 和部分 10K SAS 盘,满足不同应用的需求。预计可用 80 TB。

以下存储都会配置至少 4 个 16 G FC 接口和 4 个 10 G 以太网接口,16 G 接口用于连接光纤交换机,10 G 接口用于快速备份。

(1)存储容灾设计。

在控制专网和业务内网,各自的调度中心和备份中心中的存储是完全同步的,要求两个中心的网络在二层万兆,来回延迟 10 ms 以内。当然也可以选择两个存储异步复制,例如:数据库存储由于可靠性要求高,建议同步复制。虚拟化存储和归档数据库可以异步复制。

这样设计后,当调度中心中数据库存储出现故障时,可以切断复制关系,备份中心的存储启用,把业务在备份中心的服务器上拉起。实现了业务容灾。这样的 RPO=0,RTO=分钟级。当虚拟化存储出现故障时,RPO=分钟级,RTO=小时级。

(2)存储备份设计。

存储自带快照技术,可以设置快照策略进行本机保护,如误删除或中病毒,可以通过做过的快照恢复数据。为了数据的多份保存,实现数据备份 3-2-1 的原则,即 3 份数据、2 种不同的介质、1 个备份用于异地。所以,在每个调度中心和备份中心都会部署 1 套本地网络的备份存储,同时,调度中心的备份存储可以再次将备份数据复制到备份中心的备份存储,然后在备份中心进行归档到磁带库。

最后将调度中心、备份中心的数据还可以通过快照复制到异地的容灾中心存储中进行异步保存。

9.3　灾备中心

随着未来业务的不断发展,经营地域、企业规模的不断扩大,构架于 IT 系统之上的统一管理、统一决策、统一运营成了必然趋势。IT 系统成为了企业的大脑和神经网络,数据中心成了企业运营的关键,一旦出现数据丢失、网络中断、数据服务停止,将导致企业所有分支机构、营业网点和全部的业务处理停顿,或造成企业客户数据的丢失,给企业带来的经济损失可能是无法挽回的。这时,系统的安全问题自然成了重中之重,一个数据中心显然不能让用户放心,这就是越来越多的大型用户开始着手建立灾备中心的原因。

灾备中心的建立,将为主数据中心提供一个“保险”,一旦主数据中心出现问题,灾备中心可以立即接管业务,并在主数据中心恢复后将业务切回,以保证业务的不中断,这对要求 7×24 h 不间断业务的用户来说是十分必要的。可见,信息安全是一个企业持续发展的重要保障,灾难备份与恢复因而成为企业最迫切需要解决的问题之一,是现代企业积极应对危机事件的必要的技术和管理手段。

灾备中心架构规划的本质是采用合适的数据同步/异步技术,实现数据的远程(同城或异地)传输和保存,在发生各种灾难时实现数据和业务的快速恢复及根据业务和应用的关键性要求制定相应恢复流程,并确保技术架构的设计能够满足灾难恢复流程的要求。

9.4　视频会议系统

9.4.1　概述

视频会议系统具有异地视频会议和异地视频会商功能,是决策支持系统的硬件基础,决策支持系统需要异地视频会议系统提供会商环境才能进行异地会商。

视频会议系统的建设思路是:采用先进的建设方案,将异地视频会议系统建设为一个具有电信级的可靠性、技术先进、图像稳定清晰、功能完善、使用灵活方便的多媒体视讯平台,为大型水利枢纽工程运行管理工作,提供电视会议、异地视频会商及远程可视技术交流、方案讨论、远程教学等多种多媒体服务,提高大型水利枢纽工程运行管理工作的信息化水平和效率。

9.4.2 系统架构

视频会议系统架构见图 9-2。

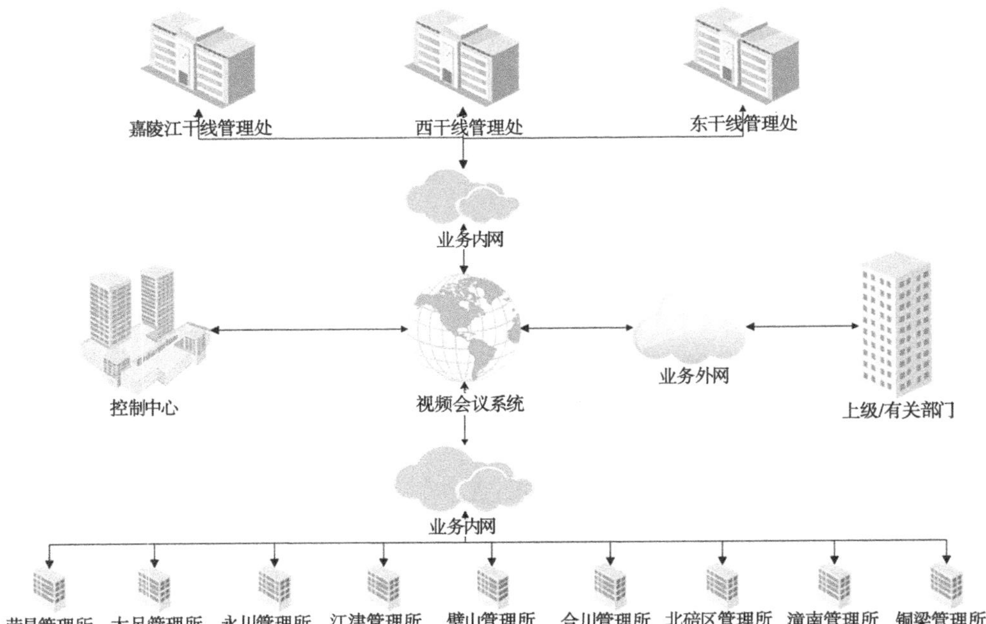

图 9-2　视频会议系统架构

调度中心主会场和 3 个管理处分别配置 1 套会议发言系统,包括 1 台会议主机和 1 套手拉手话筒,话筒数量可根据装饰会议桌的布局来配备。9 个管理所各设置 1 台视频会议终端、1 套高清摄像机和 1 套全向麦克风。

主会场配置 1 台中央控制主机及触摸屏对整个系统所有设备进行控制,完成各设备之间的信息切换,使会商室操作简单、管理方便、投影系统切换、各类信息切换和灯光音响等环境设备均采用智能化集中控制。

本设计方案应用总体框架基于混合网络应用标准,采用 ITU-T H. 320 和 H. 323 框架结构三级组网,以 MCU 为中心,全网络用户以星型网络结构和各自的 MCU 连接。

各级管理机构电视会议的会场,根据级别不同,分别配有采用专线和 H. 264 视频压缩标准的两种视频终端,可将来自摄像机或音视频切换矩阵中的会场视/音频模拟信号压缩成数据流后通过网络传输;视频终端从网络上获取视音频数据流,将其还原成模拟信号，输入到音视频矩阵中，向会场提供 DVD 效果的显示和播放；音频矩阵负责将来自不同方向的视音进行切换，以方便满足各种播放的需要。

视频会议系统由媒体（音、视频）交换、控制和处理设备，业务、系统管理设备和视频终端设备组成。根据大型水利枢纽工程管理机构的职能设置和地理位置分布的特点，本视频会议系统采用支持 H. 320、H. 323 协议的三级组网结构。

在调度中心设置 1 台多点会议控制器 MCU，直连数据备份中心、各管理处的会议室视频终端，实现全网视频会议的调度和控制。调度中心还配有电视会议管理系统，用于全网会议的组织和管理，配有会议音视频记录播放系统，用于会议的记录和实时播放和点播回放。

各管理处设置电视会议管理系统和会议音视频记录播放系统。

调度中心主会场和 3 个管理处分别配置 1 套视频子系统，主要由 RGB 矩阵、DVI 矩阵、录播服务器、高清摄像机和监视器组成。远程视频会商信号通过视频会议终端的处理，通过视频子系统投影到会商中心大屏幕显示设备上；本地会场通过高清摄像机采集现场信息，传送到视频会议终端，经编码后发送给异地会场。录播服务器至少带有 1 路高清及 1 路 PC 信号的接入，可对整个会议及会议文档进行录制工作。

9.4.3　系统功能设计

9.4.3.1　视频会商功能

大型水利枢纽工程的运行管理和自动化管理工作中，多个应用都需要异地视频会议系统提供快捷的异地可视会商支持，如在出现突发情况时，在工程的安全状况存在重大安全隐患时，在出现突发性污染事件或水质、汛情出现警报时，需要利用电视会议系统紧急会商并制订应急方案。

会商功能要求视频会议系统具有灵活的会议控制功能并能传递和显示会商信息，以便为会商决策提供良好的异地会商环境。

会商时需要灵活的会议控制功能，分会场的发言权可以由主会场决定，而会商大部分时间是自由讨论、自由发言，在自由讨论时，需要根据当时说话声音的强弱自动判断为主席，使分散的人员感觉如同身在一个会场，面对面的交流一样。

9.4.3.2　电视会议功能

电视会议功能是异地视频会商要具有主要功能，电视会议在工程管理运行工作中，是用的最多、影响最大的，因此要求系统要有良好的电视会议功能，良好的远程电视会议图像传输质量和显示效果。电视会议包括以下功能。

1. 会场功能要求

（1）主会场实现功能。

在主会场拥有对视频会议系统的最高控制权力。

通过会议管理软件可登入 MCU，通过 MCU 确定拥有会议主席权限后，成为主席会场。

可远端控制各会场的摄像机，可将本地会场图像包括摄像机、DVD 等其他音视频资料传送到其他会场。

(2)分会场实现功能。

接收由主会场控制切换传送来的视频信息,包括摄像机的图像或电脑的内容;手动控制本地摄像机。

2. 视频会议方式

视频会议系统,可以用于以下各种灵活的会议方式:点对点会议、多点会议、全网会议、分组会议、分屏方式会议、终端自助会议方式。

1)点对点会议

系统中的任何一个终端都可以直接呼叫系统中的另一台终端,建立双向连接,进行会议和交流。呼叫的方式可以是:网络的 IP 地址或者终端号码,也可以通过终端的地址簿快速呼叫其中定义的任何会议终端。

会议中,主会场高清终端可同时连接两台高清电视机,通过视频会议系统可以呈现清晰的对方图像和本地图像,达到 1 080 P60 帧极致高清晰度和分辨率,显示端足够大时,甚至可以做到人物以 1:1的方式进行呈现,避免以往视频会议中的不清晰图像给人造成的视觉疲劳,防止会议效率的降低。需要时还可以配合高清摄像机的变焦能力对人物或物件进行细节呈现,如分会场汇报人的面部特写,工作中的各种照片、图纸或素材等。

2)多点会议

多点会议是视频会议系统的主要应用形式之一,这种会议需要 MCU 和各地的终端配合完成。这种会议参与会场较多,参会人数也较多,如行政办公会、项目研讨会、案例分析会、领导决策会、国家政策学习会等。

3)全网会议

可以召开调度中心、管理处、管理所项目部全系统、全体人员参加的大型会议,也可以召开项目部相互独立的会议,如重大任务安排、工作会议或重要文件精神的学习、工作部署等。

此种会议模式利用了全网所有的视频设备,由中心点 MCU 连接主会场,以及其他必要的会场。这样形成从上至下视频信息的传递,全网的大会得以召开,主会场的图像声音可以瞬时传到下面每个会场,任何一个会场的发言也可被广播到全网,有利于内部的沟通和联系。

4)分组会议

会议组织形式可根据需要进行分别设置,各会议之间互不干扰。包括各级领导、各部门之间的会议,各部门、各下属单位之间的点对点的工作交流会议,对重要活动情况进行通报、对地域性的规划活动进行部署等。

本次建设的视频会议系统可以同时召开多个会议,这样可以同时满足系统内同时产生的多个的视频会议的要求。MCU 的多组会议数量不受任何限制,可以召开任意数量的分组会议。多个团队同时进行会议沟通,比如:召开一个远程培训的同时,还要进行一个领导决策会议。系统管理员可以对每个会议进行单独的控制和管理。

在实际的会议应用中,不同的业务和职能运作部门,在 MCU 资源允许的情况下,可以召开自己的专业会议。可以多组会议同时召开。而且各个会议还需要支持双流、分屏、混速、混协议等全面能力,对 MCU 设备的能力,必须能够实现各种会议速率(可能需要十几种会议速率)、各种视频编解码协议(ISDN 接入、PSTN 接入等)、各个厂商的设备接入(兼容性强大)的全编全解能力。

5)分屏方式会议

MCU 支持标准的多分屏,可在会议进行中任意选择和更改分屏显示模式,分屏中每个窗口的图像可以是指定的,也可以是自动语音激励切换。

中心节点的 MCU 具有超强的处理能力,可以支持高清视频的多分屏处理,最高可实现高清 1080P 分屏显示方式,并且在会议过程中,任意切换分屏显示方式。

MCU 具备多画面功能,各会场会商管理人员根据显示设备大小和需求,独立设置子画面个数和大小、布局。比如,在同一个会议中可实现如下功能:A 会场设置 2+4 画面、B 会场设置 2+2 画面、C 会场设置 2 画面等各种显示方式。

6)终端自助会议

会议可采用中心 MCU 的会议控制台来实现召集、管理与控制,各分会场仅需对终端进行操作即可召集会议,无需中心管理员干预。通过交流会议的召开,可以加强各部门的合作沟通,提高业务能力。在召开自助式会议的时候,各个部门可以根据不同的虚拟会议室的号码召开单独的会议,各会议间互不干扰。

9.4.3.3　双流和电子白板功能

系统需要双流和电子白板功能,会议电视系统中的双流技术可以通过一条通道传送两路视频,大大提高了会议电视系统的互动性,更加真实地模拟了现实会场,是现代会议电视系统中不可缺少的功能,电子白板具有在传输视频信号的同时传递文字信息的功能。利用会议电视系统的双流可以进行远程培训,在会场的一个显示屏上显示远端会场的图像,另一个显示屏上显示远端的文档讲义或 PPT,可以进行设计方案的讨论,参加会议的多方可以听出与自己不同的意见,对方案进行实时的修改。还有综合办公、修改报表等应用。

9.4.3.4　会议记录和播放功能

系统需要利用流媒体技术实现的会场实时播放功能,实时播放会议内容让一些没有安装会场终端和桌面终端的部门人员可以通过计算机网络也能观看到会议内容。结合大型水利枢纽工程机构设置及业务需求的实际情况,会场终端和桌面终端不可能装配到所有的部门和单位,没有安装会场终端和桌面终端的部门及管理所以下的部门(闸管所)比较适用流媒体播放功能观看会场的情况。会议不仅需要流媒体技术实时的播放会议内容,还要对会议进行录音和录像,对重要会议进行记录;考虑到人员的工作性质,有些人员在工作中而不能观看会议的,还可以通过网络把会议录像进行回放,不会遗漏重要的会议或学习内容。

9.4.3.5　终端接入功能

如在特殊情况下,泵站等现场人员需要参加视频会议或会商,可采用软件视频会议终端或手机等移动终端加入会场。

9.4.3.6　系统安全功能

在视频会议系统中系统安全是需要重点考虑的因素,会议管理系统安全有以下 4 个方面:

(1)会议召开进行密码管理。

(2)会议的控制需要授权用户名、密码。

(3)系统管理和设备管理需要授权的用户名、密码;远程控制和维护安全。

(4)系统设备的安全性。

9.4.3.7 系统升级

项目后期根据应急体系需求,本方案里可融合通信系统,通过整合视频会议、图像监控、单兵设备、卫星通信、无人机等多媒体手段,建立数据传输、音视频通话、视频接入的融合通信系统,实现指挥中心、突发事件现场,和相关部门的音视频联动,主要包括图像资源共享、音视频会商等功能的接口。

在实现了音视频融合的基础上,进一步实现基于"调度管理一张图"的指挥信息系统,实现在突发事件应对处置情况下,对各类资源进行指挥调度,包括对人(救援队伍)、物(救援物资、装备)、车等的指挥调度。

具体应用场景包括:

将突发事件现场监控视频、单兵终端或移动应急单兵视频图像,在指挥中心大屏上显示,并进一步将图像推送到移动终端显示,确保相关领导同志可以随时、随地查看突发事件现场情况。

在突发事件发生时,通过视频会议系统,连通调度中心、突发事件现场的单兵终端或移动应急单兵,满足领导同志了解现场情况、指挥指导现场应急处置工作的需求。

9.5 视频监控系统

大型水利枢纽工程视频监控系统是采用智能数字视频监控和网络传输技术,建设覆盖水源泵站、管线工程及调蓄工程各现地闸站、水库、管理处、管理所、调度中心等各级机构的实时图像监控及安防监控系统。系统采集现场的数字视频信号,在建设期利用公网进行数字图像远程传输;在运行期利用工程专用通信网进行数字图像远程传输,在调度中心、管理处和各管理所完成视频集中监视、控制和管理。

系统监控范围包括水源泵站、管线工程及调蓄工程上的取水闸、工作闸和检修闸、水库等所有控制性建筑物,以及调度中心、管理处、管理所等各级管理机构。监视对象包括闸站控制建筑物、闸门及启闭机设备、输变电、泵站,以及各级管理机构的主要设备和重要机房等,对引水生产过程和输水设备运行状况进行实时视频监控和安全报警。

9.5.1 设计依据和原则

视频监控系统设计规范包括:

(1)《视频安防监控系统工程设计规范》(GB 50395)。

(2)《公共安全视频监控联网信息安全技术要求》(GB 35114)。

(3)《安全防范视频监控人脸识别系统技术要求》(GB/T 31488)。

(4)《安全防范视频监控联网系统信息传输、交换、控制技术要求》(GB/T 28181)。

(5)《水利视频监视系统技术规范》(SL 515)。

(6)《视频调度平台技术参考标准》。

视频监控系统设计原则如下：

(1)需求牵引,突出重点。

(2)统一标准,扩展开放。

(3)平台共用,资源共享。

(4)先进实用,安全可靠。

(5)建管结合,设备复用。

9.5.2 系统主要任务

(1)全天候实时监视泵站、管线阀门、取水闸、工作闸和检修闸、圣中水库等输水设备现场运行视频图像,并进行报警联动。

(2)全天候实时监视各级管理机构控制室、监控及信息机房状态并进行报警联动。

(3)对历史及报警图像进行完整保存与再现,为事故和设备故障分析提供准确可靠的依据,满足运行监控、管理对图像信息的需求。

(4)融合视频会议系统和移动 APP 等其他子系统的支撑服务,提供应急指挥视频服务。

9.5.3 系统总体结构

根据“统一调度,分级管理”的调度运行管理体制,视频监控系统总体结构由调度中心(视频监控中心)、管理处及管理所、现地视频监控站三层结构组成,各监控点视频和控制信号,由现地视频监控站采集后,利用本工程通信系统所提供的以太网传输至视频监控系统、管理处及管理所。

调度中心具备视频图像监视、控制和管理功能,负责对全线各站点的视频图像进行控制、解码、视频输出到中心大屏幕显示,并提供视频服务功能,调度中心还可实现视频管理和重要信息存档等功能。

管理处视频监控系统具备视频图像监视、控制和管理功能,负责对所辖各站点的视频图像进行控制、解码、视频输出到管理处大屏幕显示。管理处视频监控系统还可实现视频管理和重要信息存档等功能。

管理所视频监控系统具备视频图像处理、报警和管理,负责对所辖各站点的视频图像进行控制、解码、视频输出到管理所显示器显示。

现地视频监控站具有现场视频图像编码、控制、监视、智能侦测与联动报警、视频信息现地存储和管理功能,并提供网络视频转发服务功能,供内部和上级用户调用。根据大型水利枢纽工程各现地闸站地理分布,结合通信系统 SDH 环网节点设置方案,本工程全线共设置 36 个现地视频监控站,站点布设位置与输水干线通信节点布设位置一致。

大型水利枢纽工程视频监控系统通过工程通信网络接入水库的视频监控系统,实现调度中心对水库的远程视频监视。调度中心视频监控系统预留至其余 6 座调蓄水库的视频监控系统接口,可实现调度中心对其他 4 座已建调蓄水库的远程视频监视。

调度中心视频监控系统预留环境监测系统建设期、运行期的视频监视接口。

9.5.4　系统配置

调度中心视频监控系统主要利用信息系统统一构建的虚拟平台资源、存储资源和网络资源实现。利用虚拟平台虚拟设置视频业务中心管理服务器、多业务流媒体服务、应用服务器,通过视频管理平台软件,实现集中监控、存储和管理。视频监控工作站和打印机采用虚拟平台为业务内网配置的计算机终端及打印设备,不再单独配置。调度中心视频监控的选择性历史视频存储所需存储空间由虚拟平台数据存储系统统一提供,不再单独配置。

需在调度中心视频监控系统中单独配置的硬件、软件如下:

(1)2 台环控及报警通信服务,用于中心环境监控和对外通信。

(2)2 套数字解码器,用于大屏显示。

(3)1 套中心图像管理及应用平台软件。

每管理处需配置下列设备:

(1)1 套平台管理服务器、1 台流媒体服务器和 1 台报警应用服务器,用于图像处理、报警和管理。

(2)3 台视频监控工作站,用于图像监视和控制。

(3)1 套数字解码器,用于大屏显示。

(4)1 台网络交换机。

(5)1 套图像支撑及应用软件。

每个管理所的视频监控站配置 1 台数字硬盘录像机、设置 1 台视频工作站和 100 M/1 000 M 网络交换机等设备。现地视频监控站通过以太网连接各闸泵阀站配置的视频前端设备,实现对现场视频信号的采集、存储、转发上送和现场监控。

管理所存储容量按实时视频存储要求所需容量:

路数:24 路;

存储时间:90 d;

码流:2 Mb/s;H. 265 编码[22G/(路 · d)];

格式:1080 P 格式;

带宽:骨干网络为 1 000 M 光纤网络,视频流量不超过网络带宽的 50%;

总容量:总容量要求为 22×24×90=47 520(G)≈48(TB);

闸泵阀站视频监控前端摄像机的配置由各段设计单位设计,设计方案见各分段设计报告。配置原则如下:

(1)前端设备设置根据建筑物规模、设备布置和环境等条件进行。系统采用 200 万像素红外宽动态一体化网络摄像机,并按监视范围和环境条件选择室外或室内球形摄像机。

(2)取水站、工作闸、检修闸等各工作闸门上下游侧各设置 1 个监控点,监视输水建筑物。

(3)启闭机机房设置 1 个监控点,泵站内每台机组设置 4 个监控点。

(4)输变电室内柴油发电机室、变压器室、配电室、蓄电池室、通信及控制室等及建筑物各设置 1 个监控点。

(5)输水控制性建筑物结合隧洞进出各布置 1 个。

9.5.5　技术要求

(1)视频协议:ITU-T H.265/ H.264 标准。

(2)音频协议:ITU-T G.711A。

(3)信号制式:PAL。

(4)图像分辨率:高清 1 080P(1 920×1 080)并向下兼容。

(5)解码要求:ITU-T H.265、H.264 标准。

(6)流媒体传输:流媒体传输采用 RTP、RTCP、RTSP 和 RSVP 实时传输协议;H.264/H.265 多码流;流媒体组播技术。

(7)视频质量及带宽。

分辨率 1 080 P:帧率 25 F/s、单路视频所需网络带宽不低于 2~4 M;

数字视频在 IP 通信网络中传输时应具有良好的流畅度,不应出现马赛克或拖影现象。

(8)现地站控制响应时间:控制站画面显示延时时间小于 0.5 s,视频切换响应时间小于 1 s。

(9)视频存储:系统采用现地站一级存储、远程调用方式;现地站存储采用高清 1 080 P 格式,视频编码采用 H.264 和 H.265,周期为 90 d。

(10)前端设备防护等级:

室外:≥IP65;

室内:≥IP42;

具有防雷、防浪涌和防突波保护。

(11)系统平均无故障时间(MTBF):≥20 000 h。

(12)系统平均维护时间(MTRR):≤1 h。

9.6　输水渗漏监测系统

9.6.1　建设依据

通过重点对分布式光纤漏损监测、高频水听漏损监测、压力流量漏损监测、光纤测振+测温漏损监测 4 种方案进行分析和对比。综合考虑渗漏监测方案的可靠性、安全性和运维的有效性,确定本工程选定高频水听漏损监测和压力流量漏损监测相结合的方式。其设计原则上渗漏监测范围为压力较高、流量较大、重要性较高、坡度起伏较大部位。

9.6.2　高频压力计及水听器漏损监测系统

9.6.2.1　监测系统架构

每隔 1 km 设置高频压力计及水听器监测点。单管配置,在大流量、高压段布置高频压力计和水听计。监测系统架构如图 9-3 所示。

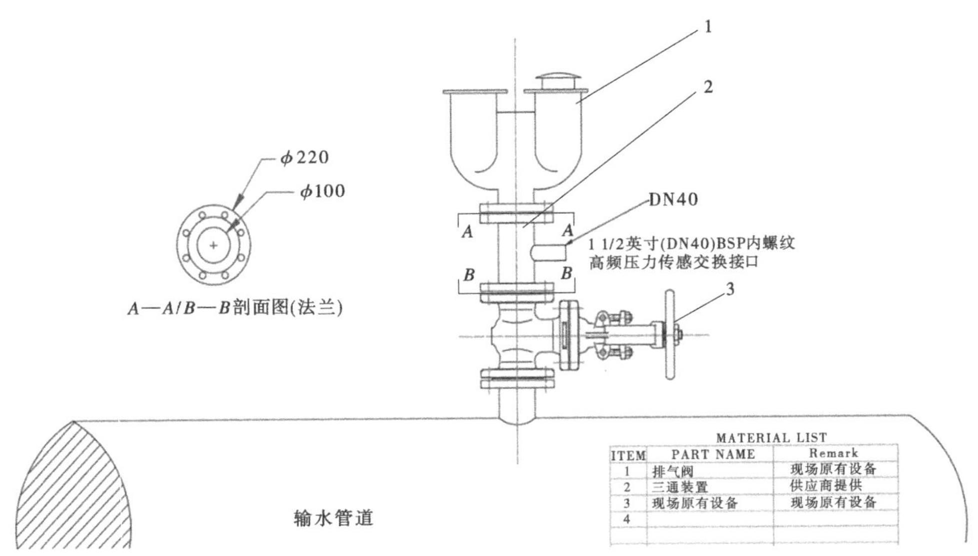

图 9-3　监测系统架构

9.6.2.2　监测系统原理

为了达到保障管道安全的建设目的,本项目将立足于管道安全监测系统实际的特色,力求发现、预报、解决管道预埋及使用中存在的问题。

管道泄漏监测系统的主要原理:通过在长距离输水管道不同的关键位置安装高频压力计和水听器,监测和识别水锤及声压信号,包含阀门开关、水泵停启、大客户用水流量波动等引起的声压及压力波动来监测漏损。

9.6.2.3　高频压力计及水听器漏损监测系统方案

高频压力计及水听器漏损监测系统适用于长输水管道的水锤安全、爆管及微小泄露等问题。利用安装在管道关键位置的高频压力传感器监测记录和分类压力瞬变信号(水锤),管道上多个传感器都能够接收到瞬变信号,根据瞬变信号的传播特性关联这些信号并找出瞬变的来源,将最可能的来源位置(泵、阀、客户消耗、施工等)标定出来,以采取进一步的解决措施。水听器能够有效侦听管内漏水声音,管内压力越高,监听范围将更长。

选择在输水管道沿线合适的空气阀处管道开孔,孔径 0.1 m,并连接 DN100 钢管,钢管再与 DN100 球阀法兰连接,通过一个三通装置将高频压力计、水听器与输水管道衔接,使传感器可以接触到管道内的水。安装高频压力计水听器一体式传感器的位置间距设置原则:1 000 m,现场条件在此范围内适当调整。传感器与三通装置连接处用防水材料塞死。在输水管道起始段临江加压站设置一中控室,用来接收高频压力计与水听器数据。具体安装方式如下图。

每套一体式传感器配置一套数据采集通信装置 RTU,采用 4G 无线方式传输数据,太阳能供电。

9.6.3　流量漏损监测系统

9.6.3.1　监测系统架构

供水线路全长 17.884 km,双管配置,设计流量 8.1 m^3/s,中间放一个超声波流量计来监测管道,双管共计 2 套。供水干线监测系统架构如图 9-4 所示。

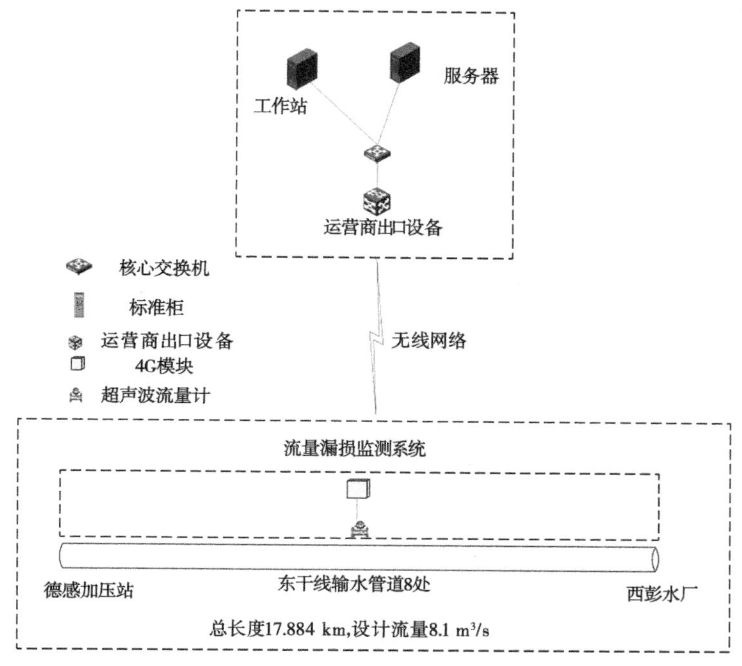

图 9-4　供水干线监测系统架构

9.6.3.2　监测系统原理

为了达到保障管道安全的建设目的,本项目将立足于管道安全监测系统实际的特色,力求发现、预报、解决管道使用中存在的问题。

管道泄漏监测系统的主要原理:管道的流量监测是通过流量传感器来测量管道内的流量变化,从而识别管道漏损情况,并确定管道漏损发生的位置。

9.6.3.3　流量漏损监测系统方案

超声波流量计安装在输水管道沿线的流量计井中。传感器与管道开孔处连接用防水材料塞死。在输水管道沿线较大泵站设置一中控室,用来接收超声波流量计数据。

每套流量计配置一套数据采集通信装置 RTU,采用 4G 无线方式传输数据,太阳能供电。

9.6.4　监测系统功能

9.6.4.1　基于 GIS 的管道压力监测模块

压力监测点可以诊断出以下故障:

(1)管道内堵塞。管道拐弯处若是存在堵塞,会造成压力波动大。

(2)水流流态不好。水流态不好时也会造成压力波动。

(3)共振。当水流脉动频率和管道或管道支撑相近时,会发生共振。

通过在输水管道上的特定位置安装高频压力传感器及水听器,监测和识别水锤及声压信号,包含阀门开关、水泵停启、大客户用水流量波动等引起的压力波动。

系统软件将沿线发生的压力波动信息显示在软件界面上,软件界面显示压力波动报警发生的位置、时间、压力值和振动值和管线其他位置的压力波动值,并能查看相关趋势。

系统使用不同的颜色来代表管道内压力值,更有利于用户对长距离输水管道的压力变化的直观认识,通知用户对压力瞬变和水锤现像做到提前防御。

9.6.4.2 管道漏水分析及报警

利用长期自动积累的不同工况下数据和系统试验数据,通过提供的各种分析工具,从设备型号、故障类别、发展趋势、历史报警报告等多个维度管理当前设备健康状况和历史发展趋势,可动态评估设备的动、稳态性能,并对故障可能的原因、风险进行分析,对设备的检修、维护策略提出建议。

管道漏水报警,记录于数据库中,在使用中不断学习优化,出现报警事件时,系统能将信号与之前"学习"获得的信号进行对比分析,做出判断。在给出报警的同时自动建立漏点事件库,进一步优化系统识别算法。

系统能对采集的缺失数据、毛刺数据及其他错误数据自动进行识别和修复,对于漏水或异常报警具有自学习能力,逐步提升对漏水信号的识别能力。

9.6.4.3 压力瞬变监测及管道风险评估模块

监测和识别水锤(压力瞬变)信号,包含阀门开关、水泵停起、大客户用水引起的流量波动等造成的压力波动;统计压力瞬变事件发生次数,识别可疑破坏性水锤,结合管网数据,评估现有水锤对管线的破坏风险,在软件平台界面中以 GIS 地图展示并标记高危(有爆管风险)的管道或区域。系统内置管线的水力模型及水锤(压力瞬变)分析工具,通过时针同步技术找到压力瞬变产生的源头,分析产生危害性水锤(压力瞬变)的原因。

9.6.4.4 管网流量实时监测

对管段位置的实时流量进行监测,以 3D 模型的展现方式,将流量实测结果显示在人机界面上。

9.6.4.5 流量历史查询与分析

流量统计及分析分为时、日、周、旬、月、季、年等几个不同的阶段。具备用户自定义统计功能,即用户选择任意开始时间至任意结束时间的流量统计。所有的统计结果都在人机界面上呈现,并提供各类统计结果的数据服务。

经过流量统计后,系统能对不同时间段的流量分布进行分析,如结合信息化系统的漏损监测系统,判断某时间段内的流量减小是由于漏损造成的;或结合泵阀在线监测系统,判断某时间段内流量增加,是由于水泵频率调节造成的。

流量统计分析系统获得日变化规律、周变化规律、月变化规律、季变化规律及年度季节性变化规律等,以此为今后的优化调度运行提供详细的历史数据,并辅助调度决策系统,合理安排工程设备的大修时间,避免影响供水流量。

9.6.4.6 管道漏损辅助诊断与报警

通过对安装位置流量计的实时监测,判断管道上是否发生漏损,如管道漏水、阀门法兰处橡胶垫漏水、管道破裂等各种原因引起的漏损,进行管道漏损辅助诊断及报警。

9.6.5 主要设备参数

9.6.5.1 高频压力计

高频压力传感器应具有较高的测量精度和良好的动态特性以满足实时监测的要求。其技术指标应满足下列要求:

工作温度:-40~80 ℃;

压力监测采集频率:≥256 Hz,以满足分析需求;

量程:0~300 psi ,需满足负压的监测;

精度:≤0.1%FS,响应时间:≤1 ms;

材质:不锈钢隔离膜片,最大承受静压:68 Bar;

防护等级:IP68,包括传感器电缆连接处。

9.6.5.2 水听器

水听器应具有较高的测量精度和良好的动态特性以满足实时监测的要求。其技术指标应满足下列要求:

工作温度: -20~80 ℃;

灵敏度:-180.0±3.0 dB, Vre: 1 V/μPascal;

响应频率范围:20 Hz~20 kHz;

传感器材质:PEEK;

连接电缆:低噪同轴电缆,最大承受静压:68 Bar;

防护等级:IP68,包括传感器电缆连接处。

9.6.5.3 数据采集 RTU

数据采集 RTU 应满足以下条件(但不限于此):

接头防护等级:IP68;

有连接高频压力计、水听器接口,支持 Modbus 接口;

压力采集精度 16 位,且可采集音频数据;

通信:支持 4G 无线通信,SIM 卡插口;

具有 GPS 功能;同步时钟精度 1×10^{-6};

低功耗设计,支持断点续传采集周期:数据上传时间可调整,5 min 上传一次,自动连接中控上传;支持自供电及太阳能供电、内置锂电池供电,太阳能供电与内置电池供电可软件自动切换。

9.6.5.4 超声波流量计

超声波流量计应具有较高的测量精度和良好的动态特性以满足实时监测的要求。其技术指标应满足下列要求:

(1)适用环境温度:储存温度:换能器-30~+70 ℃;主机-30~+85 ℃;运行水温:换能器-10~+70 ℃;运行温度:主机-10~+50 ℃。

(2)测量原理:超声波时差式。

(3)4 声道。

(4)超声波流量计组成:主机、换能器、连接电缆、加热器、除湿器、220 V 交流电源、不锈钢屏柜、带水安装检修工具、安装附件。

(5)测量准确度:0.5 级,重复性不低于 0.1%。

(6)流速测量范围:0.02~20 m/s。

9.6.5.5　数据采集 RTU

数据采集 RTU 应满足以下条件(但不限于此):

接头防护等级:IP68;

有连接流量计接口,支持 Modbus 协议;

通信:支持 4G 无线通信,SIM 卡插口;

具有 GPS 功能;同步时钟精度 1×10^{-6};

低功耗设计,支持断点续传采集周期:数据上传时间可调整,5 min 上传一次,自动连接中控上传;支持自供电及太阳能供电内置锂电池供电,太阳能供电与内置电池供电可软件自动切换。

9.6.5.6　服务器

服务器应满足以下条件(但不限于此):

CPU:2 颗银牌 4114,10 核,20 线程,64 位操作系统;

内存容量:64 GB,2 400 MHz,容量可扩展;

硬盘存储器:12 TB,集成 RAID 管理;

操作系统:符合开放系统标准的实时多任务多用户成熟安全的操作系统;

网卡:集成 4 口千兆网卡;

系统:CentOS x64 或 windows server X64;

其他: 2U 专用导轨。

9.6.5.7　工程师工作站

工程师工作站应满足以下条件(但不限于此):

CPU: i5-7500 以上;

内存容量: 16 GB,DDR4,容量可扩展;

显卡:2 G 独显;

硬盘存储器:128 GB+1 TB,可以扩展到 2 TB;

操作系统:Windows 1 064 位;

同品牌 27 in 显示器,分辨率:1 920×1 080 (全高清),屏幕比例:16:9。

9.6.5.8　工业交换机

工业级,8 个千兆电口,千个百兆光口。

9.6.5.9　UPS 电源

容量:3 kVA,在线延时:1 h 的 UPS 一台;

输入电压:AC 220 V(±10%);

输入频率:46~54 Hz;

输入功率因数:0.95 以上,符合《功率因素的标准》;
输出电压:220 V AC(± 1%);
输出频率:正弦波 50±0.1%;
线性负载失真度:<3%线性负载;
非线性负载失真度:<5%;
噪声:≤50 dB。

9.6.5.10　**太阳能电源**

太阳能电源应满足以下要求(但不限于此):
电池片类型尺寸:单晶硅;
额定输出功率:180 W×2;
蓄电池容量:12 V 250 AH×2;
控制器:12 V,30 A;
理想工作环境:-30~85 ℃;
立杆和预埋件:5 m 高;
连接电缆:电源电缆。
电池箱:550 mm×550 mm×300 mm;
防护等级:IP68;
安装辅材;
阴雨保持连续 7 d 供电。

10 系统应用情况

10.1 系统应用领域

大型水利枢纽工程建设智慧监管系统采用无人机、水下机器人、GNSS 和通信与物联网等先进技术，组成空、天、地、水一体化监控系统，获取 360°全景图、航摄视频、正射影像、三维实景模型、水下高清视频和影像、数字地形图等多种感知监测信息数据，对各项感知信息进行融合集成和综合利用，对不同时期的数据进行比较分析，建立大数据平台，为水利枢纽工程设计、工程移民、施工进度安全与质量管理、工程形象展示、水下建筑物安全监测、智慧工程等方面提供技术支持，实现水利枢纽工程建设智慧监控的目标，达到智慧监控的先进水平。

为智慧水利工程的建设提供了丰富的基础地理信息，也为工程后期提供珍贵的施工过程变化的历史存档资料和建设过程的重要档案资料，社会效益显著；为水利枢纽工程建设管理提供了智慧监控的先进技术，大大提高了生产效率，节省了生产成本，潜在的经济效益也显著。

基于超高精度和高可靠性导航定位、动态航线规划与自动驾驶、前端实时智能识别、集群管控与自主作业、多源信息融合分析与可视化等技术方法，构建了立体多层次、超高分辨率、全方位和全天候的无人机低空组网智慧监控体系，研发了集成无人机远程控制智能监测设备、“云-端”协同无人机集群管控技术、多源监测数据智能识别与深度分析技术的无人机自动巡检智慧监控系统，实现了无人值守自动巡检、海量多源信息的融合处理及巡检异常智能识别，降低了人工作业风险和管理成本。

可为河道岸线、水利工程巡检及智慧水利建设等提供有力的技术支撑，并可推广应用于水利工程设施（水库、水电站等）巡检、交通辅助管理、应急救援、环境监测等领域。

河湖监测：流域、水库巡检，实现智能识别河涌违建、排污口、非法采砂等信息。

水利工程建设监测：大型水利工程建设期内的不定期巡检、巡查。

城管执法：违章建筑、工地渣土车、建筑工地、环卫市容、垃圾堆放视频等。

国土：违章建筑、土地开发视频监测。

应急监测：自然灾害、事故灾难、公共卫生事件和社会安全事件等应急视频巡查。

交通执法：道路违停、交通疏导等执法视频监测等。

10.2 系统应用情况

大型水利枢纽工程建设智慧监管系统是在大藤峡多个项目实践基础上自主研发的大型水利工程建设过程的智慧监控系统，首次采用水下机器人和无人机低空遥感技术相结合,对大型水利工程建筑物和水下结构物全过程、全方位智能定期巡检和监控,实现了智能巡检、智慧监控和科学监管。研究和建立了一套水下机器人和无人机在水利工程监测应用的技术流程和体系;研究和建立了一套基于无人机高分辨率影像三维模型基础上进行土石方量核算和生产建设项目水土保持管理的技术流程和体系;建成集空、天、地、水一体化多方位感知的大藤峡建管数据中心,为水利枢纽工程建设管理提供了智慧监控和辅助决策的科学依据以及数据支撑,提高了建管部门的工作效率,对公众宣传起到良好作用。

大型水利枢纽工程建设智慧监管系统的开发与应用具有良好的经济效益和社会效益,值得大力推广应用。目前已应用到多个水利工程,取得良好的经济效益和社会效益。

(1)本项目在大藤峡水利枢纽工程中进行了研究开发和示范应用。

(2)本项目成果在广西钦州王岗山水库、四川官帽舟水电站工程、海南省南渡江引水工程中推广应用,取得了良好的效果。

10.2.1　大藤峡水利枢纽工程

10.2.1.1　工程概况

大藤峡水利枢纽工程位于珠江流域西江水系黔江河段大藤峡峡谷出口处,下距广西桂平市黔江彩虹桥 6.6 km,是国务院批准的《珠江流域综合利用规划》《珠江流域防洪规划》确定的流域防洪关键性工程,是《珠江水资源综合规划》《保障澳门、珠海供水安全专项规划》提出的流域关键性水资源配置工程。工程的开发任务以防洪、发电和水资源配置为主,结合航运,兼顾灌溉等综合利用。

枢纽为大(1)型Ⅰ等工程,主要由黔江混凝土主坝(挡水坝段、泄水闸坝段、厂房坝段、船闸上闸首坝段、船闸检修门库坝段、纵向围堰坝段等)、黔江副坝和南木江副坝等组成。枢纽主要建筑物黔江混凝土主坝、黔江副坝和南木江副坝等为 1 级建筑物,船闸闸室和下闸首为 2 级建筑物,次要建筑物和船闸导航、靠船建筑物等为 3 级。黔江混凝土主坝设计洪水标准为 1 000 年一遇,校核洪水标准为 5 000 年一遇;黔江和南木江土石副坝设计洪水标准为 1 000 年一遇,校核洪水标准为 10 000 年一遇;电站厂房尾水平台、副厂房和开关站设计洪水标准为 200 年一遇,校核洪水标准为 1 000 年一遇;下游消能防冲建筑物洪水标准为 100 年一遇。1 级壅水建筑物地震设计烈度在地震基本烈度的基础上提高Ⅰ度按Ⅶ度设计。工程施工总工期为 9 年。

大藤峡水利枢纽工程作为全国重大水利工程,珠江—西江经济带和“西江亿吨黄金水道”基础设施建设的标志性工程,是两广合作、桂澳合作的重大工程。

10.2.1.2　技术路线

通过研究水下定位关键技术和水陆一体化定位关键技术,建立水下机器人与无人机智能巡检的统一定位体系,研究海量影像数据存储管理关键技术,建成集天、地、水一体化多方位感知的大藤峡建管数据中心,在此基础上自动进行海量数据分析和数据挖掘,通过图像识别和机器学习技术自动找出异常点(施工场地非法弃渣、场地积水、场地整洁度、场地布局变化以及滑坡、塌方、河道采砂、河道飘浮物、违章占用河道建筑物、水土流失、绿化再造等),并且在图像上定位和标注提醒,从而实现施工现场的智慧监控;研究和建立一套基于水下机器人和无人机采集的高分辨率影像及三维点云模型基础上进行土石方量核算的技术流程和体系；建立基于图像识别技术的生产建设项目水土保持管理的技术流程和体系，实现对水土保持业务从施工、监理、监督、监测、验收等重要流程的全方位的科学管理模式。为在建大型水利工程提供“一服务、一中心和六系统”的技术服务模式(见图 10-1)，实现大型水利工程建设过程的“智能巡检、智慧监控和科学监管”。

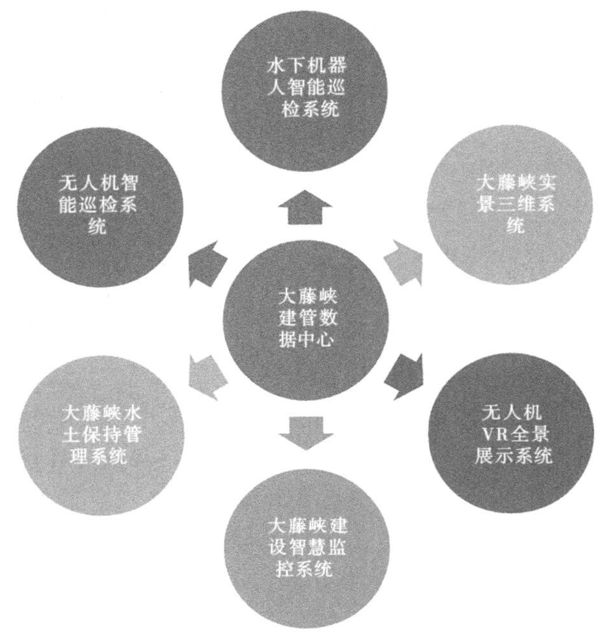

图 10-1　一服务、一中心和六系统

10. 2. 1. 3　建设任务

研究内容是为在建大型水利枢纽工程建设过程提供“一服务、一中心和六系统”的技术服务，实现大型水利工程建设过程的智能巡检、智慧监控和科学监管。

1. 一服务

水下机器人、无人机定期巡检及第三方土石方量复核。

(1)枢纽工程坝址区每季度实施一次无人机监控航摄(分辨率为 10 cm)；库区重点防护区域每半年实施一次无人机定期监控航摄(分辨率为 10 cm)，2020 年 4 月蓄水后、52 m 蓄水位、61 m 蓄水位分别增加航摄一次；坝址区主要施工区域每 10 d 实施一次分辨率优于 3 cm 的倾斜摄影无人机监控航摄；每 10 d 对坝址区主要施工区域进行一次智能巡检。

(2)汛前和汛后采用水下机器人对消力池和水下建筑物进行一次智能巡检和监测。

(3)2014 年开始，每年对大藤峡水利枢纽工程首级施工控制网进行一次复测。

(4)右岸主体工程施工放样测量的抽查和复核、测量成果的复核检查和分析、工程量测量复核、局部地形图(断面)测绘以及第三方土石方量复核。

2. 一中心

大藤峡建管数据中心建设：把每期巡检监控的无人机低空遥感三维模型、正射影像、影像、视频及全景集中管理；把每期巡检监测的水下机器人检测数据、影像、视频集中管理；把每期施工控制网复测和第三方土石方量复核检测数据、影像、视频集中管理；建成大藤峡建设过程管理数据中心。

3. 六系统

(1)水下机器人智能巡检系统研发。

水下机器人智能检测系统是自主研发，具有自主知识产权的，对险工险段水下监测、流量、泥沙、咸情、水质、水生态、水下建筑物运行情况，包括缺陷检查、渗漏检测、淤积堵塞、结构检测、金属机构隐患检测等提供水下机器人监测服务。

(2)无人机智能巡检系统研发。

开发具有自主知识产权的，发布在自有独立服务器上的无人机巡检管理系统，包括无人机自动巡查；导入系统自动识别时间、位置、轨迹，照片、视频管理；对分界点、违章施工点、违法点进行标注；追溯历史巡查影像多期对比；自动生成巡检报告等功能。

(3)实景三维可视化淹没分析系统研发。

开发具有自主知识产权的大藤峡实景三维可视化淹没分析系统，三维展示施工区域兴趣点、兴趣范围、三维模型，重点对蓄水前、蓄水后及正常蓄水位的库区水位抬升情况进行三维可视化的演示和科学地进行淹没分析和比较提供三维可视化的平台。利用实景三维模型进行第三方土石方量复核。

(4)生产建设项目水土保持管理系统研发。

开发具有自主知识产权的生产建设项目水土保持管理系统，实现对水土保持业务从施工、监理、监督、监测、验收等重要流程的全方位的管理模式。

(5)无人机 VR 全景展示系统研发。

开发具有自主知识产权的，发布在自有独立服务器上的无人机 VR360°全景管理系统，把往期所有的 VR360°全景图发布的独立的服务器上，作为工程建设的过程档案资料。

(6)大藤峡建设智慧监控系统研发。

研究在建管数据中心的基础上进行海量数据分析和数据挖掘，通过对比分析自动找出异常点并且定位和标注提醒，从而实现施工现场的智慧监控。

10.2.1.4　创新亮点

(1)提出了超短基线声学定位系统(USBL)及水下机器人和无人机低空航摄融合技术，构建了陆面和水下统一定位体系，研发了集空、地、水一体化全面感知的智慧监测系统，实现了大型水利工程建设过程的智能巡检。

(2)研发了基于无人机高分影像的三维点云实景模型土石方核算系统，制定了生产建设项目水土保持管理的技术规程，支撑了从施工、监理、监督、监测、验收等重要流程全方位的科学管理。

(3)构建了集空、地、水一体化多方位感知的大藤峡建管数据中心，实现了海量数据的自动分析和数据挖掘，工程建设和管理中异常点的自动提取、定位、标注及提醒，支撑了施工现场的智慧监管。

10.2.2　百色水利枢纽工程

10.2.2.1　工程概况

百色水利枢纽位于中国广西壮族自治区百色市的郁江上游右江河段上，坝址在百色市上游 22 km 处，是一座以防洪为主，兼有发电、灌溉、航运、供水等综合利用的大型水利枢纽。是珠江流域综合利用规划中治理和开发郁江的一座大型骨干水利工程，该项目已列入我国“十五”计划，是国家实施西部大开发的重要标志性工程之一。

水库正常蓄水位 228 m，相应库容 48 亿 m^3；最高洪水位 233.45 m，相应总库容 56 亿 m^3；防洪限制水位 214 m，防洪库容 16.4 亿 m^3，死水位 203 m，死库容 21.8 亿 m^3；水库调节库容 26.2 亿 m^3，属不完全多年调节水库。

枢纽主要建筑物包括碾压混凝土主坝 1 座，地下厂房 1 座、副坝 2 座、通航建筑物 1 座。主坝为全断面碾压混凝土坝，坝高 130 m，坝顶长 720 m，坝顶宽度 10 m，坝顶高程 234 m。副坝为 39 m 的银屯土石坝和 26 m 的香屯均质土坝，位于坝址上游左岸，距离坝址约 5 km。碾压混凝土主坝最大坝高 130 m。地下厂房布置在坝址左岸，装机 4×135 MW，由进水渠、进水塔、引水隧洞、主厂房、主变室、尾水洞、交通洞及高压出线洞等组成。其电站主厂房总长 147 m、宽 19.5 m、高 49 m。百色水利枢纽库区范围约 500 km^2。

百色水利枢纽经过几十年的岁月沧桑，库区经历了淤积、岸边崩塌等地质现象，早已改变了其原始风貌。由于水库的淤积状况的变化使得建库前所测定的库容量不能反映现实库容量变化，这就给洪水分析、防洪决策等工作带来了危险隐患。因此，水库实际库容和周边地形的测量十分重要。

通过采用无人机机巢与人工智能识别技术，对百色水利枢纽库区范围内水环境精细化巡查，包含涉河湖违章违建、涉河湖障碍物、水土流失、非法养殖、工地环境、垃圾点、排污口等信息。实现面源污染与点源污染的溯源分析，精准排查污染源头。通过百色水利枢纽库区的精细化管理与环境脆弱性分析，对充分发挥水库防洪、供水、灌溉、发电等功能具有重要的指导意义。

根据水利部“强监管”的新治水思路及结合《水利部办公厅关于印发水利九大业务需求分析分工方案的通知》，开展百色水利枢纽水政智能巡查及动态监测云服务平台建设工作，是非常必要、迫切的。

10.2.2.2　建设目标

百色水利枢纽水政智能巡查及动态监测云服务平台建设项目实施的总体目标是为实现智能巡检、动态监测和智慧监管。

(1)实现库区定期的卫星遥感动态监测。

基于高分卫星影像数据，利用遥感信息提取技术，辅助实现库区内水政违法人工设施提取，实现库区水政违法遥感动态监测。

(2)实现坝址区及时高效的无人机智能巡检及水政违法监测。

无人机通过测控与信息传输系统进行实时传输航拍影像，对天气因素依赖较小，升空时间短，起飞方便，航飞时间灵活，可操作性高，可用于河长巡河的日常监测。同时无人机飞行速度为 10 m/s，每小时可以巡查近 36 km，成本低，效率高，速度快。利用无人机低空遥感技术大大减少人工徒步巡河时间,加强水环境治理力度,创新库区监管工作方法,提高库区管理人员的工作效率。可将水库管理范围精确到厘米级,实现工作范围划分做到无断点、无重叠,保证工作做到不重不漏,上下贯通,高效执行河长巡查治理任务。

基于无人机低空遥感技术,研发复杂地形条件下长距离、超视距多旋翼无人机自动、高效的巡查模式,通过可见光传感器、热红外、星光夜视与卫星定位系统进行系统集成的多旋翼微型无人机软硬件系统,实现高速、高效巡查线路。获取高分辨率正射影像、高清巡查视频、全景影像、三维模型,通过一键式起降、自动航线规划、自动安全监测、自动巡查作业等功能,实现及时、全面、高效的百色水利枢纽坝址区及时高效的无人机智能巡检系统,进行水政违法监测。

(3)提供辅助智能决策分析及云服务功能,实现智慧监管。

利用卫星遥感动态监测技术、GIS技术、卫星定位技术、无人机低空遥感技术,建设水利枢纽设施智能巡查系统、巡查成果管理系统及云服务平台,将获取的管理范围内的巡查视频、三维模型、正射影像基础设施等相关数据,按其时空分布特性输入计算机,进行存储更新、查询检索、模拟分析、显示、打印和输出,服务于水利枢纽工程数据管理和三维可视化展示。提高巡查信息化管理水平,实现供百色水利枢纽水政执法巡查工作的数字化、自动化、规范化,将河道管理空间化、立体化,推动百色水利枢纽水政执法巡查智能化管理。

10.2.2.3 建设任务

根据项目建设目标,项目的建设任务包括以下三部分的内容。

1. 库区卫星遥感动态监测

基于高分卫星影像数据,利用遥感信息提取技术,辅助实现库区500 km^2 之内违法人工设施提取和分析。本项任务主要包含高分影像采集、高分DOM制作、疑似违法图斑提取和违法行为认定与核查等。

(1)高分影像采集:常规编程采集库区卫星影像数据。每月至少保证1次全覆盖,特殊时期保证每月2次全覆盖,且空间分辨率优于0.5,云量小于15%。

(2)高分DOM制作:基于编程采集获取的高分辨率卫星影像数据进行增值产品生产,获得目标区域镶嵌后的高分DOM。

(3)疑似违法图斑提取:基于高分DOM发现并提取库区水面上10 m^2 以上的筏钓平台、抬网和养殖网箱。

(4)违法行为认定与核查:根据发现的违法行为,工作人员需现场对违法信息进行认定与核查,此部分工作因需要涉及用户单位的行政审批数据,通常由用户自行完成。

2. 无人机定期巡查与监测

无人机续航一直是无人机巡查作业中的痛点问题,同时,目前的无人机巡查作业仍需现场航飞人员,没有完全解放人力。针对该问题,本项目提出基于机巢的无人机自动化巡检方案,构建无人值守水库智能无人机巡查平台。机巢具有自主监测电池电量、自动更换电池、自主充电、周围环境6要素监测(风力、风向、湿度、温度等)、远程数据传输等功能,同时具备可自动检测无人机续航能力,针对续航能力不足的无人机可实现自主返航并通过机械手臂自主更换电池。机巢内置6块可更换备用电池,进而保证了无人机的全天候作业,减少人工干预。此外,基于前端设备和人工智能算法的边缘智能识别技术可提高无人机作业的效率，在水环境巡查的同时，可自主识别监测库区重点区域的环境问题，包括水面漂浮物、排污口、库区人为活动等，完全实现无人化、智能化巡查，大大提高了管理效率。

无人机由于灵活、快速、高效、无死角、经济、不受地形、环境等条件制约的特点，将其应用于河湖“五清”专项行动，可有效地解决人工巡查任务重、时间紧、效率低、巡查困难、不全面等问题。利用无人机获取遥感数据，通过对无人机获取的遥感数据进行智能对比和历史分析，可识别监测生活污水直排、漂浮物位置分布、底泥污染物、河湖障碍物、堤岸违法建筑等情况，计算堤岸违法建筑面积和清淤面积，监控“五清”行动清理前、清理中、清理后的水环境治理效果，实现河湖流域的全自动、全方位调查与监控，为河湖“五清”行动提供全面、高效的技术手段。

3. 巡查与监测云服务平台建设

搭建一个集基础资源库，包括人才知识库、智能设备库、配网资源库等，为后续作业提供底层数据支持。开发管理功能模块，包括任务规划管理、智能指挥管理和巡检成果管理等模块，配合配套的 APP，实现任务编制、下发、直播、指挥调度、成果上传、图片分类、缺陷标记、报告生成的全流程自主智能巡查和动态监测作业的云服务平台。

10.2.2.4　效益分析

基于卫星遥感动态监测和无人机机巢技术与人工智能识别技术对库区水环境实现全自动化巡查，可以解决传统在线监测成本高，人工监测方式需要大量的人力、物力和时间且监测工作实施困难以及监测不全面等难题，降低流域水质、水环境监测成本。

同时，本项目可为水库水质保护与污染治理提供决策支持，建立基于无人机的全天候覆盖性自动化巡查机制，将有效地为百色水利枢纽提供从防御洪水灾害到保障群众生产生活用水、保护水环境和水生态安全，提高水库的管理质量及效率，经济效益显著。基于无人机机巢技术与人工智能识别技术对库区水环境实现全自动化巡查，实现了工程智能巡检和智慧监管，社会效益显著。

10.2.3　迈湾水利枢纽工程

10.2.3.1　工程概况

迈湾水利枢纽工程位于南渡江干流中游河段，是南渡江第二个梯级，其坝址位于澄迈与屯昌两县交界处宝岭附近，上游距已建的松涛水库约 55 km，下游距海口约 142 km。海南省南渡江迈湾水利枢纽是海南省北部规划的大型水源配置工程，在海南省琼北地区的供水安全保障地位和作用均非常重要，是保障南渡江下游海口市及定安、澄迈县供水和生态用水安全的控制性水源工程。

迈湾水利枢纽工程近期正常蓄水位 101.0 m，远期正常蓄水位为 108.0 m。重力坝坝顶高程 113.0 m，最大坝高为 75 m，总库容 6.05 亿 m^3（远期），发电厂房装机为 40 MW，根据《防洪标准》（GB 50201—2014）和《水利水电工程等级划分及洪水标准》（SL 252—2017）的规定，以水库总库容确定本工程等别属Ⅱ等，工程规模为大（2）型。

枢纽建筑物由主坝、副坝和左岸灌区渠首组成。其中，主坝为碾压混凝土重力坝，由左岸重力坝挡水坝段、溢流坝段、进水口坝段（包括引水发电进水口、右岸灌区渠首进水口)、右岸重力坝挡水坝段、坝后式发电厂房及过鱼设施等组成;副坝包括 1#~7#副坝。左岸灌区渠首位于大坝上游左岸 0.7 km 处,为引水隧洞形式。

10.2.3.2　建设目标

按照海南省"以大数据智能化为引领的创新驱动发展战略行动计划"的工作部署和水利部"水利工程补短板、水利行业强监管"的水利改革发展总基调,海南迈湾水利枢纽工程建设智慧监管系统利用现代遥测、遥控技术、地理信息系统、通信系统、计算机网络、大数据技术、云计算技术、增强现实技术等科技手段,在高速宽带计算机网络基础上,实现全线调水监控自动化,建成先进实用、高效可靠、覆盖整个工程区域的工程全生命周期信息管理系统,实现对工程的三维可视数字化建设管理、运维管理和水资源优化调度决策支持。

工程建设期,以"水利工程智慧建造系统"和"水利安全文明智能工地"建设试点为主线,以实现"全生命周期、全建设范围、全参与单位、全建设人员、全业务管理、全功能管理"和"新技术、新模式、新试点"的"六全三新"为建设原则,构建工程项目建设业务管理基础平台,实现工程概算、合同履约、设计变更、投资管理、质量安全、施工进度、劳务用工、物资采购等施工期建设管理工作。通过集成工程监测、地质监测、现场视频、工程资料等工程建设相关数据,为参与海南迈湾水利枢纽工程建设的各级单位和人员提供统一、标准的建设管理和业务处理平台,保障施工安全、科学控制建设进度、确保工程建设质量过硬、提高工程建设管理的水平与效率。

水利工程智慧建造系统的建设目标是通过 BIM 技术应用,在建设中将原材料信息、试验数据、施工过程中的质量检验和评定资料、计量支付和变更管理数据,责任人和相关人信息等与 BIM 模型永久关联,形成工程模型大数据,实现工程全过程、全要素、全参与方的数字化、在线化和智能化,从而构建项目中各参建单位沟通协调的新体系。

10.2.3.3　建设任务

建设任务主要包括现场网络建设、通信建设、基础设施建设、视频接入建设、应用支撑平台及业务应用系统建设等。系统建设范围:整个海南迈湾水利枢纽工程范围及相应的各级管理机构。系统建设纵向覆盖从公司到管理处、场站等所有层级,横向覆盖从建设期到运维期所有业务需求。

1.基础设施建设

(1)现场的监控、采集设备及系统由各单元工程负责建设,向本系统提供数据接口,本系统对现场控制系统、采集系统、视频系统进行集成。

(2)本平台建设将承担工地现场视频、安防、工程、机械、人员等支撑智慧工地建设的设备采购、安装、调试、接入等工作。

(3)本平台建设将承担 66 套环境监控视频的设备采购、安装、调试、接入等工作。

2.网络与通信系统建设

网络与通信:平台建设将构建包括 3 个现地场站、1 个管理处、1 调度中心和 1 个灾备中心的网络节点建设,并在调度中心与灾备中心、现地场站构建控制专网,在所有节点上构建业务内网,在调度中心构建业务外网。

建设海南迈湾水利枢纽工程通信线路和光缆,建设覆盖泵站、闸站、水库、管道及至各级管理机构的光传输系统;建设覆盖各级管理机构及泵站的行政电话和语音电话调度系统;建设通信综合网管系统、通信时钟同步系统、通信电源系统及监控系统、通信光缆自动监测系统。

计算机网络系统按广域网络及相应的局域网进行建设;建立计算机网络系统的管理体系。

3. 应用支撑平台建设

(1)基本功能支持组件:支撑本系统的基本功能组件、应用中间件、数据库管理系统等,包括统一权限认证系统、流程引擎、报表引擎等。

(2)二三维 GIS 平台:支撑本系统二三维 GIS 平台底层应用组件,包括 GIS 数据管理、二三维 GIS 服务等;BIM 轻量化平台:包括三维数据管理、模型三维转换、调用、处理、检索、轻量化发布等。

(3)物联网采集平台:包括物联感知数据汇聚、管理、标准化处理、预警,感知设备设置、控制、预警等。

(4)视频集中管理平台:包括对视频摄像头集成管理、调用、控制等。

(5)数据库管理平台:现地场站、管理处部署的采集系统、控制系统使用相应厂家提供的数据管理系统,该部分不在本项目中实施,由其他分项工程实施;调度中心业务平台使用 MY SQL 作为结构化数据库、MINIO 作为非结构化数据库管理工具实现对各子系统的数据存储和服务。

(6)决策会商平台:构建覆盖各层级的决策会商系统,包括语音系统、远程会议、视频系统等,覆盖调度中心和管理处、管理所三级单位。

(7)虚拟化计算平台:虚拟化计算是大型水利枢纽工程信息系统的核心框架,通过虚拟化计算平台的构架,可以将业务应用系统、应用支撑平台及基础设施有机结合起来,各种硬件资源按需动态分配,并且通过不同层面的服务接口来提供各种对系统内及系统外用户的服务,在实现整体信息系统功能的基础上,为信息系统获取更高的附加值。

在调度中心和数据备份中心构建本系统的虚拟化计算平台,通过统一的虚拟化平台,将这些资源抽象化为计算资源、存储资源和网络资源,分别存放在计算资源池、存储资源池和网络资源池。

(8)大数据管理平台:在调度中心构建本系统大数据管理平台实现对数据的汇集、清洗、治理和分析,最终形成本项目的数据产品,为业务应用提供数据支撑服务。

4. 业务应用系统建设

1)水利工程智慧建造系统

水利工程智慧建造系统包括投资成本、计划进度、安全管理、招标管理、信息管理、材料管理、质量管理、合同管理、资料管理、设计管理、现场管理、工程编码、指挥中心、项目群、单元工程管理及会商决策支持等功能模块。同时,通过 BIM 技术应用,在建造中将原材料信息、试验数据、施工过程中的质量检验和评定资料、计量支付和变更管理数据、责任人和相关人信息等与 BIM 模型永久关联,形成工程模型大数据,实现工程的全过程、全要素、全参与方的数字化、在线化和智能化,从而构建项目各参建单位沟通协调的新体系。

2) 水利安全文明智能工地

水利安全文明智能工地包括视频监控、地质灾害自动化监测、地震监测、水土保持及环境监测、工程隧洞地质超前预报展示等子系统。围绕水利工程建设"人、机、料、法、环"五大环节的关键因素及其他信息，充分利用 BIM、大数据、人工智能、APP 等新一代信息技术，对施工人员实行实名制考勤、关键人员定位等，对气象、有毒有害气体、水污染等施工环境进行在线监测，对高边坡、深基坑、危化品等施工作业进行安全监控，对特种设备操作、作业人员身份等进行监管，辅助水行政主管部门和项目业主远程监管工程施工现场管理，提升施工现场精细化管理水平。

3) 输水自动化监控系统

采集大型水利枢纽工程全线各类泵站、闸阀、变电站、管道的运行信息，对其进行远程集中监视与控制；接收水量调度自动化系统实时水量调度指令，通过远程控制把调度指令下发到现地站，并将调度指令执行过程与结果上传到各级管理部门，实现水量调度控制一体化。完成公司调度中心和金刚沱灾备中心输水自动化监控系统建设。

4) 水量调度自动化系统

完成水量调度日常业务处理、供水计划编制、正常运行实时调度、事故应急调度、调度方案模拟、水量计量及计费、调度评价等子系统建设；完成公司调度中心和金刚沱灾备中心水量调度自动化系统建设。

5) 视频监控系统

建设大型水利枢纽工程视频监控系统，建设期配合"水利安全文明智能工地"建设，运行期对输水工程重要控制性建筑物的生产和管理区内的安全状况进行视频监视和安全报警。现地闸阀泵站视频信息通过工程专用通信网进行数字远程传输，在调度中心、数据备份中心和管理处完成视频集中监视和管理。

6) 水文信息与工程防洪管理系统

完成公司调度中心水文信息与工程防洪管理系统建设。水文信息与工程防洪管理系统主要包括：水文信息测报和工程防洪信息管理两部分内容。

水文信息测报：利用现代遥测技术全天候的实时监测并发送雨情、水情信息，实现对雨量、水位的全面监测，通过对水雨情实时数据信息进行采集、监测、传输分析，为工程的供水、水资源合理配置提供实时准确的水雨情信息和发布有效的洪水预报。

工程防洪信息管理：实现工程防洪信息接收处理、信息服务及监视、洪水预警、防洪应急响应、防洪组织管理等功能。

7) 工程安全监测信息管理系统

完成公司调度中心工程安全监测信息管理系统建设。工程安全监测信息管理系统包括工程安全监测数据采集、信息管理、成果展示、分析评价、预警管理、信息发布等多个方面的内容。系统以安全监测信息管理与综合分析评价子系统为核心，集成安全监测信息自动化采集子系统、安全监测信息三维可视化子系统和安全监测信息发布子系统三方面的内容。

8) 水质监测应用系统

在公司完成水质监测应用系统建设，水质监测应用系统主要功能包括：水质监测数据采集、水质分析评价及示警、水质会商决策支持、水质信息发布与查询、水质资料整理汇编等。

9)工程运行维护管理系统

完成工程运行维护管理系统建设,该系统基于计算机网络和地理信息系统,根据工程情况,利用KKS编码体系,实现设备资产数字化,具有工程扫码巡查维护、APP专家运维、突发事件响应、工程维修养护方案编制及记录、工程管理考核等功能。

10)决策会商支持系统

建设决策会商支持系统主要为决策管理者和引水运行工作提供及时、准确、科学的辅助决策依据,由用户会话、会议管理、会商信息规范化处理、模型方法知识管理、专家分析和会商结果管理六大模块组成。

11)应急响应系统

建设应急响应系统主要为针对工程险情,采用相应的应急预案,发布应急调度指令,满足不同应急险情的要求。

应急响应系统的总体功能分为:应急信息汇集与评价、应急方案制订、应急方案执行指挥、应急档案管理、应急回顾与知识更新五大模块。

12)三维GIS+BIM可视化仿真系统

在建设期建立的GIS+BIM基础支撑平台的基础上进行扩展和延伸,建设覆盖工程全线的工程运行管理三维GIS+BIM仿真系统,再现水量调度方案及过程,集成显示泵站监控、闸阀监控、工程安全监测、水情测报、水质监测、视频监控等运维信息,建立基于三维可视化系统的会商决策环境,提升工程调度运行管理水平。

13)综合管理办公系统

建成支持公司、维护抢修站、现地生产值班室三级组织机构的公文流转及日常办公的通用办公系统;进行人力资源信息管理系统的建设;进行大型水利枢纽工程互联网站—社会公众信息门户建设,建成政务公开平台。

5. BIM设计服务

BIM设计范围包括新建水源泵站7座、加压泵站5座、水库提水泵站8座,复杂地质条件的输水建筑物及其附属建筑物,圣中调蓄水库。BIM设计内容包括地质三维、枢纽三维和工厂三维。

1)地质三维设计

地质勘察是水利工程勘察设计工作的前奏,也是工程全生命周期中的重要组成部分。本次地质三维设计将利用地质三维勘察设计系统GeoStation开展,利用金刚沱泵站、草街泵站、渭沱泵站等重要泵站工程、水库工程和复杂地质条件的地下建筑物,包括永安隧洞工程及引水工程进水口、调压室(井)的地质资料,结合地质超前预报,进行工程地质勘察数据整理,并建立地质三维模型,为水利工程全生命周期管理提供基础的三维地质全信息模型。

2)枢纽三维设计

枢纽三维设计是解决供建筑物总体布置验证与优化的有效手段。本次枢纽三维设计将根据圣中水库、金刚沱泵站等重要工程设计需要,开展枢纽总体布置建模,必要时通过三维设计方式进行布置方案比选、优化等工作，并为工程全生命周期管理提供基础的枢纽建筑物信息模型。

3）工厂三维设计

工厂三维设计是提升泵站内部多专业交叉协同设计效率和成果质量的利器。本项目工厂三维设计主要针对金刚沱泵站等重要单体建筑物，应用 PlantDesigner 开展工作，利用三维设计软件对泵站的土建、机电、金属结构、建筑等各专业进行协同建模。

提交的主要成果有地质三维模型、枢纽三维模型、泵站土建三维模型、泵站机电设备三维模型、泵站金属结构三维模型、相关应用图片及图册和 BIM 设计总结报告。

6. 数据资源管理中心建设

建设调度中心、数据中心和公司总部数据备份中心；建设各数据中心数据存储平台的本地备份系统和异地远程容灾系统；建设应用系统专业数据库，以及空间地理信息和 BIM 数据库、沿线地区社会经济和生态数据库等数据库系统。

7. 信息安全体系建设

建立访问控制、网段隔离、认证授权、入侵检测、漏洞扫描和安全评估、病毒防范、安全管理平台等安全防护体系。

10.2.4 环北部湾广东水资源配置工程

10.2.4.1 工程概况

环北部湾广东水资源配置工程是系统解决粤西地区，特别是雷州半岛水资源短缺问题的重大水利工程。工程建设任务以城乡生活和工业供水为主，兼顾农业灌溉，为改善水生态环境创造条件。工程设计引水流量 110 m^3/s，工程等别为Ⅰ等，工程规模为大（1）型。工程供水范围包括粤西地区的湛江、茂名、阳江、云浮 4 市。至设计水平年 2035 年，工程从西江多年平均引水量为 16.32 亿 m^3，利用当地水利设施增供水量 5.10 亿 m^3。扣除输水损失后，受水区分水口门断面多年平均供水量为 20.79 亿 m^3，其中城市生活和工业供水 14.38 亿 m^3，农业灌溉供水 6.41 亿 m^3。

环北部湾广东水资源配置工程由西江水源工程、输水干线工程和输水分干线工程等组成，包括取水泵站 1 座、加压泵站 4 座、输水线路总长度 490.7 km、扩建连通渠 1 条。

环北部湾广东水资源配置工程自广东省云浮市郁南县西江干流地心村河段右岸无坝引水，取水泵站设计引水流量 110 m^3/s，设计扬程 160.5 m，共安装 7 台（5 用 2 备）立式单吸单级离心泵，装机容量为 336 MW。

输水干线总长 201.7 km，包括西江取水口—高州水库段干线（简称西高干线，长 127.3 km）、高州水库—鹤地水库段干线（简称高鹤干线，长 74.4 km），通过高州水库、鹤地水库 2 座已建大型水库进行调蓄。西高干线设计流量 110 m^3/s，输水线路自北向南采用有压隧洞和压力钢管下穿起始段低矮山体、宝珠镇南广高铁等，再通过无压隧洞、倒虹吸等建筑物输水，穿越云开大山西部的剥蚀残丘—中低山和云开大山主脉直至高州水库。高鹤干线从高州水库北库的北库（良德水库）主坝左岸取水，设计流量 70 m^3/s，采用隧洞、倒虹吸等建筑物，无压和有压结合自东北向西南输水至鹤地水库。

输水分干线长 289.0 km，包括云浮分干线（25.4 km）、茂名阳江分干线（95.0 km）、湛江分干线(168.6 km)。云浮分干线从西高干线桩号 XG45+120 取水 10 m^3/s,由西往东采用重力流有压管道和隧洞输水至云浮市金银河水库,沿线给七和水厂和金银河水厂分水。茂名阳江分干线从高州水库的南库(石骨水库)电站东侧取水 26 m^3/s,由北向南采用重力流有压隧洞和管道输水至龙眼坪分水口,在分水口由龙名段向名湖水库分水,规模 10 m^3/s;线路继续向东南输水(规模 18 m^3/s)至河角水库附近分水河角水库,规模 10 m^3/s;线路继续向东北通过有压隧洞、埋管输水至茅垌水库,规模 10 m^3/s。湛江分干线从鹤地水库取水,自北向南布线,经合流水库、龙门水库、余庆桥水库后至大水桥水库。由三段组成,分别为:鹤合段(鹤地水库至合流水库段),在鹤地水库取水,设计流量 27 m^3/s;合雷段(合流水库至雷州南渡河段),在合流水库取水,设计流量 20 m^3/s;雷徐段(雷州南渡河至徐闻段),该段在南渡河北岸附近与合雷段衔接,设计流量 13 m^3/s。湛江分干线沿线设置 4 座加压泵站,分别为廉江、合雷、松竹、龙门泵站,装机容量为 71.85 MW。高州水库连通渠扩建工程渠道长 4.5 km。

环北部湾广东水资源配置工程总工期为 96 个月。

10.2.4.2　建设目标

环北部湾广东水资源配置工程无人机全景展示管理系统的主要目的是为工程占地范围提供高分辨率三维实景模型及视频和全景图影像数据,为移民征地管理提供原始面貌留底,防止停建令下达后抢种抢建。也为后期工程展览场所提供珍贵的施工过程变化的历史存档资料,所有资料作为工程建设过程的重要档案资料,为征地提供直观科学的数据底板和技术支撑。

10.2.4.3　建设内容

工作内容主要包括几方面:

(1)无人机高分辨率三维实景模型。

针对所有工程占地区域实施 5 cm 三维实景模型数据采集。生产高精度正射影像数据及高精度三维实景模型。

(2)无人机低空视频数据采集。

针对所有干线占地区实施一次无人机视频航摄;视频要求能清晰分辨出房屋结构层数、植被地表地类。

(3)无人机全景展示管理系统。

针对所有工程占地区域实施高分辨率全景图数据采集。每个单一占地区域飞行一幅全景图。全景图要求可方便共享给现场人员及设计人员。要求全景图可以清晰分辨出房屋结构层数、植被地表地类。

(4)土地利用现状调查及图斑专题图制作。

在无人机正射影像图和实景三维系统的基础上,结合少量的野外调查,依据《土地利用现状分类》(GB/T 21010—2019)技术标准进行土地分类调查和制作土地分类专题图。

10.2.4.4　建设方案

确定任务意向后,对占地区范围进行 0.05 m 高分辨率的无人机倾斜航摄和 4K 视频拍摄及全景图航摄。提交以下成果:制作 0.05 m 高分辨率正射影像图(叠加征地红线),制作 0.05 m 分辨率三维实景模型,剪辑监控无人机航摄 4K 视频资料,内业处理高清全景图。资料作为工程征地过程的重要档案留底资料。

1. 基本技术要求

(1)国家 2000 坐标系统。

(2)1985 国家高程基准。

(3)空间分辨率：0.05 m 分辨率；精度满足国家 1∶500 比例尺成图精度要求，根据现场情况双方共同商定飞行方案。

2. 无人机低空航摄参数要求

无人机低空航摄参数要求见表 10-1。

表 10-1 无人机低空航摄参数要求

航摄参数	要求
分辨率	0.05 m
重叠度	航向大于 70%，旁向大于 65%
飞行参数	飞行姿态横滚角应小于±5°、俯仰角应小于±5°、航向角误差应小于±3°
	轨迹控制偏航距小于±20 m、飞行高差小于±20 m， 直线段航迹弯曲度应小于±3°；航线弯曲度小于 3%
影像要求	影像清晰，色彩丰富，颜色饱和

3. 正射影像技术要求

(1)影像分辨率不高于 0.05 m。

(2)需经像控联测和空三加密处理。

4. 三维实景模型技术要求

(1)分辨率优于 5 cm。

(2)OSGB 格式三维实景模型。

5. 全景图技术要求

(1)原始图像清晰美观。

(2)高清晰度的全屏场景，细节表现可看出地表植被、房屋结构材料等细节。

(3)全景图天空处理自然美观。

(4)观赏者可通过鼠标任意放大缩小、随意拖动。

(5)可在网页上观看。

(6)可在内网独立观看。

6. 航摄视频技术要求

(1)原始航摄视频分辨率度要求 4 K 以上。

(2)原始视频拍摄稳定不抖动，过渡顺畅自然。

(3)视频需经后处理。

7. 土地利用现状调查及图斑专题图制作技术要求

(1) 严格执行《土地利用现状分类》(GB/T 21010—2019)技术标准进行调查和制作图斑专题图。

(2)以村小组为最小单元进行权属划分和归属。

(3)图斑专题图叠加在实景三维系统上,可以查询图斑信息。

(4)土地分类统计汇总、按权属进行土地分类统计和汇总。

10.3　系统应用效果

大型水利枢纽工程建设智慧监管系统是在多个项目实践基础上自主研发的大型水利工程建设过程的智慧监管系统,首次采用水下机器人和无人机低空遥感技术相结合,对大型水利工程建筑物和水下结构物全过程全方位智能定期巡检和监控,实现了智能巡检、智慧监控和科学监管。研究和建立了一套水下机器人和无人机在水利工程监测应用的技术流程和体系;研究和建立了一套基于无人机高分辨率影像三维模型基础上进行土石方量核算和生产建设项目水土保持管理的技术流程和体系;建成集空、天、地、水一体化多方位感知的大藤峡建管数据中心,为水利枢纽工程建设管理提供了智慧监控和辅助决策的科学依据以及数据支撑,提高了建管部门的工作效率,对公众宣传起到良好作用。主要表现在以下几方面:

(1)无人机智能巡检和图像自动识别技术的应用,工作效率提高3倍以上。

(2)机器学习技术的应用,让图像自动识别成功率由40%提高到90%,识别率翻倍。

(3)基于图片、影像、视频和三维点云的建管数据中心,让过程更直观、管理更科学,有依有据,有疑问可随时查询和复核,社会效益显著。

(4)每年投入400万元左右,创造4 000万元以上的效益,经济效益显著。

大型水利枢纽工程建设智慧监管系统目前已应用到多个水利工程,取得良好的经济效益和社会效益,值得大力推广应用。

参 考 文 献

[1] 中华人民共和国水利部. 水情信息编码:SL 330—2011[S]. 北京:中国水利水电出版社,2011.

[2] 中华人民共和国水利部. 水利信息系统初步设计报告编制规定:SL/Z 332—2005[S]. 北京:中国水利水电出版社,2006.

[3] 中华人民共和国水利部. 水利系统通信业务导则:SL/T 292—2020[S]. 北京:中国水利水电出版社,2020.

[4] 中华人民共和国工业和信息化部. 基于 H. 248 的媒体网关控制协议技术要求:YD/T 1292—2011[S]. 北京:人民邮电出版社,2011.

[5] 中华人民共和国信息产业部. 与承载无关的呼叫承载控制规范:YD/T 1309—2004[S]. 北京:人民邮电出版社,2004.

[6] 国家技术监督局. 64-1920kbit/s 会议电视系统进网技术要求:GB/T 15839—1995[S]. 北京:中国标准出版社,2004.

[7] 工业和信息化部. 会议电视系统工程设计规范:YD/T 5032—2018[S]. 北京:人民邮电出版社,2018.

[8] 中华人民共和国公安部. 安全防范系统雷电浪涌技术要求:GA/T 670—2006[S]. 北京:中国标准出版社,2007.

[9] MPEG4 视音频编解码标准-视听对象的编码:ISO/IEC14496-2[S].

[10] 中华人民共和国工业和信息化部. IP 网络技术要求网络性能参数与指标:YD/T 1171—2015[S]. 北京:人民邮电出版社,2015.

[11] 中华人民共和国住房和城乡建设部. 电气装置安装工程施工及验收规范:GB 50169—2016[S]. 北京:中国计划出版社,2017.

[12] 中华人民共和国住房和城乡建设部. 建筑物电子信息系统防雷技术规范:GB 50343—2012[S]. 北京:中国建筑工业出版社,2012.

[13] 中华人民共和国住房和城乡建设部. 数据中心设计规范:GB 50174—2017[S]. 北京:中国计划出版社,2017.

[14] 中华人民共和国住房和城乡建设部. 建筑装饰装修工程质量验收规范:GB 50210—2001[S]. 北京:中国建筑工业出版社,2018.

[15] 中华人民共和国住房和城乡建设部. 建筑内部装修设计防火规范:GB 50222—2017[S]. 北京:中国计划出版社,2017.

[16] 中华人民共和国住房和城乡建设部. 建筑设计防火规范:GB 50016—2014[S]. 北京:中国计划出版社,2014.

[17] 中华人民共和国工业和信息化部. 通信线路工程设计规范:YD 5102—2010[S]. 北京:北京邮电大学出版社,2010.

[18] 中华人民共和国工业和信息化部. 通信线路工程验收规范:YD 5121—2010[S]. 北京:北京邮电大学出版社,2010.

[19] 中华人民共和国工业和信息化部. 同步数字体系(SDH)光纤传输系统工程设计规范:YD 5095—2014[S]. 北京:北京邮电大学出版社,2014.

[20] 中华人民共和国工业和信息化部. 同步数字体系(SDH)光纤传输系统工程验收规范:YD 5044—2014[S]. 北京:人民邮电出版社,2014.

[21] 中华人民共和国工业和信息化部. 增强型多业务传送节点(MSTP)设备技术要求:YD/T 2486—2013[S]. 北京:人民邮电出版社,2013.

[22] 中华人民共和国住房和城乡建设部. 通信管道与通道工程设计规范:GB 50373—2019[S]. 北京:中国计划出版社,2020.

[23] 中华人民共和国住房和城乡建设部. 通信管道工程施工及验收规范:GB/T 50374—2018[S]. 北京:中国计划出版社,2019.

[24] 中华人民共和国信息产业部. 光同步传送网技术体制:YDN 099—1998[S]. 北京:人民邮电出版社,1998.

[25] 中华人民共和国工业和信息化部. 通信局(站)电源系统总技术要求:YD/T 1051—2018[S]. 北京:人民邮电出版社,2019.

[26] 中华人民共和国住房和城乡建设部. 通信电源设备安装工程设计规范:GB 51194—2016[S]. 北京:中国计划出版社,2017.

[27] 中华人民共和国信息产业部. 通信局(站)防雷与接地工程设计规范:YD 5098—2005[S]. 北京:北京邮电大学出版社,2006.

[28] 全国信息安全标准化技术委员会. 信息安全技术 网络安全等级保护定级指南:GB/T 22240—2020[S]. 北京: 中国标准出版社,2020.

[29] 国家市场监督管理总局,国家标准化管理委员会. 信息安全技术网络安全等级保护基本要求:GB/T 22239—2019[S]. 北京:中国标准出版社,2019.

[30] 中华人民共和国住房和城乡建设部. 工业电视系统工程设计标准:GB/T 50115—2019[S]. 北京:中国计划出版社,2019.

[31] 中华人民共和国住房和城乡建设部. 民用闭路监视电视系统工程技术规范:GB 50198—2011[S]. 北京:中国计划出版社,2012.

[32] 中华人民共和国国家质量监督检验检疫总局,中国国家标准化管理委员会. 安全防范视频监控联网系统信息传输、交换、控制技术要求:GB/T 28181—2016[S]. 北京:中国标准出版社,2016.

[33] 中华人民共和国建设部. 视频安防监控系统工程设计规范:GB 50395—2007[S]. 北京:中国计划出版社,2007.

[34] 中华人民共和国信息产业部. 远程视频监控系统的安全技术要求:YD/T 1666—2007[S].

[35] 中华人民共和国工业和信息化部. 基于 IP 的远程视频监控设备技术要求:YD/T 1806—2008[S]. 北京:中国标准出版社,2008.

[36] 中华人民共和国国家质量监督检验检疫总局,中国国家标准化管理委员会. 计算机通用规范 第1部分:台式微型计算机:GB/T 9813. 1—2016[S]. 北京:中国标准出版社,2016.

[37] 中华人民共和国国家质量监督检验检疫总局,中国国家标准化管理委员会. 计算机通用规范 第2部分:便携式微型计算机:GB/T 9813. 2—2016[S]. 北京:中国标准出版社,2017.

[38] 中华人民共和国国家质量监督检验检疫总局,中国国家标准化管理委员会. 计算机通用规范 第3部分:服务器:GB/T 9813. 3—2017[S]. 北京:中国标准出版社,2017.

[39] 中华人民共和国国家质量监督检验检疫总局,中国国家标准化管理委员会. 计算机通用规范 第4部分:工业应用微型计算机:GB/T 9813. 4—2017[S]. 北京:中国标准出版社,2017.

[40] 中华人民共和国国家质量监督检验检疫总局,中国国家标准化管理委员会. 计算机场地通用规范:GB/T 2887—2011[S]. 北京:中国标准出版社,2011.

[41] 中华人民共和国国家质量监督检验检疫总局,中国国家标准化管理委员会. 信息技术设备安全:GB 4943—2011/2012[S]. 北京:中国标准出版社,2012.

[42] 中华人民共和国公安部. 安全防范工程程序与要求:GA/T 75—1994[S]. 北京:中国标准出版

社,1994.
[43] 中华人民共和国国家质量监督检验检疫总局. 防盗报警控制器通用技术条件:GB 12663—2019[S]. 北京:中国标准出版社,2002.
[44] 中华人民共和国国家质量监督检验检疫总局,中国国家标准化管理委员会. 电工电子产品应用环境条件 第4部分:无气候防护场所固定使用:GB 4798. 4—2007[S]. 北京:中国标准出版社,2008.
[45] 国家测绘地理信息局. 数字航空摄影测量测图规范 第1部分:1∶500、1∶1 000、1∶2 000数字高程模型数字正射影像图数字线划图:CH/T 3007. 1—2001[S]. 北京: 测绘出版社,2012.
[46] 中华人民共和国国家质量监督检验检疫总局. 航空摄影技术设计规范:GB/T 19294—2003[S]. 北京:中国标准出版社,2004.
[47] 中华人民共和国国家质量监督检验检疫总局,中国国家标准化管理委员会. 国家基本比例尺地形图的分幅与编号:GB/T 13989—2012[S]. 北京:中国标准出版社,2012.
[48] 中华人民共和国国家质量监督检验检疫总局,中国国家标准化管理委员会. 地理信息元数据:GB/T 19710—2005[S]. 北京:中国标准出版社,2005.
[49] 中华人民共和国国家质量监督检验检疫总局,中国国家标准化管理委员会. 遥感影像平面图制作规范:GB/T 15968—2008[S]. 北京:中国标准出版社,2008.
[50] 中华人民共和国国家质量监督检验检疫总局,中国国家标准化管理委员会. 基础地理信息标准数据基本规定:GB 21139—2007[S]. 北京:中国标准出版社,2008.
[51] 中华人民共和国国家质量监督检验检疫总局,中国国家标准化管理委员会. 测绘成果质量检查与验收:GB/T 24356—2009[S]. 北京:中国标准出版社,2009.
[52] 中华人民共和国国家质量监督检验检疫总局,中国国家标准化管理委员会. 数字测绘成果质量检查与验收:GB/T 18316—2008[S]. 北京:中国标准出版社,2008.
[53] 国家测绘地理信息局. 三维地理信息模型数据产品规范:CH/T 9015—2012[S]. 北京:中国测绘出版社,2013.
[54] 国家测绘地理信息局. 三维地理信息模型生产规范:CH/T 9016—2012[S]. 北京:中国测绘出版社,2013.
[55] 国家测绘地理信息局. 三维地理信息模型数据库规范:CH/T 9017—2012[S]. 北京:中国测绘出版社,2013.
[56] 中华人民共和国水利部. 水利对象分类与编码总则:SL/T 213—2020[S]. 北京:中国水利水电出版社,2020.
[57] 中华人民共和国水利部. 中国河流代码:SL 249—2012[S]. 北京:中国水利水电出版社,2012.
[58] 中华人民共和国国家质量监督检验检疫总局,中国国家标准化管理委员会. 中华人民共和国行政区划代码:GB/T 2260—2007[S]. 北京:中国标准出版社,2008.
[59] 中华人民共和国水利部. 水利视频监视系统技术规范:SL 515—2013[S]. 北京:中国水利水电出版社,2013.
[60] 肉孜买买提·吐送尼牙孜. DM技术在水利工程智慧化监管系统建设中的应用[J/OL]. 水利技术监督,2022(6):223-224,229,241. doi:10. 3969/j. issn. 1008-1305. 2022. 06. 059.
[61] 史小雪. 基于智能移动终端技术的基层监管系统建设与应用[J/OL]. 通讯世界,2017(21):330-331. doi:10. 3969/j. issn. 1006-4222. 2017. 21. 233.
[62] 柴新元. 智慧消防监管系统技术研究及应用[J/OL]. 砖瓦世界,2020(20):283. doi:10. 3969/j. issn. 1002-9885. 2020. 20. 273.
[63] 邸文正,高菲. 信息化技术在海绵城市智慧监管系统中的应用[J/OL]. 中国新技术新产品,2020(23):32-34. doi:10. 3969/j. issn. 1673-9957. 2020. 23. 012.

[64] 雷霆,谭斌,刘佐. 基于物联网技术的工程安全监测云平台[J/OL]. 大坝与安全,2020(5):20-24. doi:10. 3969/j. issn. 1671-1092. 2020. 05. 007.

[65] 王建帮,李振谦,唐德胜. 数字智能化监控系统在阿尔塔什大坝工程质量管理中的应用[J]. 水利建设与管理,2021(8):1-4.